JN301307

潤滑グリースの基礎と応用

社団法人 日本トライボロジー学会
グリース研究会 編

養賢堂

刊行に寄せて

　自動車などの軸受やジョイント用など，また電気・電子機器やOA機器用など，あらゆる産業の機械，機器の潤滑において，「グリース潤滑」が重要であることは言うまでも無い．近年，これらの機械，機器の高性能化，小型化，軽量化，メインテナンス・フリー化などに伴い，また一方では高温，真空，クリーンなどの特殊環境下で使用されるグリースなど，グリースへの要求性能は年々非常に厳しくなっている．さらに，鉄道用，建設用，農耕用機械や食品工場で使用される機械の潤滑では，地球環境や人体への影響を考慮したグリースも要求されている．これらの要求に対応して耐熱性グリースや生分解性グリースなどの優れたグリースが開発されている．

　過去に，何冊かのグリースに関する本が出版されているが，既に20余年が経過しており，このようなグリース潤滑の高度な発展に対応し切れない部分が少なくない．そのためにグリース潤滑に携わる技術者からはグリースに関する新しい本の出現が望まれて久しい．

　本書は，現在第一線でグリース潤滑に活躍している日本トライボロジー学会のグリース研究会メンバーおよび今までの研究会メンバーを中心に，さらに長年第一線で「グリース潤滑」に携わって来た経験と知識の豊かな研究者や技術者，および大学人によって執筆された本である．

　この本は，内容的には基礎編と応用編から成り，前半の基礎編ではグリースの製造や基礎特性について出来るだけ平易に解説し，新しくグリース潤滑に関わろうとする人のために，また後半の応用編では，現在グリース潤滑に取り組んでいる技術者の参考のために多くの事例を含めて，構成されている．したがって，内容的には非常に充実した，自他ともに推薦できる本である．是非，お手元に一冊置き，これからの「グリース潤滑」の参考にして頂ければ幸甚である．

　2007年1月

「潤滑グリースの基礎と応用」監修

広中　清一郎

序

　グリースは簡単なシール機構で保持でき，少量でも長期間の潤滑が可能なため，古くから多くの機械要素の潤滑剤として用いられてきた．とくに今日，グリースの用途は，自動車や鉄鋼設備などの各種部品はもちろん，半導体や情報，通信産業あるいは食品産業等の分野にも広がっており，機械装置の高温・高速条件での使用，小型化，低発塵性や音響特性の向上，安全性と地球環境への配慮などに対応するため，グリースにも，従来の潤滑性能ばかりでなく，新たな高機能，高付加価値化への要望が高まっている．

　このような状況に鑑み，日本トライボロジー学会第2種研究会のグリース研究会では，創立30周年を迎えて間もない2002年，最新の技術を盛り込んだグリース潤滑に関する専門書籍出版の企画を開始した．この検討の結果，2003年2月6日にグリース研究会を母体とする編集委員会が構成され，それから約4年を経過して世に送り出されたのが本書である．

　本書は，グリース潤滑技術の専門家のみならず，潤滑技術に関心のある技術者，研究者，そしてこれからグリース潤滑を学ぼうとする初心者をも対象としている．そこで，常に進化するグリースの最新情報を取り入れ，教科書としても現場の実用書としても活用できる座右の書という方針の下，潤滑グリースの歴史から始まり，先端かつ高度な内容までをわかりやすく解説できるよう，基礎編と応用編に分ける構成とした．すなわち，グリースの組成，選定と試験法，レオロジーと潤滑作用，劣化と潤滑寿命などを基礎編で，転がり軸受のグリース潤滑，各種用途の最新適用事例，環境調和・安全性への対応，使用法などを応用編で説明し，参考のためグリース関連用語集と主要キーワードの和英対訳を付している．

　本書の執筆者は，グリースの開発や活用の現場に精通している，あるいはグリース潤滑の研究に関連した各方面で活躍している研究者，技術者，大学人ばかりであり，本書には，非常に豊富な経験による数多くの知識，情報，ノウハウが含まれている．したがって，それらを整理し，まとめるにあたって，かな

りの時間を要した点はやむを得ないことであった．また，この編集の過程で，潤滑油と共通する基礎的な潤滑機構そのものの詳細については，最近も多数が出版されているトライボロジー関係の他書にゆずることとしたが，その分，グリースに特有な事項，特徴的な現象，さらには実用途での具体的事例などが，ふんだんに紹介できたものと自負している．本書が，潤滑グリースに関する問題の解決と，その技術の今後の発展に役立つ一冊となれば幸いである．また，本書を利用した読者からの忌憚のないご意見，ご叱責を期待する次第である．

　最後に，本書の出版のため，献身的にご尽力いただいた編集委員ならびに執筆者の各位と，多大なるご協力を頂戴した養賢堂の嶋田薫氏に，心から感謝の意を表したい．

2007年1月

「潤滑グリースの基礎と応用」編集委員長

若林　利明

日本トライボロジー学会　第2種研究会　グリース研究会

「潤滑グリースの基礎と応用」編集委員会

監　修　　○　広中清一郎（首都大学東京，元 東京工業大学）
委員長　　○　若林　利明（香川大学）
幹　事　　○　小宮　広志（ジェイテクト）
編集委員（五十音順）
　　　　　　　岡村　征二（日本グリース）
　　　　　○　木下　広嗣（新日本石油）
　　　　　○　木村　　浩（協同油脂）
　　　　　　　小松﨑茂樹（元 日立製作所）
　　　　　　　篠田　憲明（昭和シェル石油）
　　　　　　　澁谷　善郎（日本礦油）
　　　　　　　清水　健一（不二越）
　　　　　　　鈴木　政治（日本精工，元 鉄道総合技術研究所）
　　　　　　　曽根　康友（鉄道総合技術研究所）
　　　　　　　辻　　真悟（コスモ石油ルブリカンツ）
　　　　　○　中　　道治（日本精工）
　　　　　　　長野　克己（新日鐵化学）
　　　　　　　藤浪　行敏（出光興産）
　　　　　　　三上　英信（NTN）
　　　　　　　南　　一郎（岩手大学）
　　　　　　　　　（○：最終原稿編集部会委員）

執筆者一覧 (五十音順)

- 岩松　宏樹（日本グリース）
- 大貫　裕次（協同油脂）
- 岡村　征二（日本グリース）
- 兼田　楨宏（九州工業大学）
- 川村　　靖（昭和シェル石油）
- 木下　広嗣（新日本石油）
- 木村　　浩（協同油脂）
- 黒住　誠治（松下電器産業）
- 小原　美香（**NTN**）
- 小松﨑茂樹（元　日立製作所）
- 小宮　広志（ジェイテクト）
- 斉藤　恒夫（新日本石油）
- 坂本　清美（新日本石油）
- 篠田　憲明（昭和シェル石油）
- 澁谷　善郎（日本礦油）
- 清水　健一（不二越）
- 鈴木　政治（日本精工，元 鉄道総合技術研究所）
- 曽根　康友（鉄道総合技術研究所）
- 辻　　真悟（コスモ石油ルブリカンツ）
- 寺田　茂穂（コスモ石油ルブリカンツ）
- 中　　道治（日本精工）
- 中谷　真也（日本精工）
- 中山登美雄（日本礦油）
- 長野　克己（新日鐵化学）
- 畠山　　康（協同油脂）
- 広中清一郎（首都大学東京，元 東京工業大学）
- 藤浪　行敏（出光興産）
- 星野　道男（元　八戸工業高等専門学校）
- 三上　英信（**NTN**）
- 南　　一郎（岩手大学）
- 南　　政美（**NTN**）
- 本江　　武（不二越）
- 守田　洋子（新日本石油）
- 山本　雄二（九州大学）
- 横山　良彦（不二越）
- 吉崎　浩二（ジェイテクト）
- 若林　利明（香川大学）

目　次

I　基　礎　編

第1章　潤滑グリースとその歴史 …………………………… 3
1.1　グリースとは …………………………………………… 3
1.2　グリースの歴史 ………………………………………… 5
参考文献 ……………………………………………………… 8

第2章　グリースの組成と製造法 …………………………… 9
2.1　グリースの組成 ………………………………………… 9
  2.1.1　増ちょう剤の種類と特徴 ………………………… 9
  2.1.2　基油の種類と特徴 ………………………………… 15
  2.1.3　添加剤の種類と特徴 ……………………………… 17
2.2　グリースの製造 ………………………………………… 19
  2.2.1　製造設備 …………………………………………… 20
  2.2.2　製造方法 …………………………………………… 23
参考文献 ……………………………………………………… 28

第3章　グリースの選定と試験法 …………………………… 29
3.1　グリースの選定方法 …………………………………… 29
  3.1.1　使用条件や用途による選定 ……………………… 29
  3.1.2　グリースの組成・性状による選定 ……………… 29
3.2　グリースの試験法 ……………………………………… 33
  3.2.1　グリースの試験法と規格 ………………………… 33
  3.2.2　ちょう度 …………………………………………… 35
  3.2.3　耐熱性 ……………………………………………… 36
  3.2.4　酸化安定性 ………………………………………… 38
  3.2.5　せん断安定性 ……………………………………… 39
  3.2.6　きょう雑物 ………………………………………… 40
  3.2.7　耐水性 ……………………………………………… 40
  3.2.8　さび止め性 ………………………………………… 41
  3.2.9　腐食性 ……………………………………………… 42
  3.2.10　低温特性 ………………………………………… 43
  3.2.11　音響特性 ………………………………………… 44
  3.2.12　漏えい性 ………………………………………… 44
  3.2.13　圧送性 …………………………………………… 45

3.2.14　耐荷重能（極圧性）・耐摩耗性 ·································· 46
　参考文献 ·· 48

第4章　グリースのレオロジーと潤滑作用 ······························ 49
　4.1　グリースのレオロジー的性質 ·· 49
　　4.1.1　グリースの流動特性 ··· 49
　　4.1.2　グリースのチキソトロピー性 ···································· 52
　　4.1.3　グリースの増ちょう剤網目構造と流動特性 ··················· 55
　　4.1.4　グリースの動的粘弾性挙動 ······································ 56
　4.2　グリースの潤滑メカニズム ··· 59
　　4.2.1　グリース潤滑の理論解析 ··· 59
　　4.2.2　グリースの潤滑作用 ··· 60
　　4.2.3　グリースのEHL油膜の計測 ······································ 62
　　4.2.4　グリースの組成とEHL油膜厚さ ······························· 63
　　4.2.5　摩擦特性に及ぼすセッケン繊維構造の影響 ··················· 70
　　4.2.6　摩擦特性に及ぼす基油, 添加剤の影響 ························· 77
　　4.2.7　転がり軸受におけるグリースの潤滑挙動 ····················· 78
　　4.2.8　グリースの油分離性とせん断安定性 ··························· 82
　参考文献 ·· 84

第5章　グリースの劣化と潤滑寿命 ·· 91
　5.1　グリースの劣化過程 ··· 91
　　5.1.1　グリースの劣化メカニズム ······································ 91
　　5.1.2　劣化現象とその要因 ··· 94
　　5.1.3　劣化と機器分析 ·· 99
　5.2　グリースの潤滑寿命 ··· 104
　　5.2.1　グリース寿命に及ぼす諸要因 ································· 104
　　5.2.2　グリース寿命の試験法 ··· 108
　　5.2.3　グリース寿命の計算式 ··· 111
　参考文献 ·· 115

II　応用編
第6章　転がり軸受のグリース潤滑 ····································· 121
　6.1　グリースに要求される性能 ·· 121
　6.2　実用性能 ·· 122
　　6.2.1　摩擦トルク ·· 122
　　6.2.2　高速性能 ··· 124

6.2.3　低速性能 ･･･125
　6.2.4　酸化安定性 ･･126
　6.2.5　耐熱性 ･･･127
　6.2.6　離油特性 ･･128
　6.2.7　低温性 ･･･130
　6.2.8　音響特性 ･･131
　6.2.9　さび止め性 ･･134
　6.2.10　転がり疲労寿命 ･･･136
　6.2.11　フレッチング摩耗 ･･･････････････････････････････････････139
　6.2.12　発塵特性 ･･･140
　6.2.13　導電特性 ･･･142
　6.2.14　高分子材料との適合性 ･･････････････････････････････････144
参考文献 ･･146

第7章　グリース潤滑の適用例 ･･････････････････････････････････151
　7.1　自動車 ･･151
　　7.1.1　ホイール軸受 ･･･151
　　7.1.2　エンジン補機，電装品軸受 ･･････････････････････････････153
　　7.1.3　モータ軸受 ･･･158
　　7.1.4　等速ジョイント ･･･160
　7.2　鉄　道 ･･163
　　7.2.1　車軸軸受 ･･･163
　　7.2.2　主電動機軸受 ･･･167
　　7.2.3　分岐器 ･･･168
　7.3　電機・情報機器 ･･･169
　　7.3.1　産業機械用モータ（誘導電動機）軸受 ････････････････････169
　　7.3.2　エアコンファンモータ軸受 ･･････････････････････････････170
　　7.3.3　クリーナモータ軸受 ････････････････････････････････････173
　　7.3.4　冷却ファンモータ軸受 ･･････････････････････････････････174
　　7.3.5　複写機軸受 ･･･176
　　7.3.6　HDD軸受 ･･177
　7.4　鉄鋼設備 ･･180
　　7.4.1　圧延機ロールネック軸受 ････････････････････････････････181
　　7.4.2　連続鋳造設備ロール軸受 ････････････････････････････････183
　　7.4.3　焼結設備パレット台車軸受 ･･････････････････････････････185
　7.5　産業機械 ･･187
　　7.5.1　工作機械主軸軸受 ･･････････････････････････････････････187

7.5.2　建設・農業機械軸受 ································ 188
　　7.5.3　製紙機械軸受 ······································ 194
　　7.5.4　産業用ロボット ···································· 197
　7.6　その他の適用例 ·· 198
　　7.6.1　歯　車 ·· 198
　　7.6.2　ボールねじ ·· 200
　　7.6.3　チェーン ·· 203
　　7.6.4　自動車用接点 ······································ 204
　　7.6.5　情報機器用接点 ···································· 207
　参考文献 ·· 208

第8章　グリースの環境調和・安全性への対応 ·················· 213
　8.1　グリース成分の安全性と関連法規制 ······················ 213
　　8.1.1　新規化学物質届出制度（化学物質の事前審査制度）····· 213
　　8.1.2　PRTR（Pollutant Release and Transfer Register）制度 ··· 217
　　8.1.3　化学工業製品の危険有害性に関する情報提供 ·········· 217
　　8.1.4　グリースの代表的な成分の規制状況 ·················· 219
　8.2　食品機械用グリースの動向 ······························ 222
　8.3　生分解性グリースの動向 ································ 226
　　8.3.1　組成の影響 ······································· 226
　　8.3.2　評価・測定方法 ··································· 230
　　8.3.3　実用化および課題 ································· 232
　参考文献 ·· 233

第9章　グリースの使用法と給脂方法 ·························· 237
　9.1　グリースの使用上の注意 ································ 237
　9.2　グリースの給脂方法 ···································· 237
　9.3　グリースの補給間隔 ···································· 241
　9.4　グリースの充てん量 ···································· 241
　参考文献 ·· 241

付　録
グリース関連用語集 ·· 245
主要グリース用語の和英対訳 ·································· 251
索引 ·· 257

I 基礎編

第1章　潤滑グリースとその歴史

1.1　グリースとは

　グリース（grease）は一般には獣脂や油脂などを意味し，ラテン語の脂肪（grassus）を語源としており，私たちが潤滑に適用する，いわゆる潤滑グリースは「グリースとは液状潤滑剤（基油）と増ちょう剤から成る半固体状または固体状の潤滑剤である」と定義される．このグリースの構造は，例えば金属セッケンを増ちょう剤とするグリースでは，次のようになっている．常温では基油に溶解しにくい金属セッケンを200℃以上の高温で完全溶解し，これを常温まで冷却することによって数百から数千のセッケン分子が凝集してセッケンミセルを形成し，これらが繊維状に絡み合った網目構造を作る．この網目構造間に基油が保持されて半固体状のグリースとなっている．この半固体状のグリースの特異な流動特性として，大きなチキソトロピー性をもつとともに非ニュートン性の流動特性を示す．

　グリースは，基本的には基油（base oil），増ちょう剤（thickener）および添加剤（additive）から成る．基油としては鉱油をはじめエステル油，エーテル油，ポリアルキレングリコール，シリコーン油，合成炭化水素油，フッ素系油などの合成潤滑油がある．増ちょう剤として一般には高級脂肪酸のリチウムセッケン，カルシウムセッケン，アルミニウムセッケンなどの金属セッケンが用いられ，高温使用の耐熱グリースの増ちょう剤には各種のコンプレックス（複合）セッケンおよびウレア化合物や親油処理されたベントナイトなどの非セッケン基の増ちょう剤が用いられる．その他にポリテトラフルオロエチレン（polytetrafluoroethylene, PTFE）などの高分子化合物もある．添加剤としては一般の潤滑油と同様にグリースの酸化劣化を抑制するための酸化防止剤や潤滑性向上を目的にイオウ系やリン系化合物などの極圧剤，高級脂肪酸や油脂などの油性剤（摩擦低減剤），二硫化モリブデンやグラファイトなどの固体潤滑剤，さび止め剤などが必要に応じて添加される．

　一般の油潤滑と比較した場合，グリース潤滑の利点の主なものは次のとおり

である．
 (1) 半固体状であるために潤滑部に付着し，潤滑油に比べて流出，飛散しにくい．
 (2) グリース自身がシールの役割も果たすためシール構造が簡単であり，開放系でも使用が可能である．
 (3) 外部からの塵埃，水分，腐食性ガスなどの異物の浸入を防止し，摩耗やさび，腐食を防止する．
 (4) 運転開始と同時にせん断を受けて流動し潤滑作用を果たし，停止状態で元の半固体状態に戻る．
 (5) 停止期間中でも潤滑部に付着してさびの発生，腐食を防止する．
 (6) 保守管理は容易であり，点検や給脂が頻繁に行えない場合に有利である．
 (7) 比較的広い使用温度範囲で適用することができ，基油の流動点以下でも始動可能である．
 (8) 固体潤滑剤を添加した場合，沈降分離の心配がない．

以上のように多くの利点をもつが，よりよいグリース潤滑を得るために次のような留意点もある．
 (1) 油潤滑に比較して給脂やグリース交換がやや難しい．
 (2) グリース潤滑部の洗浄がやや面倒である．
 (3) 付着性があるが，もし漏えいした場合に周囲を汚染することがある．
 (4) シール性はあるが，もし塵埃や水の異物が混入した場合に除去が困難である．
 (5) かくはん抵抗が大きいので発熱による温度上昇があり，潤滑油に比較して冷却効果は低い．
 (6) 低速運転にはよいが，超高速運転には不適である．すなわち dn 値（内径 mm × 回転速度 min^{-1}）に制限がある．

以上，トライボロジーにおいて機械，機器類の潤滑を担う重要なグリースについて，定義，構造，組成およびグリース潤滑の特徴を簡単に述べたが，これらの詳細およびグリースの歴史，種類，製造，さらには応用事例などについて詳しく次節以降で記述される．

1.2 グリースの歴史

　グリースのルーツは紀元前のエジプト時代に戦車車軸の潤滑剤として獣脂に生石灰を配合し使用したことにあるといわれており[1]，それ以来，主として動植物油脂類が潤滑剤として使用されてきた．

　現在のような鉱油を利用したグリースが出現したのは19世紀中頃であり，英国に始まった産業革命以降の鉱工業の発達と無縁ではない．1845年に米国で鉱油と獣脂油/石灰からなるカルシウム（セッケン）グリースが，また1853年に英国で鉱油と牛脂/ソーダからなるナトリウム（セッケン）グリースが開発されており，これらが潤滑グリースの始めである．

　20世紀の第一四半期頃までは，グリースといえばそのほとんどがカップグリースと呼ばれたカルシウム（セッケン）グリースまたはファイバグリースと呼ばれたナトリウム（セッケン）グリースであった．その後両グリースのもつ欠点である耐熱性不足，耐水性不良を補うことを目的に，1940年頃から1970年代にかけて次々と新しい増ちょう剤が開発され，この間の増ちょう剤の開発は特にグリースの耐熱性向上に主眼を置いたものであった．

　世の中への普及という視点から増ちょう剤の開発の歴史を年代別に眺めると，1940年代にはシリカゲルグリースやベントナイト（ベントン）グリース，さらにはカルシウムコンプレックス（セッケン）グリースが開発されている．また第二次大戦中に航空機用として使用され，戦後工業用マルティパーパスグリースとして急速に普及していったリチウム（セッケン）グリースもこの時期に開発されている．

　1950年代にはアリルジウレアを増ちょう剤とするウレアグリースやナトリウムテレフタラメートグリースが，1960年代にはテトラウレアを増ちょう剤とするウレアグリースやアルミニウムコンプレックス（セッケン）グリースが，さらに1970年代に入るとリチウムコンプレックス（セッケン）グリースが開発されている．リチウムコンプレックスグリース以降，これといった新規増ちょう剤は開発されていないが，各増ちょう剤の特徴を活かした新しいグリースの開発は活発化している．

　一方，セッケンの相転移挙動やミセル（繊維）構造，さらにはレオロジー特性

等，グリースの本質に関わる基礎的なことが解明され始めたのは第二次大戦以降であり，したがって長い間グリースの製造もその本質がほとんど理解されないまま職人の勘と経験に頼って行われてきた．グリース製造がアートやクッキングと称されてきた所以である．しかしながら最近では，その多くが自動温度制御プログラムに基づき製造されており，グリースの製造もアートやクッキングと称された時代からテクノロジーの時代へ移行しているといえよう．

わが国では19世紀後半頃（明治前半）に種々の輸入機械に付随してグリースが使用され始め，その需要は日清戦争を境とした国内鉱工業の発展とともに飛躍的に伸びたが，当時はその全てをメジャーからの輸入に頼っていた．

グリースの国産化に関しては，19世紀末～20世紀初（明治末～大正初期）にかけての幾多の説があるが，グリース業界の通説によれば呉海軍工廠の要望を受け川崎利一氏が1912年にカルシウムグリースを製造したのが国産化の始まりとされている[2,3]．

その後，20世紀第一四半期（大正～昭和初期）までに，現在の石油元売りや多くの専業者がグリース製造に参入し，昭和初期にはグリース専業者だけで30数社を数えるまでになった．しかし戦時体制化の進行を背景に1939年には石油の混合加工が一般には禁止され，さらに第二次大戦への突入を契機にグリース業界の統合が行なわれた．戦時中の統制時代には規格グリースと称された6種類のグリース（カップグリース，ファイバグリース等）と，その数，200～300ともいわれる特殊グリース（マグネットグリース，ロープグリース等）が製造されていた[4]．

戦後，わが国のグリース業界の動きが活発化したのは1951年に加工油製品の統制が撤廃されてからであり，それまでは国産原油からの製品と米軍からの放出品で賄われていた．ちなみに，1948年のグリース生産量は6,432トンであり，その内訳は規格グリース4,030トン，特殊グリース2,402トンとなっている．

現在，グリースの主流を占めているリチウムグリースに関しては，リチウムステアレート系の国内製造が1953年頃に開始され，1950年代末にはそれまで自動車のホイール軸受用として使用されていたナトリウムグリースやバリウム（セッケン）グリースに取って代わり使用されるようになった．一方，リチウム

ステアレート系よりも機械安定性に優れるリチウムヒドロキシステアレート系の国内製造は，同グリースの特許が切れた1968年以降開始され，工業用，自動車用を問わず急速にその使用範囲は拡大していった．

当初，リチウムグリースは開放型ケン化釜を用いて製造されていたが，ケン化反応工程の時間短縮を目的に，1976年に初めて密封加圧方式のコンタクタが国内に導入されて現在に到っている．

さらに1960年代後半には，アルミニウムコンプレックスグリースが鉄鋼設備等の高温潤滑箇所向けの集中給脂用グリースとして国産化され普及していった．また1970年後半になると，鉄鋼設備の連続鋳造化に呼応して，アルミニウムコンプレックスグリースよりも高温性能に優れるウレアグリースが開発，国産化された．

一方，わが国経済の高度成長とともに高性能グリースの開発も活発になり，1970年頃には低温から高温までの広い温度領域での使用が可能との意味から，ワイドレンジ（広温度範囲）グリースと称した合成油を基油に用いた転がり軸受用グリースが，また，ほぼ同時期に自動車のFF化に重要な役割を果たした等速ジョイント用グリースも開発，国産化された．

最初は鉄鋼設備用として研究，開発されたウレア系増ちょう剤は，その後わが国では特に自動車の分野で多くの高性能グリースに適用されており，日本におけるウレアグリースの生産比率が欧米に比べ高い要因となっている．

具体的には，1980年代に乗用車ホイール軸受のユニット化動向に呼応してウレア系グリースが開発され，さらには自動車等速ジョイントのNVH対策（7.1.4参照）として等速ジョイント用グリースのウレア化が進んだ．また，同年代には自動車の電装品・補機軸受用として合成油系のウレアグリースが開発され，現在では電装品・補機軸受用のみならず高温，高速条件で使用される密封軸受用の主流となっている．

グリースの基油は現在でも鉱油が主流を占めているが，ユーザー側からの高性能化要求に対応するために合成潤滑油を使用するケースが増大しており，現在では国内生産量の5～10％に達していると推定される．

最近では半導体産業や情報，通信産業等の分野における低発塵性，低アウトガス性や家庭電化製品，情報機器等の小径・ミニアチュア軸受用の分野におけ

る軸受音響寿命のように，従来の潤滑性能の向上とは異なる性能への要求も高まってきている．

参考文献

1) 星野道男・渡嘉敷通秀・藤田　稔：潤滑グリースと合成潤滑油，幸書房 (1983) 3.
2) 日本グリース協会：グリース産業史 (1986) 3.
3) 川崎利一：不思議なる膏脂 業界四十七年を顧みて (1959) 5.
4) 日本グリース協会：グリース産業史 (1986) 12.

第2章　グリースの組成と製造法

2.1　グリースの組成

　グリースは，増ちょう剤，基油および添加剤を基本成分とする潤滑剤である．これらの成分は，グリースの特性に大きく影響を与えるため，成分設計に十分注意する必要がある．これらグリースの増ちょう剤，基油および添加剤について述べる．

2.1.1　増ちょう剤の種類と特徴

　増ちょう剤は，グリースを固体状あるいは半固体状にする役割を担い，グリースの耐熱性，機械的安定性および耐水性などの性能に大きく影響を与える重要な成分である．グリースの名称は一般的に増ちょう剤名にグリースをつけて呼ばれることが多い．

　図2.1, 2.2に，代表的な増ちょう剤の電子顕微鏡写真を示す．この図から増ちょう剤繊維が三次元の網目構造をしていることが確認できる．基油中にこれらの増ちょう剤が均一に分散され，その混合物により固体状のグリースが形成される．また，増ちょう剤はグリースのちょう度（硬さ）に影響を与える．種類により異なるが，一般的に増ちょう剤は，約5～20質量％程度配合されており，ちょう度は配合量により調整される．

　表2.1に代表的な増ちょう剤の種類と化学構造を示す．増ちょう剤は，一般的にセッケン系と非セッケン系に大別される．セッケン系は，単一セッケンとコンプレックスセッケンに区別される．単一セッケンとは，脂肪酸または油脂をアルカリ金属水酸化物またはアルカリ土類金属水酸化物などでケン化した金属セッケンである．脂肪酸としては，ステアリン酸や12-ヒドロキシステアリン酸が代表的である．アルカリ金属水酸化物は，水酸化リチウムおよび水酸化ナトリウム，アルカリ土類金属としては水酸化カルシウムが代表的である．

　コンプレックスセッケンは，単一セッケングリースの増ちょう剤として使われている高級脂肪酸と他の有機酸とを組み合わせて複合セッケンとしたもので

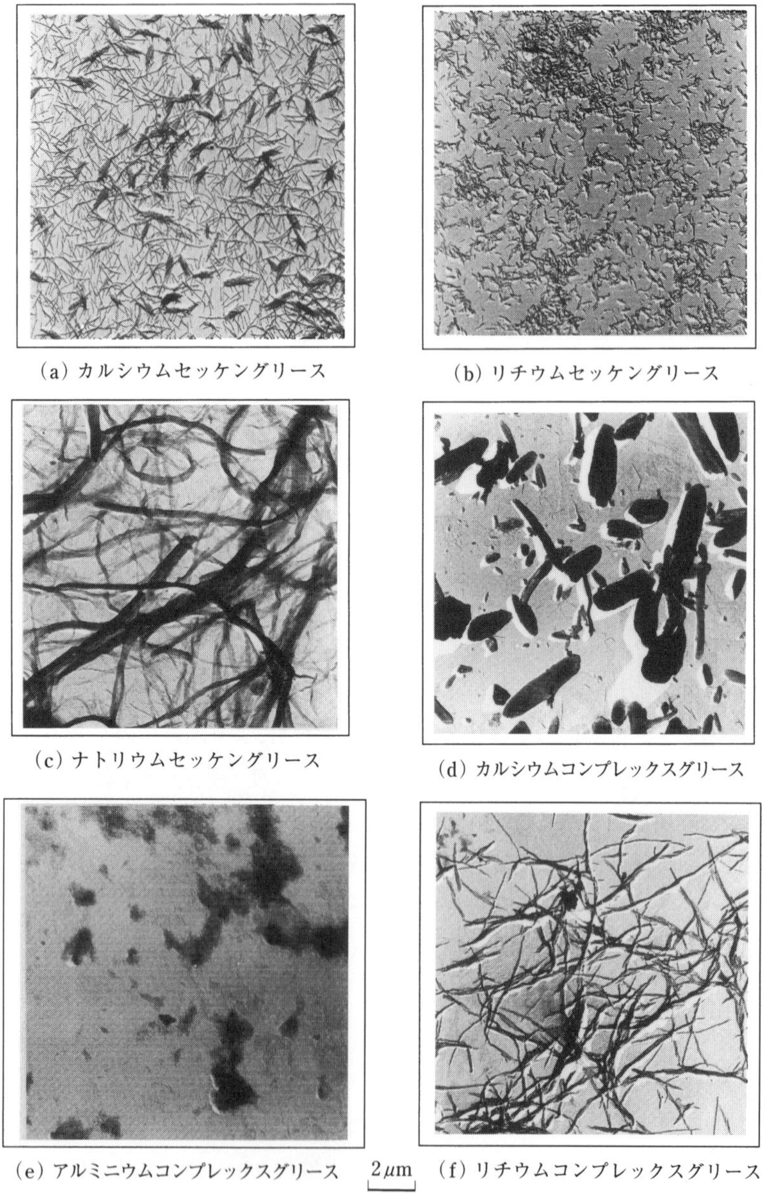

10　第2章　グリースの組成と製造法

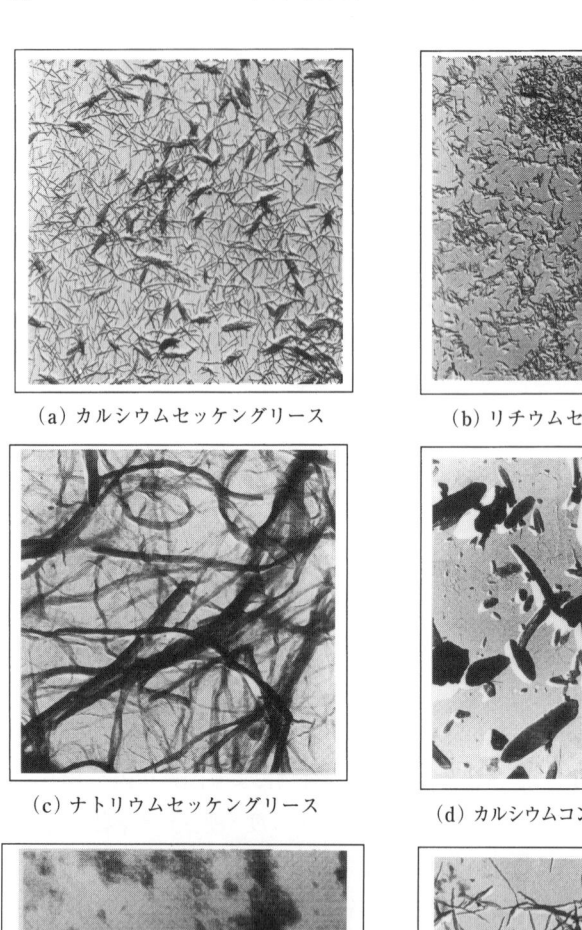

(a) カルシウムセッケングリース　　(b) リチウムセッケングリース

(c) ナトリウムセッケングリース　　(d) カルシウムコンプレックスグリース

(e) アルミニウムコンプレックスグリース　2μm　(f) リチウムコンプレックスグリース

図2.1　増ちょう剤の電子顕微鏡写真（セッケン系）

2.1 グリースの組成　11

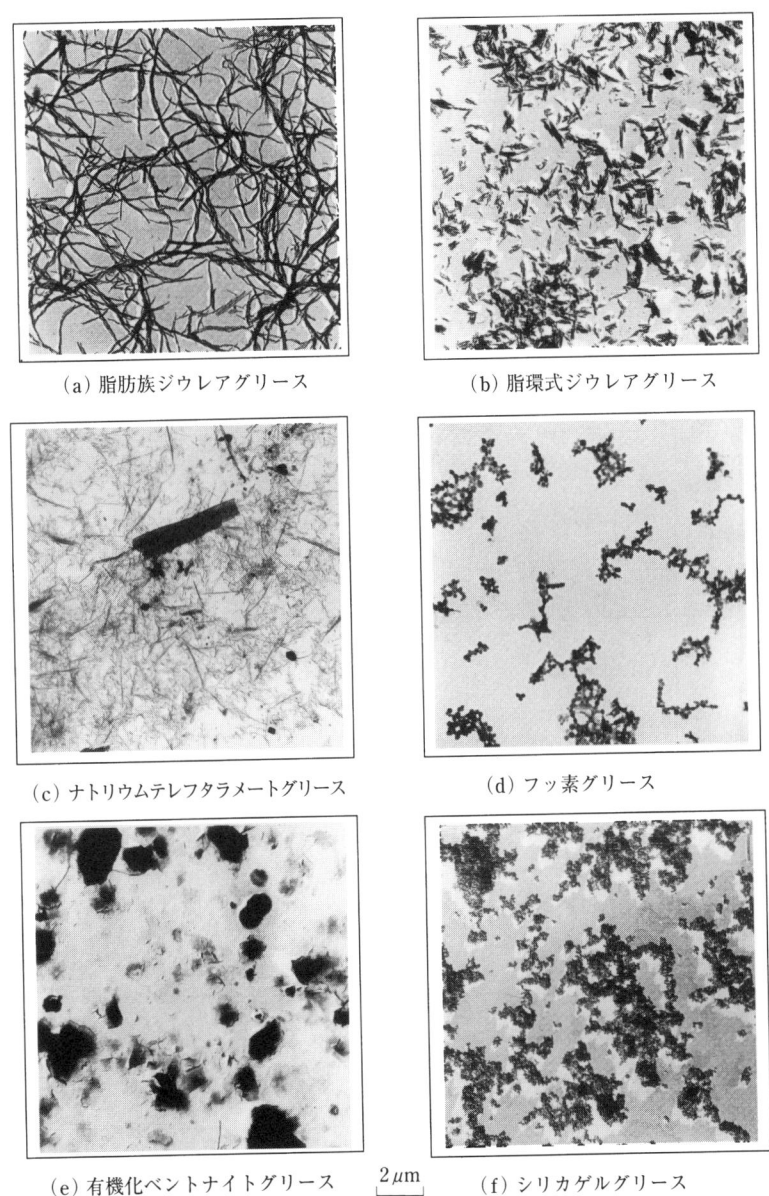

(a) 脂肪族ジウレアグリース　　(b) 脂環式ジウレアグリース

(c) ナトリウムテレフタラメートグリース　(d) フッ素グリース

(e) 有機化ベントナイトグリース　$2\mu m$　(f) シリカゲルグリース

図 2.2　増ちょう剤の電子顕微鏡写真（非セッケン系）

表 2.1 代表的な増ちょう剤の種類と化学構造

増ちょう剤の種類		代表的な化学構造
単一セッケン	カルシウムセッケン	$(R\text{-}COO)_2Ca$　　　　$R:CH_3(CH_2)_{16}\text{-}$, $CH_3(CH_2)_5\overset{OH}{\underset{|}{C}}H(CH_2)-$
	リチウムセッケン	$R\text{-}COOLi$　　　　$R:CH_3(CH_2)_{16}\text{-}$, $CH_3(CH_2)_5\overset{OH}{\underset{|}{C}}H(CH_2)-$
	ナトリウムセッケン	$CH_3(CH_2)_{16}COONa$
コンプレックスセッケン	カルシウムコンプレックスセッケン	$CH_3(CH_2)_{16}COOCaOOCCH_3$ $CH_3(CH_2)_5\overset{OH}{\underset{|}{C}}H(CH_2)_{10}COOCaOOCCH_3$
	アルミニウムコンプレックスセッケン	$CH_3(CH_2)_{16}COOAlOOCC_6H_5$ $\overset{OH}{\underset{|}{}}$
	リチウムコンプレックスセッケン	$Li\text{-}OOC(CH_2)_7COOLi$, $CH_3(CH_2)_5\overset{OH}{\underset{|}{C}}H(CH_2)COOLi$

非セッケン	有機系	ウレア	ジウレア	脂肪族ウレア	R′-NHCONH-R-NHCONH-R′
				脂環式ウレア	![cyclohexyl]-NHCONH-R-NHCONH-![cyclohexyl]
				芳香族ウレア	![phenyl]-NHCONH-R-NHCONH-![phenyl]
			トリウレア		R′-NHCONH-R-NHCONH-R-NHCONH-R″
			テトラウレア		R′-NHCONH-R-NHCONH-R-NHCONH-R-NHCONH-R″
		ナトリウムテレフタラメート			$C_{18}H_{37}NHCO(C_6H_4)COONa$
		フッ素 (PTFE)			$(CF_2-CF_2)_n$
	無機系	有機化ベントナイト			$(R)_2$-N・Bentonite $\quad\;\;\;\mid$ $\quad\;\;\;(CH_3)_2$
		シリカゲル			$(R-O)_m(SiO_2)_n$ $\qquad\quad\; H$ $\qquad\quad\;\mid$ $\qquad\; R-N + SiO_2$ $\qquad\quad\;\mid$ $\qquad\quad\; H$

ある．コンプレックスセッケンで組み合わされる有機酸の種類はさまざまであるが，代表的な組合せを表2.1に示す．カルシウムコンプレックスグリースに用いられる有機酸としては，酢酸が代表的である．また，アルミニウムコンプレックスグリースでは安息香酸，リチウムコンプレックスグリースではアゼライン酸やセバシン酸等の二塩基酸が主に使用されている．これらのコンプレックスグリースは単一セッケングリースと比較すると耐熱性に優れている．

耐熱性向上を目的としたものに非セッケン系の増ちょう剤がある．非セッケン系増ちょう剤は，有機系と無機系に区別される．有機系増ちょう剤として代表的なものとしてはウレア，ナトリウムテレフタラメートおよびポリテトラフルオロエチレン（Polytetrafluoloethylene, PTFE）等が挙げられる．

ウレア系増ちょう剤は，分子内にウレア結合をもち，その数によりジウレア，トリウレアおよびテトラウレアに区別される．また，末端の炭化水素基の種類により，脂肪族，脂環式および芳香族にも区分されている．滴点が高く，酸化安定性に優れグリース潤滑寿命が長いなどの長所がある．しかし，熱や時間の経過とともに硬化するものもある．

ナトリウムテレフタラメートは，表2.1に示すようなアミド結合を有する特殊な酸のナトリウム塩で，そのグリースは耐熱性の指標の一つである滴点が高く，高温安定性に優れている．一方で，離油を生じやすいという短所もある．フッ素系増ちょう剤としては，PTFEが挙げられ，主にパーフルオロアルキルポリエーテル（Perfluoroalkylpolyether, PFPE）を基油として組み合わせたフッ素グリースが代表的である．耐熱性および化学的安定性に優れるが非常に高価格である．ただし最近は潤滑箇所の長寿命化，メンテナンスフリーなどの観点から各方面で使用されつつある．また，PTFEは，増ちょう剤としてではなく，潤滑性向上のため固体潤滑剤として使用されることもある．

無機系としては，親油化処理したベントナイト（商品名：ベントン）およびシリカゲルが代表的な増ちょう剤として挙げられる．これらの増ちょう剤は，高温下でも基油に溶解することがなく，耐熱性の指標である滴点が高いことから耐熱グリースの増ちょう剤として用いられている．ベントンは，ベントナイトをアミン系界面活性剤によって親油性を付与したものである．表面改質のために付与した有機物が分解したり，高温下で硬化する傾向が見られる．燃焼した

場合に灰分が多く，水分の影響を受け軟化や硬化を生じたり，さびが発生しやすいことなど欠点があるため使用には注意を要する．

2.1.2 基油の種類と特徴

基油は，グリース成分の大半を占め，通常，増ちょう剤に保持された状態で存在し，潤滑剤として接触表面で作用するときには，油分がグリースから分離し，油膜を形成することで潤滑作用を呈する．

代表的な基油の性状を表2.2に示す．基油は，鉱油と合成油に大別される．鉱油は，安価であることからグリースの基油として最も多く使用されており，組成面からナフテン系油とパラフィン系油に分類される．ナフテン系油は増ちょう剤との親和性がよいことから多く使用されていたが，最近では供給性およびコスト高の問題などからパラフィン系油の使用が多くなっている．

熱・酸化安定性，低温流動性および粘度温度特性などの基本性能が鉱油で性能を満足できない場合に合成油が用いられている．代表的な合成油としては表2.2に示すように，合成炭化水素油，エステル油，エーテル油，ポリグリコール油，シリコーン油およびフッ素系油などがある．

合成炭化水素油の代表例としては，ポリ-α-オレフィン（Poly-α-olefin, PAO）が挙げられる．PAOは，一般式 $R_1[CHR_2CH_2]_nH$（R_1, R_2 はアルキル基）の化合物である．PAOは，鉱油と比較し，酸化安定性，粘度温度特性，低温流動性が良好で広く使用されている．また，さまざまな種類のゴムやプラスチックなどに対し悪影響が小さい油である．

エステル油は，耐熱性，潤滑性，低温流動性および粘度温度特性に優れ，ジエステルやポリオールエステルなどが使用されている．ジエステルは，一般式でROOCR′COOR（Rはアルキル基）と表される．代表的な化合物は，ジ-2-エチルヘキシルセバケート（DOS）である．また，ポリオールエステルは，多価アルコールとカルボン酸とを反応させたエステルである．多価アルコールとして，トリメチロールプロパン（TMP）やペンタエリスリトール（PE），ネオペンチルグリコール（NPG）などが用いられ，カルボン酸は $C_3 \sim C_{20}$ の直鎖または分岐鎖のアルキル基をもったものが用いられる．

エーテル油およびシリコーン油は，高温での熱酸化安定性に優れることから

表 2.2 代表的な基油の特性比較

基油の種類	鉱油系		合成油系					
	ナフテン系	パラフィン系	ジエステル	ポリオールエステル	ポリ-α-オレフィン	アルキルジフェニルエーテル	シリコーン	パーフルオロポリエーテル	ポリアルキレングリコール
構造式(代表例)			ROOC(CH$_2$)$_n$COOR	C(CH$_2$OCR)$_4$	R | -(CHCH$_2$)$_n$-	R | ![phenyl]O-![phenyl]	$-O\left(\begin{array}{c}CH_3\\-Si-O-\\CH_3\end{array}\right)_n\left(-Si-O-\right)_m$	CF$_3$ | -(CFCF$_2$-O)$_n$-	R | -(CHCH$_2$-O)$_n$-
略称	MO	MO	(DOS)	POE	PAO	ADPE	(PMS)	PFPE	PAG
密度 15℃, g/cm^3	0.92	0.88	0.92	0.96	0.83	0.89	1.00	1.91	0.93
動粘度 mm^2/s 40℃	95.1	99.0	11.9	32.4	30.1	97.0	74.1	168.0	56.1
動粘度 mm^2/s 100℃	7.82	11.1	3.30	5.91	5.76	13.2	29.3	18.2	10.8
粘度指数	2	97	149	128	137	124	407	121	187
流動点, ℃	-22.5	-12.5	<-60	-50	<-60	-40.0	<-50	-30	-42.5
引火点, ℃	216	272	221	282	240	286	275	>300	220
性能 潤滑性	○	○	◎	◎	○	○	×	○	○
性能 耐熱性	△	△	○	○	○	○	◎	◎	△
性能 酸化安定性	△	△	○	○	○	○	◎	◎	△
性能 低温性	×	×	◎	◎	◎	○	◎	◎	◎
性能 対ゴム性	△	○	×	×	◎	○	◎	◎	◎
性能 対樹脂性	△	○	×	×	◎	○	◎	◎	×

◎：優れている　○：良好　△：普通　×：劣る

耐熱グリース用基油として用いられる．エーテル油の体表的な化合物はアルキルジフェニルエーテル（ADPE）やアルキルトリフェニルエーテル（ATPE）である．一方，シリコーン油は，ジメチルシリコーンやフェニルメチルシリコーンが代表的なものである．シリコーン油は，粘度温度特性が良好である．

ポリグリコール油は，一般式 $R_1O\text{-}[CH_2\text{-}CHR_2\text{-}O]_nR_3$ で示されるポリアルキレングリコール（PAG）であり，通常 R_2 は H または CH_3 のポリエチレングリコール（PEG）あるいはポリプロピレングリコール（PPG）が使用されている．ゴムとの適合性に優れ，膨潤させにくく，ゴムと接触する潤滑部位に使用されている．

フッ素系油は，増ちょう剤の種類の項でも述べた通り一般式 $[O\text{-}CF(CF_3)CF_2]_n$ のような構造を有する PFPE などが代表的で，その構造により直鎖型，側鎖型があり，PTFE との組合せで使用されている．

2.1.3 添加剤の種類と特徴

グリースの添加剤は潤滑油で用いられるものとほぼ同様のものが用いられている．添加剤についての詳細は，多くの成書などにまとめられている[1~4]．グリースに使用される添加剤の種類と代表的な化合物を表 2.3 に示す．

酸化防止剤は，グリースの増ちょう剤および基油の劣化を抑え，グリース潤滑寿命を延長させる重要な添加剤の一つである．その種類としては，アミン類，フェノール類および硫黄化合物などが挙げられる．酸化抑制機構の違いに

表 2.3 添加剤の分類と代表的な化合物

分　類	代表的な化合物
酸化防止剤	アミン類，フェノール類，硫黄化合物など
さび止め剤	カルボン酸およびその誘導体，石油スルホネートなど
油性剤	高級脂肪酸，高級アルコール，油脂，エステルなど
極圧剤・耐摩耗剤	リン系化合物，硫黄系化合物など
固体潤滑剤	二硫化モリブデン，グラファイト，PTFE など

より，アミン類およびフェノール類は，連鎖反応停止剤，硫黄化合物は過酸化物分解剤と呼ばれている．アミン類としては，フェニルαナフチルアミン（PAN）やアルキル化ジフェニルアミンなどが代表的なものである．フェノール類の代表的化合物としては，2, 6-ジ-t-ブチル-p-クレゾール（DBPC）がある．硫黄化合物ではジアルキルジチオリン酸亜鉛（ZnDTP）や，フェノチアジンおよびその誘導体などが代表的である．酸化防止剤の効果は，使用される増ちょう剤および基油の組合せや使用条件により異なるため，最適な種類と添加量等が熱・酸化安定性に大きく影響する．

　さびの発生を防止することは，機械の保全上，潤滑性と同様に重要である．また，潤滑面でのさびの発生は，摩耗増大に繋がる可能性もある．さび止め剤の作用機構は，金属表面に有機化合物の吸着膜を形成し，水や酸素との接触を防ぐことによる．したがって，さび止め剤は，分子中に金属表面に強い吸着力をもつ極性基と油に対し相溶性の高い親油基からなる．代表的な化合物としては，カルボン酸およびその誘導体や石油スルホネートが挙げられる．カルボン酸およびその誘導体としては，アルケニルコハク酸エステルなどがある．石油スルホネートとしては，バリウム塩やカルシウム塩などが代表的である．また金属表面に不働態被膜を形成し，さび止め機能を与えた亜硝酸ナトリウムなどもグリースには使用されていたが，最近では，環境問題からその使用が減少してきた．

　グリース潤滑は，増ちょう剤に保持された油分が分離し，潤滑面で油膜を形成し，潤滑性を維持している．流体潤滑条件下では，基油のみの油膜で十分であるが，使用条件が厳しくなり，混合潤滑や境界潤滑条件になると，潤滑性向上のために油性剤，極圧剤，摩耗防止剤および固体潤滑剤などが添加されたグリースが使用される．

　油性剤としては，高級脂肪酸，高級アルコール，油脂，エステルなどが挙げられる．高級脂肪酸ではオレイン酸やステアリン酸が一般的に使用される．高級アルコールとしては，ラウリルアルコールやオレイルアルコール，エステルとしては，オレイン酸グリセライドなどが使用されている．

　極圧剤および耐摩耗剤は，リン系化合物としてトリクレジルホスフェート（TCP）やジアルキルまたはジアリルホスフェートのアミン塩などがある．硫

黄系化合物としては，ジベンジルジサルファイドや各種ポリサルファイド，ZnDTPなどが使用される．塩素化合物は，過去広く使用されていたが，塩素化合物に対する有害性の問題から最近では，その使用量が減り，非塩素化への変更が進んでいる．

　高温，高荷重などの厳しい潤滑条件下の使用においては，油膜強度を向上させるため固体潤滑剤が用いられることがある．グリースは潤滑油と異なり沈降分離の問題が起こり難いことから，固体潤滑剤を多く添加することも可能である．グリースに添加する代表的な固体潤滑剤としては，二硫化モリブテン，グラファイトおよびPTFEなどが挙げられる．

　最近では職場環境の改善の面から，二硫化モリブテンやグラファイトなどの黒色粉体は敬遠される傾向にあり，メラミンシアヌレート（MCA）などの白色粉体が使用されることもある．

2.2　グリースの製造

　グリースの製造方法は組成によっても異なるが，大きく三つの方法に分けられる．基油中で増ちょう剤を反応させる反応法，基油にセッケンを混合し加熱処理する混合法，基油に増ちょう剤を分散させる分散法である．それぞれの増ちょう剤に適した製造設備と製造方法が選択されている．

　一般的なグリースの製造方法の流れを以下に示す．
（1）反応釜に基油と増ちょう剤成分を加え，反応（または混合や分散）させる工程
（2）加熱して増ちょう剤ミセル（セッケン繊維）を成長・分散させる工程
（3）混合釜に移送し，冷却や硬さ調整のための基油や特殊な性能を向上させるための添加剤を加える工程
（4）増ちょう剤ミセルを均一に分散させるための均質化工程（ミリング）
（5）気泡を除く脱泡工程
（6）ごみを除去するろ過工程
（7）容器に充てんする充てん工程
からなる．

2.2.1 製造設備

グリースの製造に使用される設備は，高粘性物質をかくはん・混合・分散および熱交換を行うために堅固な装置が使用される．数 kg の試作用製造装置でも 10 トン以上の量産用製造装置でも基本的にはほぼ同じ構造である．連続式の製造装置もあるが，バッチ式の製造装置が多い．増ちょう剤の種類や製造方法によって設備が異なる場合もあるが，基油などで装置を洗浄して共用で使用されることが多い．図 2.3 にグリース製造工程の一例を示す．脂肪酸や水酸化リチウム等のアルカリ金属を基油と一緒に反応釜に投入し，過熱しながらケン化反応を行う．このケン化反応は加圧下でかつ，セッケン濃度を高めた状態で行うことが多い．この反応釜で合成された増ちょう剤と基油を混合釜に移して製品に仕上げることが多い．最近では，生産効率向上のために反応釜と混合釜は一体化された釜も使用されている．

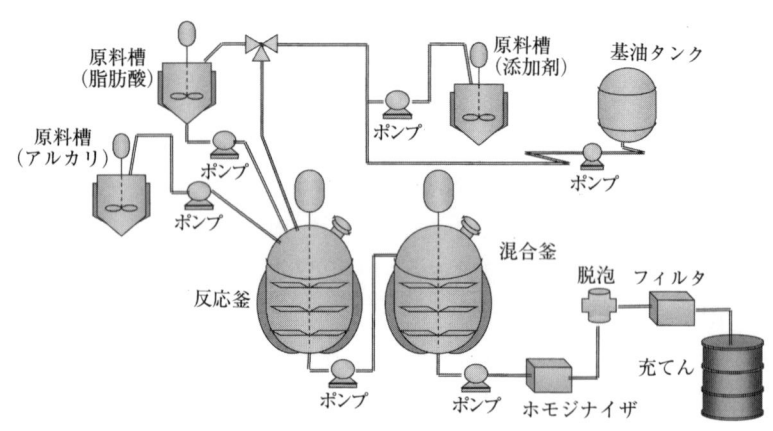

図 2.3　グリース製造工程の例

（1）反応釜

ケン化釜とも呼ばれ，反応工程や加熱工程で使用される設備である．基油中で増ちょう剤を反応・合成し，分散，熱処理させる設備で，ジャケットによる加熱と強力な撹拌装置を備えている．加熱方法は古い装置では直火によるものであったが，最近ではボイラからの蒸気や熱媒体油をジャケットに循環して加

熱している．反応釜には開放型と密閉型があり，増ちょう剤の種類や生産効率などから選定される．従来は開放型が主流を占めていたが，近年は間接加熱による密閉型が多く採用されている．通常のかくはん方法はパドル式の羽根で，一方向に回転するシングルアクション方式，2枚の羽根が逆に回転するダブルアクション方式があり，羽根には熱効率とかくはん効率を上げるためにスクレーパーが取り付けられている．また量産化と効率を上げるために釜の下部のスクリューで強力にかくはん・循環を行うコンタクタなどがある．図2.4に反応釜の例[5]を示す．

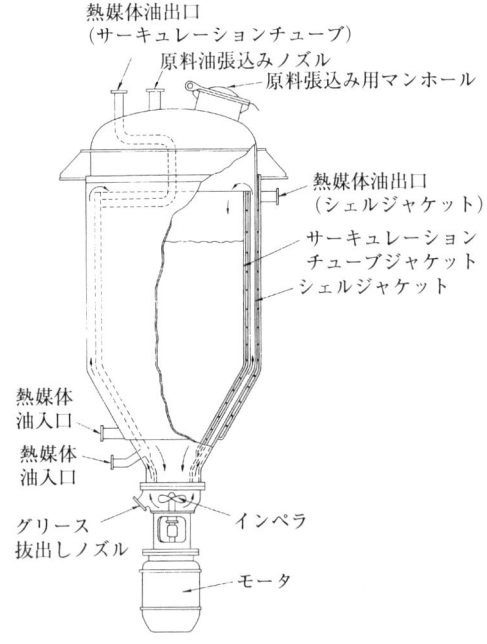

図2.4 反応釜の例（コンタクタ）〔出典：文献5)〕

（2）混合釜

混合釜は，開放型の反応釜とほぼ同じ構造である．冷却工程や製品仕上げのために使われるので冷却釜とか仕上げ釜とも呼ばれる．反応釜で反応・加熱された増ちょう剤と基油からなるベースグリースに，ちょう度を調整するための基油を混合したり，添加剤を混合するためのかくはん装置を備えている．セッケンミセルの長さを調節するために冷却用のジャケットや脱泡のための真空装置を備えた設備もある．

（3）均質化装置

増ちょう剤を基油中に細かく均一に分散させる装置である．大量生産にはコロイドミル，ホモジナイザが適しており，少量生産や特殊な製品にはロールミルが使われる．コロイドミルは，ロータとステータ間のごく狭いすきまに強制的にスラリー状のグリースを通してせん断を与え，グリース中の増ちょう剤を均一に分散させる．ホモジナイザはグリースを高圧下でノズルから噴射し壁に

表 2.4 均質化装置の種類と特徴

装置名称	シャロットコロイドミル	スピードラインミル	モントン・ゴーリンホモジナイザ	3本ロールミル
処理環境	密閉系			開放系
せん断方式	石臼方式		オリフィス方式	回転速度の異なるロール面間細隙を通過
処理方法	連続処理			バッチ処理
主な適用目的	増ちょう剤の分散（グリースの均質化）	増ちょう剤の分散（グリースの均質化）	増ちょう剤の分散（グリースの均質化）	増ちょう剤の分散（グリースの均質化）固体潤滑剤の混合・分散軸受音響性能の改善

当てる衝撃で増ちょう剤を均一に分散させる．ロールミルは，異なる回転数の近接したロール間の狭いすきま（数〜数百μm）にグリースを通し，増ちょう剤を均一に分散させる．いずれも増ちょう剤を細かく分散させるために使用される．ロールミルは分散・均質化能力に優れるが，処理速度が低く生産性に劣る．また，開放系で行われるので空気中の粉塵混入対策が必要である．転がり軸受用グリースなどに要求される音響特性の改善のためには，特殊仕様のロールミルでクリーンルームなどの防塵対策を施したうえで処理することがある．均質化装置の種類と特徴を表 2.4 に示す．

（4）脱泡装置

グリース中に混入した空気を取り除くための装置として脱泡装置がある．連続式とバッチ式がある．連続式は真空中の装置内でドラムを回転させ，遠心力によりグリースの薄い膜を作り表面積を大きくして脱気する．そのグリースをかき取る工程を連続して行う装置である．連続式脱泡装置を図 2.5 に示す．

バッチ式としては，真空タンク内にグリースを投入して脱泡する方法や混合釜内部を真空にしてグリース中の気泡を取り除く方法がある．

（5）ろ過，充てん装置

グリース中のごみや異物を取り除くための設備としてろ過装置がある．オイル用の金網式ストレーナが使われることもあるが，金属板を積層させたすきまを通すもの，金網で補強された不織布フィルタを通すものなど用途によって使

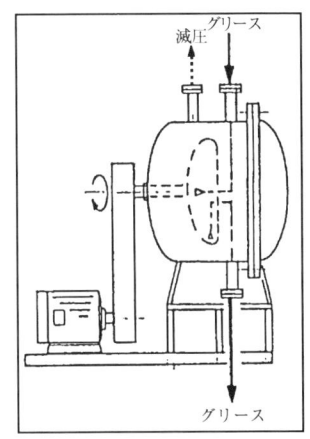

図 2.5　連続式脱泡装置の構造と外観〔出典：富永物産カタログ〕

い分けられている．

　充てん工程ではグリースの用途によって，数十 g のチューブから 400 g カートリッジ，16 kg ペール缶，180 kg ドラム缶，2〜3 トンのコンテナ等さまざまな容器に充てんされる．カートリッジやペール缶などは自動充てん機で充てんされることが多く，その他は充てん個数により半自動や手動で行う場合もある．

2.2.2　製造方法

　先に述べたようにグリースの製造方法は反応法，混合法，分散法の三つに大別されるが，それらの方法でも，増ちょう剤の種類や原料，要求品質，用途などによって製造方法が異なる．

(1) 反応法

　反応法で作られるグリースとしてはリチウムやカルシウムなどのセッケン系グリース，コンプレックスセッケン系グリース，ウレアグリースなどがある．いずれも基油中で 2 種類もしくはそれ以上の原料を化学反応させて製造される．

(a) セッケン系グリース

　セッケン系グリースでは，高級脂肪酸と金属水酸化物とを基油中で反応させ

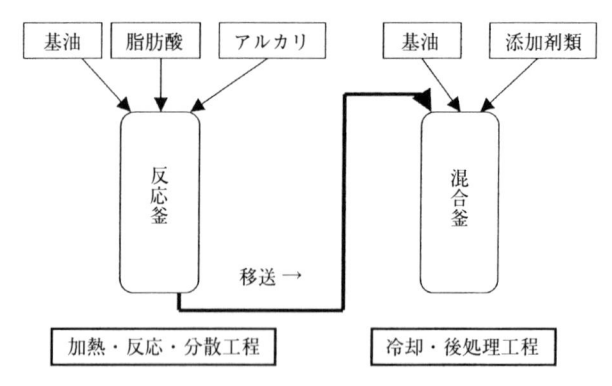

図2.6 セッケン系グリース製造工程(ケン化法)

て金属セッケンを生成させる(ケン化反応).ケン化反応後,加熱処理をして金属セッケンの集合体であるセッケンミセルを成長・分散させ,その後冷却してセッケンミセルの大きさや分散をコントロールしながらグリース化させる方法である.製造工程を図2.6に示す.

リチウムグリースの場合,原料の基油と12-ヒドロキシステアリン酸と水酸化リチウムの水溶液を反応釜に入れ,90℃前後に加熱してケン化反応を行う.化学反応式を下記に示す.その後,100〜105℃で脱水し,さらに加熱かくはんを続けリチウムセッケンを溶解または半溶解温度(200℃前後)まで加熱する.その後冷却,均質化,脱泡,ろ過の工程を経て製品にする.

$$CH_3(CH_2)_5CH(OH)(CH_2)_{10}COOH + LiOH \cdot H_2O$$
$$\longrightarrow CH_3(CH_2)_5CH(OH)(CH_2)_{10}COOLi + 2H_2O$$

冷却工程において必要な添加剤(酸化防止剤,極圧剤,さび止め剤など)を添加するとともに,目標とするちょう度に調整するために基油を追加する.脂肪酸として比較的安価なステアリン酸やヒマシ硬化油(脂肪酸グリセリド)を使用する場合があり,グリースの用途や経済性を考慮して選択される.また,設

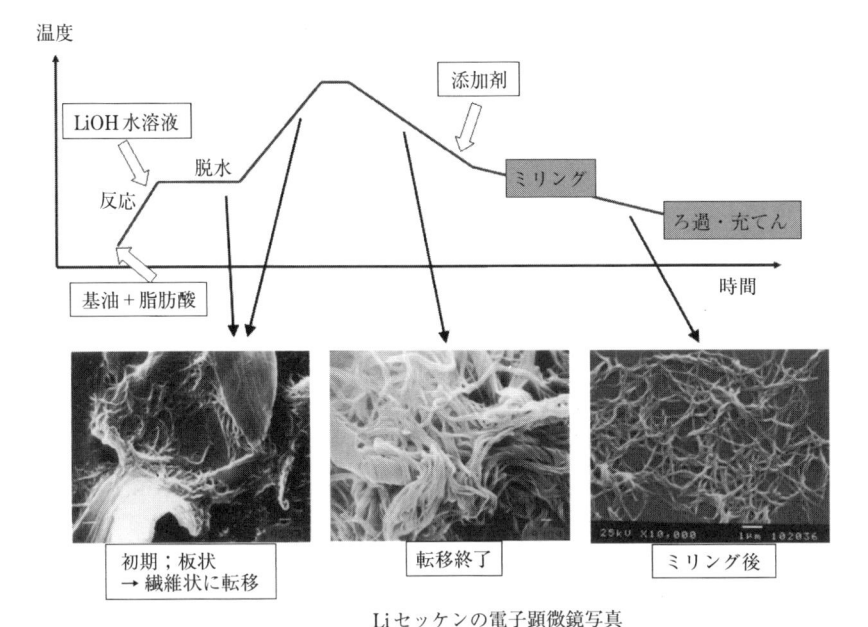

図 2.7 リチウムグリースの製造工程におけるセッケンミセルの変化

計品質を満足させるために,各種の脂肪酸を混合併用する場合もある.加熱工程,冷却工程,均質化工程でセッケンミセルが変化する様子を図 2.7 に示す.

(b) コンプレックス系グリース

コンプレックス系グリースは,通常のセッケン系グリースと比べて耐熱性,耐水性,せん断安定性などが改善され,最近はリチウム,アルミニウム,カルシウムセッケン系など多くの種類が製造されている.

・リチウムコンプレックスグリース

製造方法は一般的に二段階反応で行われる.例えば,第一段階として基油中で高級脂肪酸(例:ステアリン酸,12-ヒドロキシステアリン酸など)を 70～80 ℃で溶解後,水酸化リチウム水溶液とケン化反応させる.第二段階として二塩基酸(例:セバシン酸,アゼライン酸など)を加え,水酸化リチウム水溶液と反応させる.反応後加熱して 100～105 ℃で脱水させ,さらに加熱しミセルを形成し冷却する.二塩基酸の使用が一般的だが,二塩基酸エステル,芳香族脂肪

酸, ホウ酸などが使用される場合もある. 最近の研究では, 乳化剤を使った一段階反応法も紹介されている[6]｡

・アルミニウムコンプレックスグリース

複数の脂肪酸と水酸化アルミニウムを用いたケン化反応ではコンプレックス化しにくいので, 代わりにアルミニウムイソプロピルアルコラート〔$Al(OC_3H_7)_3$〕か, またはその縮合三量体が使用される. 一般的に使用される酸としては直鎖の高級脂肪酸と安息香酸などの芳香族系の脂肪酸を使うことが多い.

基油中に脂肪酸を加熱溶解し, アルコラートと水を加え, さらに加熱しセッケンミセルを形成させる. これらの反応によってイソプロピルアルコールが生成するので製造に注意が必要である.

・カルシウムコンプレックスグリース

コンプレックスグリースとしては歴史が古く数十年以上前から製品化されている. 通常, 直鎖の高級脂肪酸と短い低級脂肪酸とを組み合わせて反応させる. 反応例を下記に示す.

例) $C_{17}H_{35}COOH + CH_3COOH + Ca(OH)_2 \longrightarrow$
　　　ステアリン酸　　　酢酸

$$C_{17}H_{35}COO\text{-}Ca\text{-}OOCCH_3 + 2H_2O$$

カルシウムコンプレックスグリースも一般的なセッケングリースの製造法とほぼ同じで, 基油に脂肪酸類を加え加熱溶解したところに水酸化カルシウムの水溶液 (もしくは懸濁液) を加えケン化反応させる. さらに加熱しセッケンミセルを成長させてグリース化する.

(c) ウレアグリース

一般的にウレア化合物の合成は溶媒中でアミンとイソシアネートとを混合して反応させる. グリースの場合は溶媒の代わりに基油中で反応させる. 反応は非常に速く, 粘度の高い基油中でも瞬時に反応する.

一般的なジウレアの反応式を以下に示す.

$2R\text{-}NH_2 + OCN\text{-}R'\text{-}NCO \longrightarrow R\text{-}NHCONH\text{-}R'\text{-}NHCONH\text{-}R$

使用するアミンとジイソシアネートによって異なるが, それぞれ基油中に常温から100℃位で溶解させ, 両者をかくはん・混合して反応させる. そのまま

の状態では基油の中にウレア化合物が分散した状態だが,さらに加熱して安定化させ,後処理工程を経て製品とする.組み合わせるアミンとイソシアネートや製造条件によって長繊維状や短繊維状など種々のミセルを形成する.

(2) 混合法

混合法はすでに合成した金属セッケン(主にリチウムセッケン,アルミニウムセッケンなど)を増ちょう剤として使用するもので,基油中に混合,加熱分散もしくは溶解・冷却・均質化させることによりグリース化する方法である.セッケン系グリース製造工程の概略を図2.8に示す.

上記工程は,反応釜を兼用して一つの装置で行う場合もある.代表例としてリチウムセッケングリースを示す.ステアリン酸リチウムや12-ヒドロキシステアリン酸リチウムの粉末を,基油とともに反応釜に入れ,混合,加熱し,リチウムセッケンの溶解までかくはん加熱を続ける.その後冷却し,均質化,脱泡,ろ過工程を経て製品とする.

ケン化工程において,加水分解が懸念されるような合成油を基油に用いる場合,混合法により製造される.

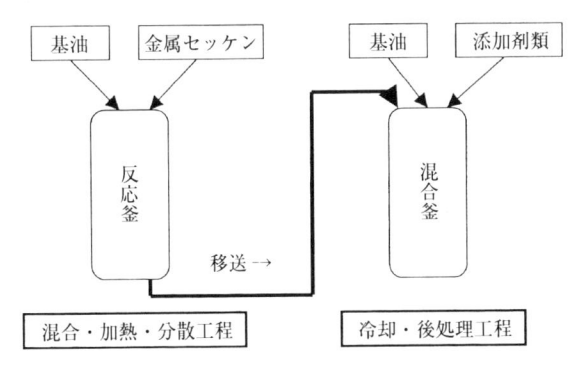

図2.8 セッケン系グリース製造工程(混合法)

(3) 分散法

分散法で製造するグリースとしては,ベントナイト(ベントン)系,シリカゲル系やPTFE系のものなどがある.ベントンを用いるグリースは加熱して製造するが,それ以外は一般的に加熱は行わず機械的に混合分散させるだけである.

(a) ベントナイト(ベントン)グリース

製造に際しては,ベントンを基油中に分散させやすくするためにアルコール類で膨潤させたのち,基油に加えて十分に分散させ均一にする.次にアルコールを蒸発させ,加熱しミセルを安定させる.他のグリースと同じように後処理工程を経て製品とする.

(b) シリカゲルグリース

四塩化ケイ素の高温加水分解によって合成されたシリカゲルの微粉末は,粒径が数 nm と非常に小さい.これを基油中に分散させると表面のシラノール基(-Si-OH)の水素結合により分子同士がミセルと同じようにつながる構造をとる.この性質を利用しホモジナイザやロールミルなどで機械的に強制混合させ,グリースとする.

(c) フッ素系グリース

フッ素系グリースのほとんどは PTFE の微粉末で増ちょうされたものである.シリカゲルグリースと同様に,基油に PTFE の粉末を混合後,機械的に分散させてグリースにする.

参考文献

1) 特集「潤滑油添加剤」: 潤滑, **15**, 6 (1970).
2) 桜井俊男:新版 石油製品添加剤, 幸書房 (1986) 211.
3) 藤田 稔・大掛亮次・杉浦健介:新版潤滑剤の実用性能, 幸書房 (1981) 44.
4) 星野道男・渡嘉敷通秀・藤田 稔:潤滑油グリースと合成潤滑油, 幸書房 (1983) 52.
5) 高山治雄:日石レビュー, **18**, 6 (1976) 323.
6) 藤浪行敏・喜多武勝:トライボロジー会議予稿集, 東京 (2003-5) 95.

第3章 グリースの選定と試験法

3.1 グリースの選定方法

　グリースは潤滑油と異なり，増ちょう剤を含む半固体状であるがゆえに複雑な性質を有する．よって，誤ったグリースを使用すると重大なトラブルにつながる可能性もあることから，その使用に際しては，目的や周辺環境などを十分考慮して，最適なグリースを選定する必要がある．

　まず初めに，その潤滑箇所が油とグリースのどちらが適しているかを判断しなければならない．油潤滑とグリース潤滑では，それぞれ長所と短所があるため（第1章 参照），グリースを使用しても問題がないか，またはグリースでなければ潤滑できない箇所なのかを，まずは確認する．なお，グリースが使用される主な適用例としては，各種軸受，歯車などがある（第7章 参照）．

3.1.1 使用条件や用途による選定

　グリースは多くの部品に使用されることから，使用条件も多種多様である．さらにグリースの種類によっては，使用に耐えることができない環境・条件もあることから，細心の注意を払ってこれらを把握しなければならない．主な要素としては，温度，荷重，回転速度，周辺環境（水の混入有無など）があり，使用するうえで最適なグリースを選定することが重要である．

　さらに，使用する用途も考慮しなければならない．用途が明確であれば，ある程度使用条件や環境は推測できる．JISでは，転がり軸受用，自動車シャシ用など用途によってグリースを分類しており（表3.1），一般的な使用条件でのグリース選定には有用である．しかし，使用条件は年々多様化しており，本分類だけでは十分対応しきれないのが現状である．このような場合には，より詳細にグリースの性状，組成を検討し，グリースの選定を行う必要がある．

3.1.2 グリースの組成・性状による選定

　グリースは，基油・増ちょう剤・添加剤の三成分により構成されるが，その

表3.1　JIS K 2220 グリース分類

用途別	種類 種別	ちょう度番号	使用温度範囲,℃	使用条件に対する適否 荷重 低	高	衝撃	水との接触	参考 適用例
一般グリース	1種	1種1号, 2号, 3号, 4号	-10~60	適	否	否	否	一般低荷重用
一般グリース	2種	2号, 3号	-10~100	適	否	否	否	一般中荷重用
転がり軸受用グリース	1種	1号, 2号, 3号	-20~100	適	否	否	適	はん(汎)用
転がり軸受用グリース	2種	0号, 1号, 2号	-40~80	適	否	否	否	低温用
転がり軸受用グリース	3種	1号, 2号, 3号	-30~130	適	否	否	適	広温度範囲用
自動車用シャシーグリース	1種	00号, 0号, 1号, 2号	-10~60	適	適	否	適	自動車シャシー用
自動車用ホイールベアリンググリース	1種	2号, 3号	-20~120	適	否	否	適	自動車ホイールベアリング用
集中給油用グリース	1種	00号, 0号, 1号	-10~60	適	否	否	適	集中給油式中荷重用
集中給油用グリース	2種	0号, 1号, 2号	-10~100	適	否	否	適	
集中給油用グリース	3種	0号, 1号, 2号	-10~60	適	適	適	適	
集中給油用グリース	4種	0号, 1号, 2号	-10~100	適	適	適	適	
高荷重用グリース	1種	0号, 1号, 2号, 3号	-10~100	適	適	適	適	衝撃高荷重用
ギヤコンパウンド	1種	1号(1), 2号(1), 3号(1)	-10~100	適	適	否	適	オープンギヤおよびワイヤロープ用

注(1)　この番号は、動粘度によって分類したものである.

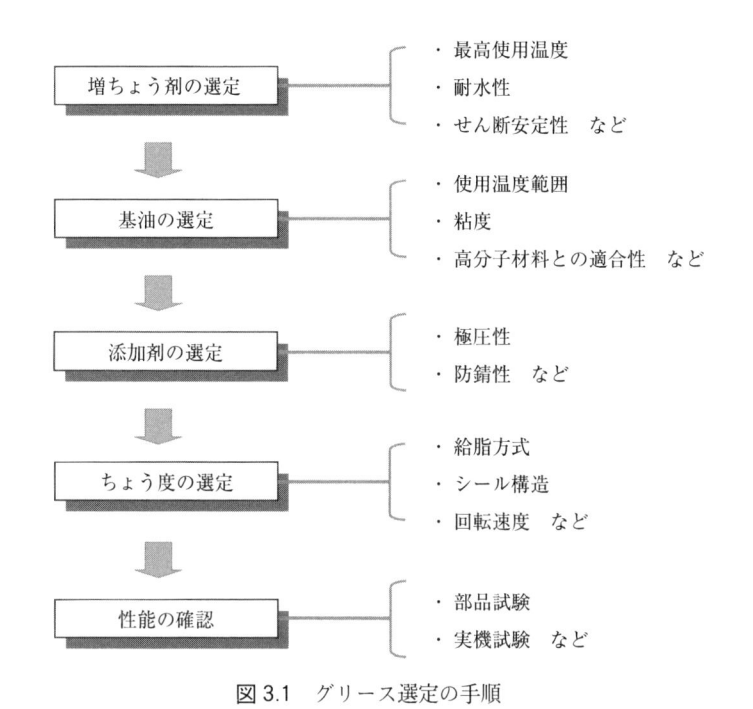

```
増ちょう剤の選定 ─┤・最高使用温度
                  ・耐水性
                  ・せん断安定性　など
        ↓
基油の選定 ─┤・使用温度範囲
            ・粘度
            ・高分子材料との適合性　など
        ↓
添加剤の選定 ─┤・極圧性
              ・防錆性　など
        ↓
ちょう度の選定 ─┤・給脂方式
                ・シール構造
                ・回転速度　など
        ↓
性能の確認 ─┤・部品試験
            ・実機試験　など
```

図 3.1　グリース選定の手順

組合せ（組成）によりグリース性状も変わってくる．各成分によるグリース選定の手順を図 3.1 に示す．以下，図に沿った形で具体例を交えながら解説する．なお，各成分の詳細については第 2 章もあわせて参照いただきたい．

（1）増ちょう剤の選定

　増ちょう剤は，グリースの性能を決める重要な成分であり，使用条件・環境に適したものを選定すべきである．増ちょう剤は主にグリースの耐熱性，耐水性，せん断安定性などに影響を与える．カルシウムセッケンは熱に，ナトリウムセッケンは水に弱いという欠点がある一方，リチウムセッケンは大きな欠点もなく性能のバランスが良いため，万能型として広く使用されている．さらに，リチウムセッケンは増ちょう剤繊維の長さにより長繊維タイプと短繊維タイプがあり，ホイールベアリングなど高いせん断安定性が要求される部位では，短繊維タイプが好まれる．

　また，より高温で使用される場合や潤滑条件が厳しい条件ではウレアグリー

スやコンプレックスグリースが使用される．特にウレアグリースは，耐熱性に加え優れた潤滑特性をもつことから，近年広く普及している．

（2）基油の選定

グリースの大部分を占める基油は，グリースの使用温度範囲，使用環境などを考慮し，その粘度と種類を選定する．

粘度選定の目安としては，高温で使用する際は油膜を保持するため高粘度を，低温で使用する場合には流動性を保持するため低粘度の基油を選定するのが望ましい．また回転速度が速い箇所では，かくはん抵抗を抑制するため低粘度，遅い箇所では油膜を保持するため高粘度を使用する場合が多い．

基油の種類は，通常の使用であれば鉱油で十分であるが，特殊な環境下では合成油を選定する．特に－20℃を下回るような低温下で使用する場合は，流動点の低い基油を選ばなければならない．代表的なものとしては，ジエステル油，ポリオールエステル油，ポリαオレフィン油などの合成油が挙げられる．また，高温の場合でも，グリースの酸化安定性を向上する目的で合成油を使用することもある．

その他基油の選定に当たって注意すべきは，シール用ゴム材や樹脂部品などの高分子材料との適合性がある．材料の種類や基油の種類によっては，材料を変質させることがあり，両者の相性を考慮して選定する必要がある．

（3）添加剤の選定

基油と増ちょう剤だけでは不足する性能は，添加剤により補うことになる．代表的な例としては荷重が高い条件で使用する場合，焼付き，摩耗防止の観点から極圧剤や固体潤滑剤を配合したグリースを選定する．また，水が混入する箇所では，さびが発生するのを防ぐため，さび止め剤を配合したグリースが望ましい．

（4）ちょう度の選定

ちょう度はグリースの硬さを表す数値である（第3章3.2.2「ちょう度」参照）．ちょう度の選定は，主に給脂方式，シール構造を加味して行う．集中給脂によりグリースを圧送する場合は，配管内での圧力損失を低減するため軟らかいグリースが使用される．一方，密封軸受で使用される場合は，グリースの漏えいを防止するため硬めのグリースを選定する．特に，軸受のdn値が大きい

場合は，チャンネリング性を向上させる意味でも硬いグリースが望ましい．

(5) 性能の確認

これまでグリースの要素ごとに選定の目安を述べたが，実際に使用される環境はより複雑である．よって，最終的には実際の部品を使用した評価（軸受寿命試験など）や，実機を用いた台上試験等を行い，選定したグリースの性能を総合的に確認する必要がある．

3.2 グリースの試験法

3.2.1 グリースの試験法と規格

日本では工業生産，流通および使用，消費の合理化のために標準規格としてJIS 規格（Japan Industrial Standards，日本工業規格）が制定されている．日本における代表的なグリースの規格としては，JIS K 2220[1]があり，用途別の分類と試験方法が規定されている．近年，JIS 規格の ISO 規格（国際規格）への整合化が進んでおり，グリースの分類では，ISO 6743-9（グリースの分類）への整合化が進められている．この分類システムでは，クラス L（潤滑油）に属するグループ X（グリース）を「運転下限温度」「運転上限温度」「水との接触」「防錆」「極圧性」「NLGI ちょう度番号」の記号（JIS K 2220-2003 付属書1参照）で表示するものである．ISO 表示の例：**ISO-L-XBEGB 00**

国内におけるグリースの試験方法は，JIS K 2220 に規定されているが，各国ごとにグリースの試験方法に関する規格がある．代表的な規格としては，米国の ASTM（American Society for Testing and Materials，アメリカ材料試験協会）や FS（Federal Specification and Standards，アメリカ連邦規格），英国の IP（Institute of Petroleum，イギリス石油協会），ドイツの DIN（Deutsches Institut fur Normung，ドイツ規格協会）などがある．試験方法についても，ISO との整合化が進んでいる．表 3.2 に，グリースの JIS K 2220 と各試験方法の国際規格ならびに主要外国規格との対比を示す．グリースの一般性状に関する試験法は世界各国で共通である．グリースメーカーの技術資料などにも，これに基づいた成績表が掲載されている．しかし，グリースを転がり軸受に使用する際に問題となるグリース寿命，音響，グリース漏れ，摩擦トルク（温度上昇）などの回

第3章 グリースの選定と試験法

表 3.2 各試験方法の国際規格と主要外国規格との対比 *

試験方法	JIS	ISO	ASTM	FS	IP	DIN
ちょう度試験	K 2220の7	2137	D 217		50	51580
1/4および1/2ちょう度	K 2220の 7.8, 7.9		D 1403		310	
滴点試験	K 2220の8	2176	D 556 D 2265	1421	132	
銅板腐食試験	K 2220の9		D 4048	5304 5309	112	51811
蒸発量試験	K 2220の10		D 972 D 2595	351		
離油度試験	K 2220の11		D 1742 D 6184	321 322	121	51817
酸化安定度試験	K 2220の12		D 942	3453 5314	142	51808
きょう雑物試験	K 2220の13			3005		
灰分試験	K 2220の14		D 128			
混和安定度試験	K 2220の15			313		
水洗耐水度試験	K 2220の16	11009	D 1264	3252	215	51807
漏えい度試験	K 2220の17		D 1263	3454		
低温トルク試験	K 2220の18		D 1478			
見掛け粘度試験	K 2220の19		D 1092	306		53018
チムケン式耐荷重性能試験	K 2220の20		D 2509			
湿潤試験	K 2220の21		D 1748			
水分試験 (JIS K 2275)	K 2220の22	3733	D 95	3001	74	51582
動粘度試験 (JIS K 2283)	K 2220の23	3104	D 445	305	71	51562
引火点試験 (JIS K 2265)	K 2220の24	2592 2719	D 92 D 93	1103 1102	36 34	51376 51758
四球耐荷重性能試験 (JIS K 2519)	K 2220の25	11008	D 2596	6503	239	51350
遊離酸,遊離アルカリ,不溶性炭酸塩試験 [参考]	K 2220		D 128		37	51809
ロール安定度試験			D 1831			
四球耐摩耗性能試験		11008	D 2266	6503	239	51350
往復動摩擦摩耗試験 (SRV)			D 5706 D 5707			51834
耐腐食性能試験			D 1743			
耐腐食性能試験 (Emcor Test)		11007	D 6138		220	51802
軸受耐久試験			D 3336 D 3527			51821

ISO : International Organization for Standardization (国際標準化機構) の TC 28 [第28技術委員会 (石油製品)] で定めた規格

ASTM : American Society for Testing and Materials (アメリカ材料試験協会) で定めた規格

　FS : Federal Specifications and Standards (アメリカ連邦規格). これには製品規格と試験方法規格とがあるが,後者は Federal Test Method Standard No. 791 の Method No. のみを記した.

　IP : Institute of Petroleum (イギリス石油協会) で定めた規格

　DIN : Deutsches Institut fur Normung (ドイツ規格協会) で定めた規格

* 同一項目でも試験方法によっては,試験条件等が異なる場合がある

転性能については規格化がほとんど行われていない．これらの特性は，それぞれ使用条件によって異なるため，その標準化が難しい．現状では，グリースメーカーおよび軸受メーカーなどが，独自の試験機や実際の機械による試験などによって判定している．

3.2.2 ちょう度

ちょう度とは，グリースの硬さを表す基本物性値である．物理的に絶対的な意味はないが，数値の中には粘性と塑性が組み合わさった形で含まれており，流動特性を総括的に把握するのに便利である．

ちょう度は，JIS K 2220 の 7 に定められており，25 ℃で図 3.2 に示す規定円すいを 5 秒間試料の中に落下させたとき，侵入した深さ（mm）の 10 倍の値で示される．ちょう度の数値が大きいほどグリースは軟らかいことになる．ちょう度は，表 3.3 に示すとおり，範囲を区切りグレード分けがなされている．また，ちょう度として下記のようなものがある．

(1) 不混和ちょう度：試料をできるだけ混ぜないようにして混和器（図 3.3 参照）に移し，25 ℃で測定する．
(2) 混和ちょう度：混和器中の試料を 25 ℃に保持した後，試料を 1 分間で 60 往復混和した直後に測定する．

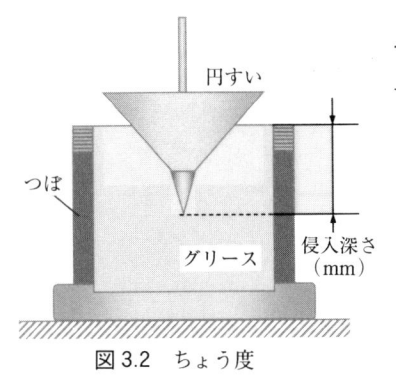

図 3.2 ちょう度

表 3.3 ちょう度分類

グレード	混和ちょう度	硬さ
No. 000	445～475	軟
00	400～430	↑
0	355～385	
1	310～340	
2	265～295	
3	220～250	
4	175～205	
5	130～160	↓
6	85～115	硬

(3) 多回混和ちょう度（1万回混和ちょう度）：混和器で1万回混和した後，混和ちょう度を測定する．
(4) 貯蔵ちょう度：規定の容器に入ったまま一定時間貯蔵した試料を25℃に保持した後，測定する．
(5) 固形ちょう度：非常に硬いグリースの場合，切断器で切った試料を25℃に保持した後，ちょう度を測定する．
(6) 1/4および1/2ちょう度：試料が少ない場合のために，容器の直径を1/4および1/2にしたもの．

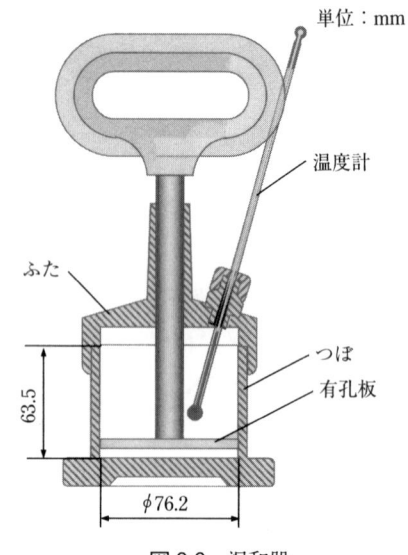

図3.3 混和器

3.2.3 耐熱性

耐熱性の評価の一つとして滴点がJIS K 2220の8に定められている．滴点とは，グリースを規定の容器で加熱し，グリースが高温で液状になり油分が滴下しはじめる温度である．図3.4に示されるカップに試料を充てんし，試験管に入れる．これを油浴中で加熱し，カップから液体が滴下した時の温度を読み

表3.4 グリースの種類と滴点

	グリースの種類	滴点，℃
セッケン系	Caセッケングリース Naセッケングリース Liセッケングリース	80～100 130～180 170～200
複合セッケン系	Caコンプレックスグリース Alコンプレックスグリース Liコンプレックスグリース	260以上 260以上 260以上
非セッケン系	ウレアグリース ベントナイトグリース テレフタラメートグリース	260以上 260以上 260以上

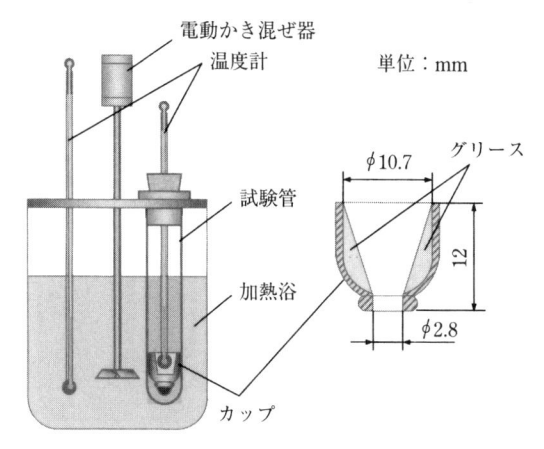

図 3.4 滴点試験装置

取る．グリースの実用性能と直接的な関係はないが，グリースの選択にあたっては，耐熱性の目安となる．なお，滴点は主に増ちょう剤の種類に依存する．代表的な増ちょう剤とそのグリースの滴点を表 3.4 に示す．

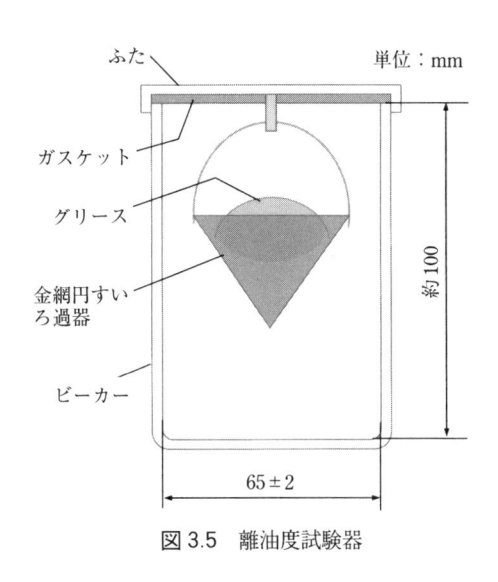

離油度によって耐熱性を評価する場合もある．離油度は JIS K 2220 の 11 に定められており，静的状態で高温放置した時のグリースの油分離性を示す．図 3.5 に示す金網の円すいに試料約 10 g を入れ，ビーカー内につるす．規定温度で規定時間（一般的に 100℃，24 時間）静置した後，油が分離してビーカーに滴下した量から求める．

図 3.5 離油度試験器

TG-DTA（熱重量-示差熱分析）を用いてグリースの耐熱性を評価する場合もあり，この方法は，10 mg 程度の極少量の試料でも測定が可能である．試料をセルと呼ばれる小型の容器に入れ，徐々に加熱した時の熱重量変化，示差熱

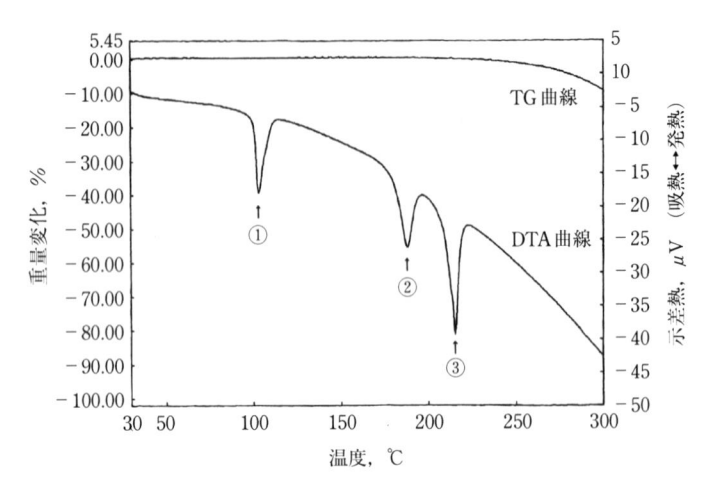

図3.6 リチウムセッケングリースのTG-DTAチャート

変化を求める.この方法で,基油の蒸発量や各段階での熱エネルギー変化が求められ,特に合成油を基油とする耐熱グリースの評価法として有効である.図3.6にリチウムグリースのTG-DTAのチャートを示す.TG曲線からは,300℃付近より基油の蒸発に伴う重量変化が起きていることがわかる.またDTA曲線においては,100～110℃で水分の蒸発による吸熱ピーク①が,200℃前後ではグリースの相転移に伴う2本の吸熱ピーク②③が検出されている.

3.2.4 酸化安定性

グリースは空気中の酸素と反応して酸化劣化することにより,異臭の発生,腐食物質の生成,グリースの変色,ちょう度変化および滴点変化などを起こすことがある.酸化安定性とは,この酸化劣化に抵抗する性質のことである.グリースの酸化は静的酸化(長期間貯蔵される場合)と動的酸化(使用されている場合)に大別される.動的状態における酸化安定性の評価も数多く実施されているが,標準化されているものはない.一方,静的状態での酸化安定性の評価法の一つとして酸化安定度がJIS K 2220の12に定められている.これは,図3.7に示される規定の試験器の試料容器に試料を入れ,酸素を755 kPa (7.7 kgf/cm^2) 封入し,99℃で100時間後の酸素圧降下量から求めるものである.

最近では,加圧化での示差熱を測定するPDSC (Pressure Differential Scann-

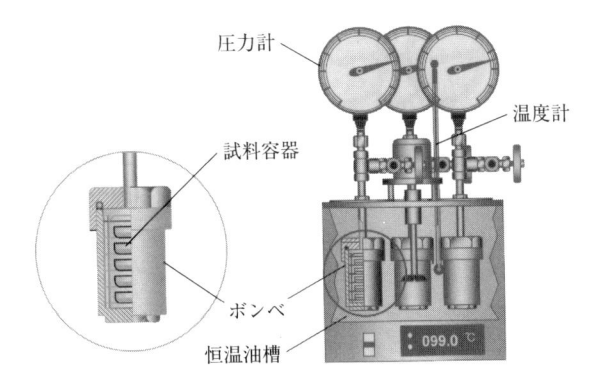

図 3.7　酸化安定度試験器

ing Calorimeter)を用いて酸化安定度を評価した結果も報告されている[2]．微小量の測定に適する．

3.2.5　せん断安定性

グリースは潤滑部において機械的せん断を受けてちょう度が変化（主に軟化）することがある．これはせん断による増ちょう剤ミセルの切断または構造の変化に起因しているものと考えられる．せん断安定性は，機械的せん断を受けてもちょう度変化しにくい性質のことで，主に混和安定度またはロール安定度で評価される．

混和安定度は JIS K 2220 の 15 に定められ，ちょう度測定用の混和器の有孔

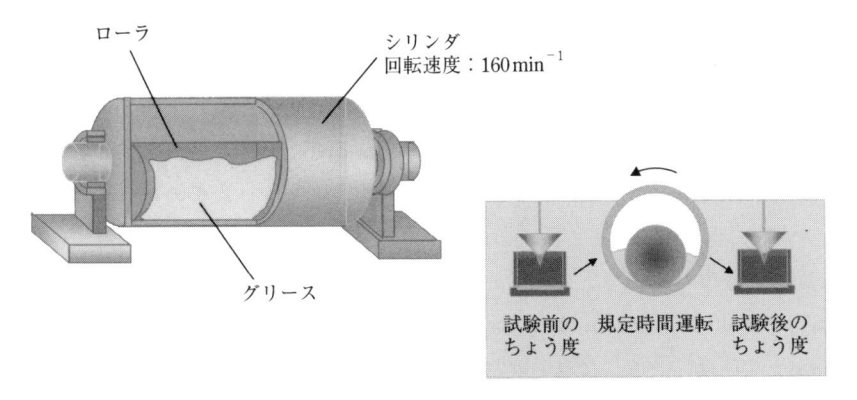

図 3.8　ロール安定度試験機

板を目の細かいものに取り替えて10万回混和後のちょう度を測定する.

ロール安定度はASTM D 1831に定められている.図3.8に示されるロールの入ったシリンダ内に試料50gを入れ,規定温度,規定時間シリンダを回転させ,せん断を与えた後のちょう度を25℃で測定する.使用環境に応じて温度,時間および回転速度を変えることができるので,より実用的である.

3.2.6 きょう雑物

グリースには,原料や製造工程などから混入する不純物や異物を含んではならない.精密な転がり軸受用のグリースの場合は,軸受の異常音や摩耗の原因となるので,グリース中のきょう雑物の大きさや,その数を規定する場合がある.きょう雑物は,JIS K 2220の13に従って,試料を100倍の顕微鏡で観察し,きょう雑物の大きさによって(10μm以上,25μm以上,75μm以上,125μm以上)その数を測定する.その数をグリース1 cm^{3}中あたりに換算して報告する.

3.2.7 耐水性

グリースが水によって流されにくい性質,吸水しにくい性質,および吸水したときに性状変化しにくい性質,これらを一般的に耐水性と呼ぶ.

耐水性の一つの評価として,JIS K 2220の16に水洗耐水度が規定されており,図3.9に示すような試験機が用いられる.38℃または79℃の蒸留水を毎秒5 mlの割合で吹き付けながら,グリースを充てんした玉軸受(6204)を1時間回転させ,流出したグリースの量を測定する.一方,静的な試験方法がDIN 51807およびASTM D 4049に規定されている.DIN 51807(Examination of the Behavior of Lubricating Grease in Presence of Water)はスライドガラスの片側2/3程度に一定量のグリースを薄く塗布し,ビーカーにこのスライドガラスを入れて蒸留水を注ぎ,所定の温度の恒温槽中に放置してグリース薄膜の状態変化を観察し,表3.5に示すとおり4段階に分けて評価するものである.ASTM D 4049(Test method for Resistance of Lubricating Grease to Water Spray)は鋼板に塗布した規定量のグリースに,38℃の水を5分間直接噴霧し,残存しているグリースの量を測定する評価法である.

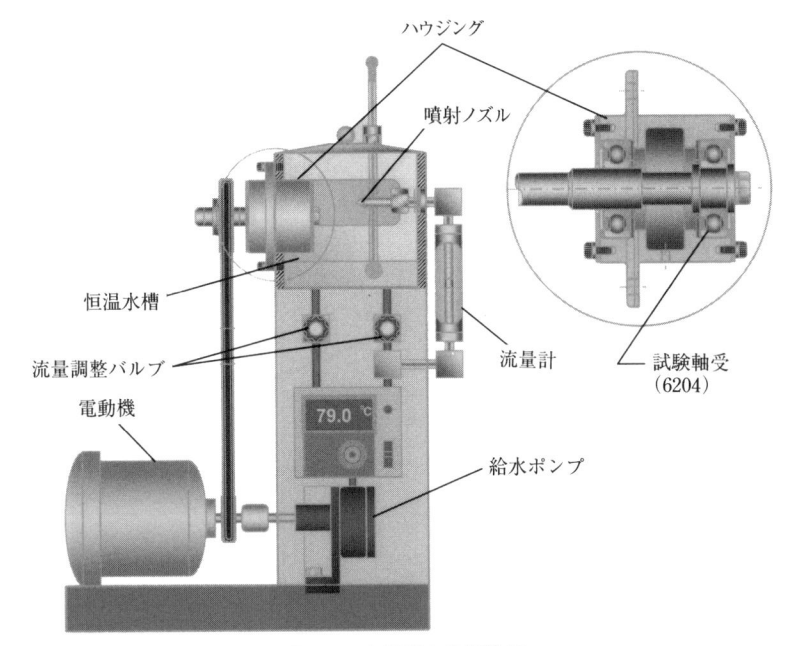

図 3.9 水洗耐水度試験機

表 3.5 DIN 51807 におけるランクの評価と判定基準

ランク	評価	判定基準
1 a	完全なる耐性	変化なし
1 b	実用上問題なし	グリース表面が変色する
2	多少問題あり	グリースの溶解が始まり,テスト液に濁りが表れる
3	耐性なし	グリースの溶解が進み,テスト液は乳白色にエマルション化する

グリースに水が混合したときの性状変化の評価方法として,ロール安定度試験が使用される場合もある.

3.2.8 さび止め性

グリースにはさび止め性も重要な性質であり,特に,精密機器,自動車電装品,家電製品等の軸受用グリースには厳しい要求がある.その試験方法には,軸受を使用したものと鋼板を使用したものがある.

（1）軸受防錆試験

ASTM D 1743-01 に規定されている方法で，グリースを塗布した軸受が高湿度雰囲気に曝されたときのさびの発生状態を評価する方法である．さび止め油を除去した円すいころ軸受にグリースを充てんし，ならし運転した後，蒸留水中に10秒間浸漬する．この軸受を52℃，100％相対湿度の条件下で48時間放置した後に，軸受内のグリースを除去し，外輪転走面のさびの発生状態を調べる．最近では，さび止め性に対する要求も厳しくなってきており，蒸留水の代わりに食塩水を用いて，より厳しい条件で評価することもある．

（2）EMCOR試験

ASTM D 6138，DIN 51802，IP 220 に規定されている方法で，自動調心複列玉軸受1306 K にグリースを充てんしプランマブロックに組み込んで試験する．20 ml の蒸留水をプランマブロックに注入して8時間回転，16時間休止を2サイクル行った後，さらに8時間回転させる．108時間放置後分解し，軸受転走面のさびの状況を＃0〜＃5の6段階に評価するもので，＃0はさびが発生していないものをいう．

（3）湿潤試験

JIS K 2220 の21に規定されている方法で，規定量のグリースを塗布した鋼板を相対湿度95％以上，温度49℃の恒温恒湿槽内に吊るし，規定時間（一般には14日間）放置する．さびの発生度を JIS K 2246（さび止め油）5.4.3 により A級〜E級に分けて表示する．A級はさびが発生していないものをいう．

（4）塩水噴霧試験

JIS K 2220 ほかのグリース規格としては規定されていないが，JIS K 2246 5.35 に従った方法で，5％食塩水の噴霧中にグリースを塗布した鋼板を置き，規定時間（例えば100時間）放置し，さびの発生度を上記と同じく A級〜E級で表示する．

3.2.9 腐食性

特に銅または銅合金が軸受の保持器や集中給脂配管に用いられる場合，銅に対するグリースの腐食性が問題となる．銅板腐食試験方法として JIS K 2220 の9に二つの方法が規定されている．A法は常温，B法は100℃で行い，いずれ

も銅板の腐食や変色，およびグリースの変色を評価する．一般的に極圧剤等の化学的活性の高い成分が含まれていると銅板が変色することがある．JIS規格には「銅板に緑色または黒色変化がないこと」とされており，この基準を満たせば「合格」と判定される．また，銅板の変色度合をJIS K 2513（ASTM D 130）の銅板腐食分類表や標準色相板により，1 aとか1 bのように示すこともある．

3.2.10 低温特性

寒冷地などでグリースが用いられる場合，起動時のトルクの増大や運転時のトルクが問題となることがある．特に精密機器，自動車部品，航空機部品，家電製品等では低温特性として低トルクであることが要求される．低温時には，さらに軸受音響特性や圧送性なども問題になる．

低温時のトルクの評価方法としては，JIS K 2220の18に低温トルク試験方法が規定されており，図3.10に示すような試験機が用いられる．試験用軸受として玉軸受（6204）を用い，これに試料グリースを充てんし，規定温度の低温槽内にて$1\ \text{min}^{-1}$で回転させ，起動時の最大トルクを起動トルクとする．また，そのまま10分間回転させ，最後の15秒間の平均トルクを回転トルクとする．

低温時の圧送性に関しては，見掛け粘度やちょう度を測定することもある．

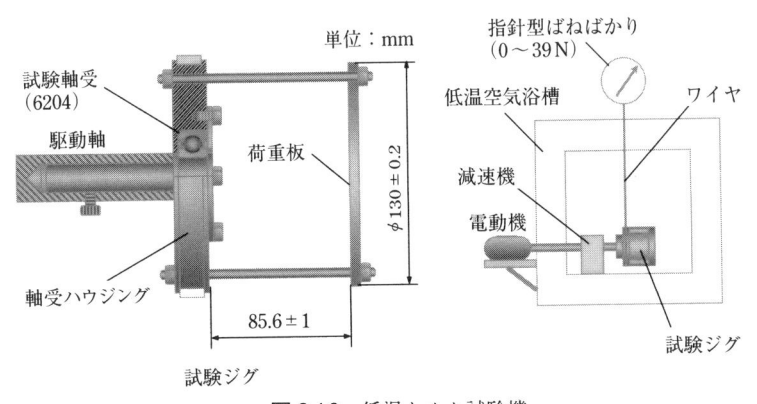

図3.10　低温トルク試験機

3.2.11 音響特性

　転がり軸受から発生する音と振動は，各要素(内輪・外輪・転動体・保持器)の精度に起因した振動あるいは相互の衝突によるものであり，さらに潤滑条件，使用条件あるいは機械振動系の影響を受けるので，極めて複雑となる．音と振動は，測定方法の相違によって別々に取り扱われることもあるが，本質的には類似な問題であり，両者をまとめて軸受音響特性として評価することが多い．

　転がり軸受の音は一般に「音圧レベル」として測定され，測定方法が JIS B 1548(転がり軸受の騒音レベル測定方法)に規定されている．測定には，JIS C 1505 で規定された精密騒音計を用いる．一方，振動の測定では，米国で潜水艦用玉軸受を対象として開発されたアンデロンメータ(Anderon meter, Anderometer ともいう)が最も広く使用されている．この他にも，軸受メーカーではそれぞれ独自で開発した測定器を使用している．アンデロンメータは，低域(50～300 Hz)，中域(300～1800 Hz)，高域(1800～10000 Hz)の周波数帯域に区分し，内輪回転 1800 min^{-1} での外輪の半径方向振動速度量を測定する．特に中高域の周波数がグリースの音響特性を判定するうえで有効で，その測定値の単位をアンデロン(Anderon)と呼び，100 アンデロンは 1.09 mm/s の振動速度と同等である．

3.2.12 漏えい性

　軸受等からグリースが流出すると軸受の潤滑寿命を著しく低下させ，かつ機械の故障の原因ともなる．グリースの漏えい度試験は種々あるが，現在 JIS では自動車ホイールベアリンググリースの漏えい度の評価方法として，JIS K 2220 の 17 が規定されており，図 3.11 に示すような試験機が用いられる．この方法は規定の円すいころ軸受とハブを用い，スピンドル温度を 104 ℃ にして，660 ± 30 min^{-1} で 6 時間回転させた後のグリース漏えい度を測定する．このほかに玉軸受を使った漏えい度試験もある．また，最近の自動車ホイールベアリングではさらに過酷な温度条件で評価されることも多い．

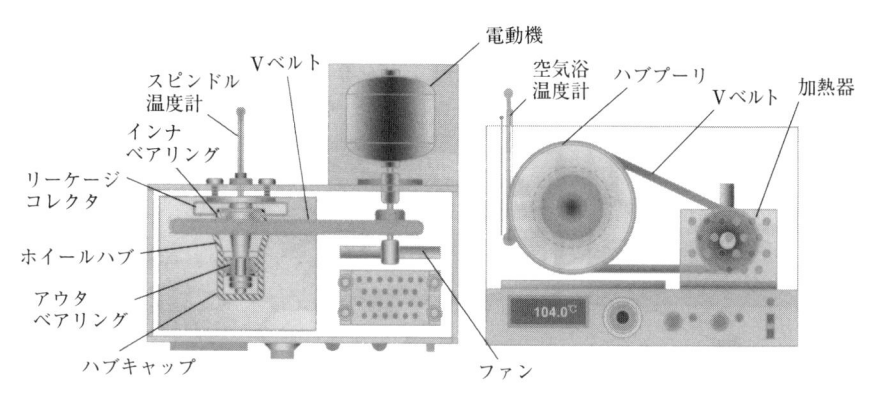

図 3.11 漏えい度試験機

3.2.13 圧送性

製鉄設備をはじめ建設機械，大型トラック，搬送機等多くの機械で集中給脂装置を採用している．このような場合，グリースをポンプで送る場合の良否は

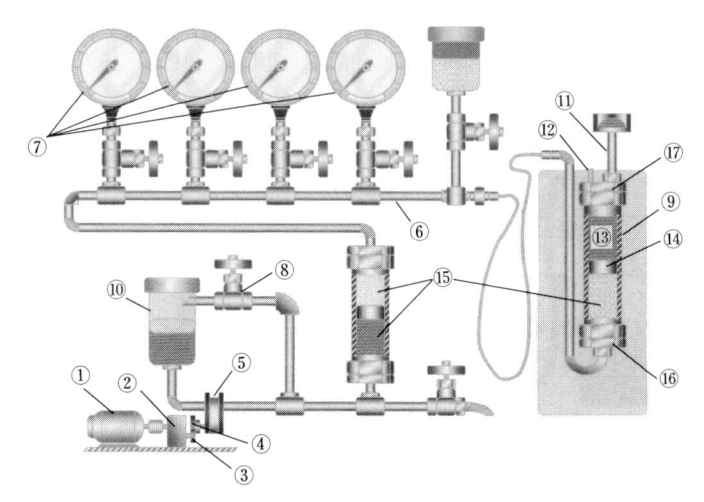

① 電動モータ，② 減速機，③ 歯車（40 および 64），④ 歯車（42），⑤ 歯車ポンプ，⑥ 高圧管，⑦ 圧力計，⑧ 戻り弁，⑨ シリンダ，⑩ 作動油受器，⑪ 毛管（キャピラリ），⑫ 熱電対，⑬ 試料（グリース），⑭ ピストン，⑮ 作動油，⑯ A エンドキャップ，⑰ B エンドキャップ

図 3.12 見掛け粘度試験機

見掛け粘度によって評価され，この数値が小さいものほど圧送性が良好とされる．元来，グリースは半固体または固体であり，潤滑油と異なり外力を加えなければ流動しない．そこで，ある圧力（この力をせん断応力と呼ぶ）を加えてグリースを流動させて粘度を測定した場合の値を，潤滑油の粘度とは区別して見掛け粘度と呼んでいる．見掛け粘度は JIS K 2220 の 19 に規定されており，図 3.12 に示すような試験機が用いられる．シリンダ内のグリースを油圧により毛管を通して押し出し，この時，系統内に発生する圧力と流量を測定するもので，あらかじめ求めておいた流量，毛管の半径および長さと測定圧力から見掛け粘度を算出する．

3.2.14 耐荷重能（極圧性）・耐摩耗性

高荷重や衝撃荷重がかかる部位に使用されるグリースには耐荷重能や耐摩耗性が必要である．これらの部位に使用されるグリースには極圧添加剤や耐摩耗剤が配合されたグリースが使用される．耐荷重能や耐摩耗性を評価する試験方法が各種考案されている．試験にあたっては，実機における使用条件を調査したうえで，使用条件に近い試験機（回転速度，荷重，接触状態（点接触，線接触）など）で行うことが重要である．ここでは代表的な試験方法を紹介する．

（1）チムケン式耐荷重能試験（チムケン試験）

この試験は，工業用ギヤ油の耐荷重能評価に用いられ，グリースでは，JIS K 2220 の 20 に規定されている．試験方法は図 3.13 に示すように潤滑油－耐荷重能試験方法（JIS K 2519）に規定されているチムケン試験機にグリース供給装置を取り付ける．この試験は，線接触で転がりを含まない単純なすべり状態での評価である．試験方法は，鋼製試験カップを 800 min^{-1} で回転し，それに鋼製試験ブロックを接触させ，レバーの端に重

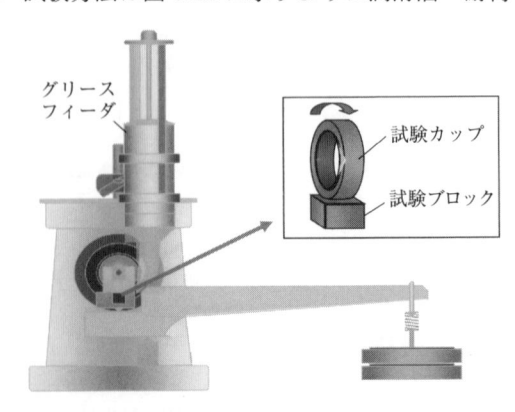

図 3.13 チムケン試験機

りをのせて一定荷重で10分間，試料を $45 \pm 9\,\mathrm{g/min}$ の割合で給脂しながら回転させる．異常のない場合は順次荷重を上げて試験を行い，スコーリングが発生しない最大荷重をOK荷重として求める．JISには規定されていないが，カップに試料を少量塗布し，試料供給なしで一定荷重，一定時間回転後，ブロックに生じた摩耗痕幅（mm）の大小を評価する耐摩耗性評価法としても用いられる．

（2）四球式耐荷重能試験（四球試験）

この試験もチムケン試験同様，潤滑油－耐荷重能試験方法（JIS K 2519）に準拠して行う．この試験は，点接触での滑り条件下での耐荷重能を評価するもので，曽田式四球試験機により行う．試験方法は試験容器に3/4 inch（19.05 mm）径鋼球を3個入れて固定し，試料を入れる．回転軸側にも3/4 inch（19.05 mm）径鋼球を取り付け，油圧により試験荷重をかけ，回転速度 $750\,\mathrm{min}^{-1}$ で1分間回転する．その間に焼付きが認められなければ順次荷重を上げて試験を行い，焼き付かない最高の油圧荷重を合格荷重として求める．

（3）ASTM四球試験（高速四球試験）

この試験方法はASTMで規定されており，耐荷重能試験（ASTM D 2596）と耐摩耗性試験（ASTM D 2266）がある．耐荷重能試験は，1/2 inch（12.7 mm）径鋼球を用いた点接触でのすべり条件下での評価方法であり，曽田式四球試験機に比べてすべり速度が速いのが特徴である．試験方法は，図3.14に示すように試験容器に鋼球を3個入れ固定し，試料を入れる．回転軸側にも鋼球を取り付け，油圧または錘により荷重をかけ，回転速度 $1770\,\mathrm{min}^{-1}$ で10秒間回転させたときの融着荷重（Weld Load）とそこに至るまでの各荷重での摩耗痕径を測定することによって荷重摩耗指数（Load Wear Index, LWI）を求める．融着荷重が高いほど，摩耗痕径が小さいほどLWIは大きくなり，この値が大きいことは高い極圧レベルにあること

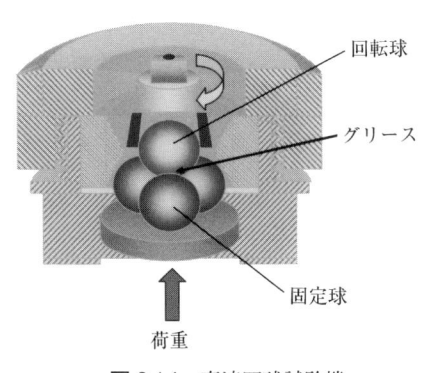

図3.14　高速四球試験機

を意味する．耐摩耗性試験は耐荷重能試験と基本的に同じである．試験方法は回転速度1200 min^{-1}，荷重392 N，時間60分の一定条件下で試験したときの摩耗痕径（mm）の大小で耐摩耗性を評価する．回転速度，荷重，時間を使用条件に応じて変化させる場合もある．

参考文献

1) 日本規格協会：日本工業規格 JIS K 2220：2003　グリース（2003）．
2) In-Sik Rhee : Development of a New Oxidation Stability Test Method for Greases Using a Pressure Differential Scanning Calorimeter, NLGI Spokesman, 55, 4 (1991) 123.

第4章　グリースのレオロジーと潤滑作用

4.1　グリースのレオロジー的性質

4.1.1　グリースの流動特性

　グリースはニュートン流体の基油の中に固体である増ちょう剤の組織を造って非ニュートン性を与えるという構造の分散系である．その流動特性は複雑であるというよりは不確定であって，せん断によって軟化（まれに硬化）するほかに，せん断の時間的持続によっても変化し，休止によって回復もする．また条件によっては弾性も観測される．本項と次項では，軸受空間内や集中給油系などにおける，グリースが主として粘性的挙動をする中間領域の流動特性について述べる．

　まず粘度のせん断による変化，せん断速度依存性（狭い意味の非ニュートン性）から考察する．非ニュートン流体の場合，せん断応力 τ（Pa）とせん断速度 $\dot{\gamma}$（s^{-1}）の比 $\eta = \tau/\dot{\gamma}$（Pa·s）はニュートン流体のように一定にはならないが，

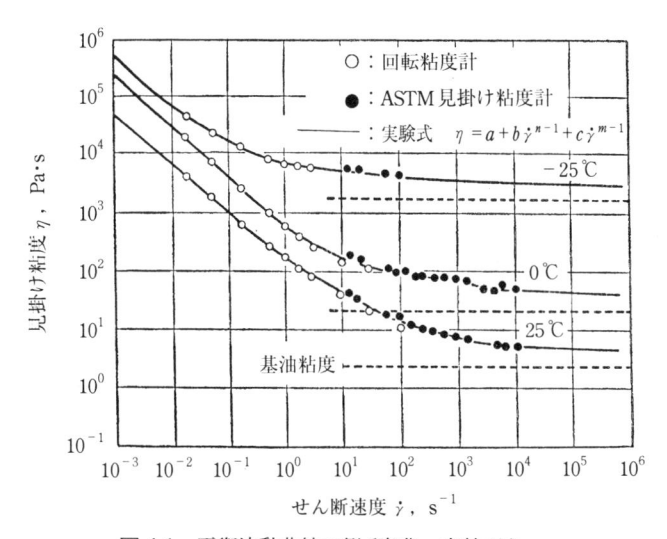

図4.1　平衡流動曲線の例〔出典：文献 1）〕

粘度の単位をもつので，分散系レオロジーではこれを「見掛け粘度」として流動性の評価に使う．

図4.1はあるグリースのせん断速度$\dot\gamma$を広範囲に変えた時のηで，10^4 Pa・s にも及ぶ大きな変化を示している．ここでの見掛け粘度は測定開始時の一時的変化が一応の平衡に達した時の値をとっており，これをη_eで示している．実線は星野が実測値に良く合うものとして提案した実験式によるもので，点線は各測定温度での基油粘度である[1]．

ここでaはη_eが高せん断速度において漸近する基油粘度に近い値で，増ちょう剤がミセル構造を失って基油の中に分散した状態に相当する．aと基油粘度との差からも増ちょう剤の分散状態に関する貴重な情報が得られるが，ここでは両者は等しいとして扱う．bはビンガム塑性体近似をしたときの降伏応力に当たり，nはビンガム塑性体では0であるがグリースでは0.2程度の値をとる．$c\dot\gamma^{m-1}$は測定値に合わすための単なる補正項なので以下の検討ではこれを省略した式（1），（2）を用いる．

$$\eta_e = a + b\dot\gamma^{n-1} \tag{1}$$

$$\tau_e = \eta_e \dot\gamma = a\dot\gamma + b\dot\gamma^n \tag{2}$$

これは実験式ではあるが，上述のように物理的にも多少の意味があるので，係数a, b, nにより流動曲線がどう変化するかによって，グリースの流動特性が検討できる．

常温でのグリースにとっての代表的な値 $a = 10$（Pa・s），$b = 10$（Pa），

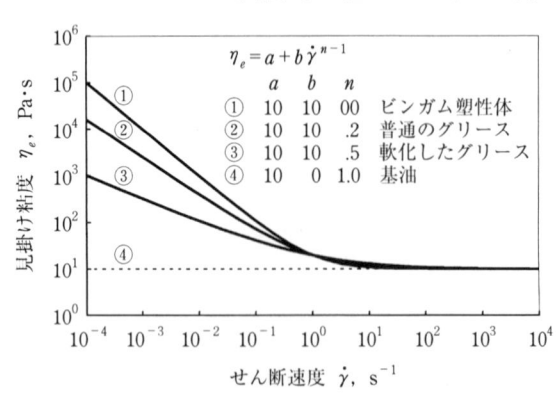

図4.2 nの影響

$n=0.2$ を基準とし,これを普通のグリースとして扱い,$n=0, 0.5$ と変えた時の流動曲線を $b=0$,すなわち $\eta=a$ の基油粘度と対比して示すと図4.2のようになる.曲線①のビンガム塑性体では低せん断速度領域で $\log\eta_e$ は $\log\dot\gamma$ に対して勾配 -1 の直線で,せん断応力は 10 Pa と変らず,すなわちこれが降伏応力となる.曲線②の普通のグリースではそれ以下でも動き始め,せん断速度が高くなると曲線④の基油と同じような流動をして潤滑の役割を果たすことがわかる.曲線③は構造が破壊されて軟化したグリースで,グリース独特の付着性が失われ潤滑剤として適当でない.

図4.3は基油粘度 $a=2, 10, 50$(Pa・s)(これは一般的な SAE 30 の潤滑油であれば 80, 38, 15℃ の粘度に相当する)と変えたときの流動曲線で,普通 a

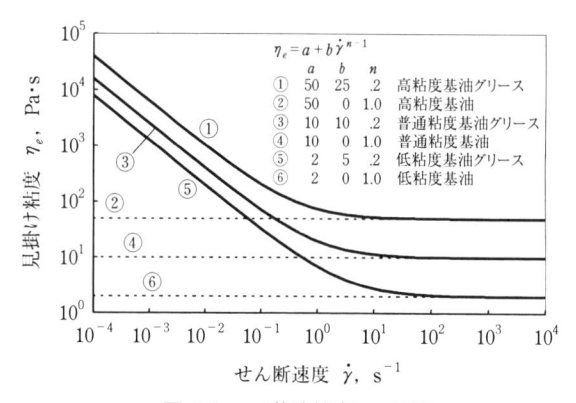

図4.3 a(基油粘度)の影響

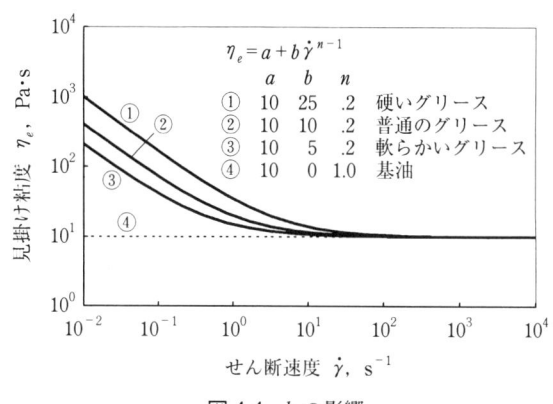

図4.4 b の影響

に応じて b も変るので, b を 5, 10, 25 Pa としてある. 荷重条件に応じた基油粘度の選定, および環境温度条件に応じた流動特性の変化を考えるのにこの図は有効である.

b は増ちょう剤の量とその作る構造の強さに由来し, ちょう度に関係が深い. 図 4.4 は b を 5, 10, 25 Pa と変えたときの影響を示している. 製品規格などでグリースの「硬さ」の判定に使われる「ちょう度」は b と関係が深いが, 定量的に結びつけることは難しい.

4.1.2 グリースのチキソトロピー性

上記のように, パラメータをわずかに変更しただけで変化するグリースの性質は, そのまま放置するといつの間にかもとに戻っている. 図 4.5 は回転粘度計を使い一定せん断速度でトルクを測定したもので, 回転直後に極大を記録した後, 安定化している. 止めても全部は戻らない. 再始動すると 1 回目ほどではないが小さい極大を示す. 長い間, 例えば次の日まで休止して再始動すると, 初めと同じ程度の極大を示す[1]. いかなるグリースの構造の変化がこれに

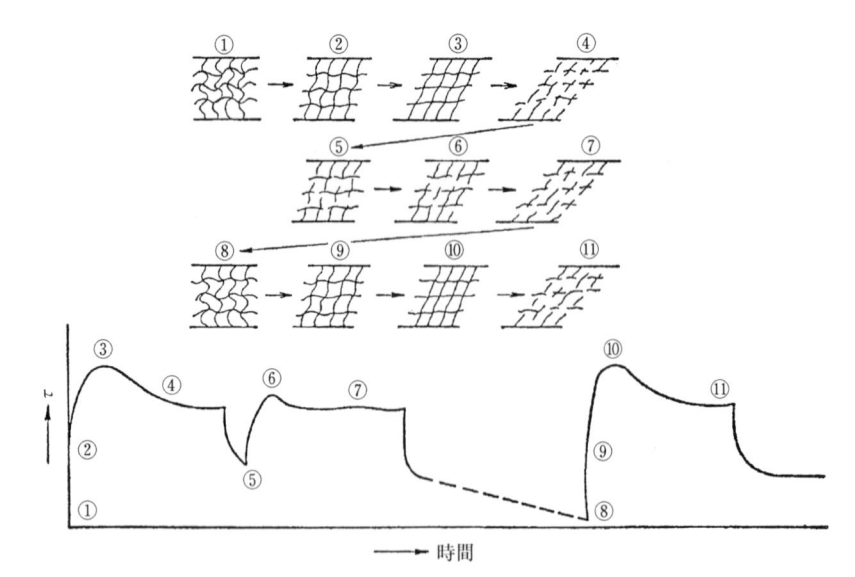

図 4.5 定速測定の例〔出典:文献 1)〕

対応しているかは4.1.3で触れる.

せん断速度が変化しない定速測定では結果の普遍性が乏しいので,回転粘度計の速度の増減を繰り返して履歴現象を測定した例が図4.6で,始動時に極大が生じ,繰返しによって極大もループも縮小していく[2]. 時間で微分されているが,材料力学での「ひずみ-応力」曲線に対比できる.このような運転開始初期の応力の立ち上がりは,静止状態で形成されていた増ちょう剤の構造がせん断によって緊張して,内部応力が形成されるために生じる.ついで構造が崩壊するにしたがって,ほぼ平衡状態のグリースの流動曲線に近づいていく.復路はこれが逆行する過程とみなされる.2回目からは休止時間に応じた回復が起こり,1回目よりやや縮小したループが示される.内部応力として応力増加 $\alpha\tau_e$ が初めから存在するものとし,これがせん断速度 $\dot{\gamma}$ の増加とともに指数関数的に減少すると仮定すると,平衡状態の τ_e に対し測定初期の τ_d は次のような変化をすることになる.

$$\tau_d = a\dot{\gamma} + b\dot{\gamma}^n(1+\alpha\exp(-\beta\dot{\gamma})) \tag{3}$$

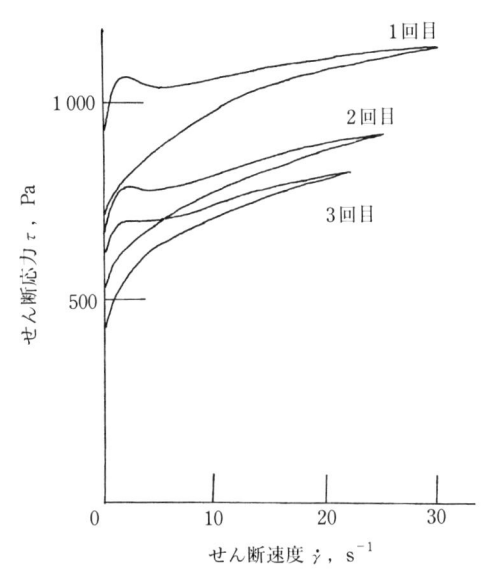

図4.6 履歴曲線の測定例〔出典:文献2)〕

α は内部応力の増大の程度であり,β はそれが減少していく速度である.試算結果を図4.7に示す.測定初期に増大したグリース①の大きな応力はせん断速度の上昇とともに次第に減少していき,下降に転ずると②のように変化してループが形成される.2回目では③④と応力もループも小さくなり,3回目では⑤⑥と復路は平衡状態でのグリースの流動曲線をたどる.こうした測定ではせん断速度は一定の割合で増減するので,横軸はすなわち時間に相当する.

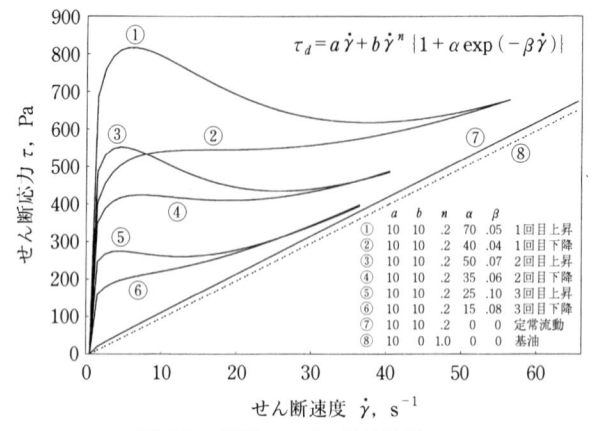

図4.7 履歴ループの試算結果

$$\tau_d = a\dot{\gamma} + b\dot{\gamma}^n \{1 + \alpha \exp(-\beta\dot{\gamma})\}$$

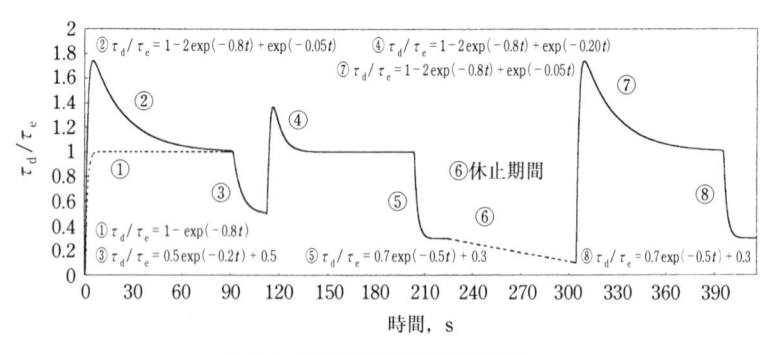

	a	b	n	α	β	
①	10	10	.2	70	.05	1回目上昇
②	10	10	.2	40	.04	1回目下降
③	10	10	.2	50	.07	2回目上昇
④	10	10	.2	35	.06	2回目下降
⑤	10	10	.2	25	.10	3回目上昇
⑥	10	10	.2	15	.08	3回目下降
⑦	10	10	.2	0	0	定常流動
⑧	10	0	1.0	0	0	基油

図4.8 定速測定曲線の試算結果

① $\tau_d/\tau_e = 1 - \exp(-0.8t)$
② $\tau_d/\tau_e = 1 - 2\exp(-0.8t) + \exp(-0.05t)$
③ $\tau_d/\tau_e = 0.5\exp(-0.2t) + 0.5$
④ $\tau_d/\tau_e = 1 - 2\exp(-0.8t) + \exp(-0.20t)$
⑤ $\tau_d/\tau_e = 0.7\exp(-0.5t) + 0.3$
⑥ 休止期間
⑦ $\tau_d/\tau_e = 1 - 2\exp(-0.8t) + \exp(-0.05t)$
⑧ $\tau_d/\tau_e = 0.7\exp(-0.5t) + 0.3$

説明の順序が逆になったが，図4.5の定速測定曲線をシミュレートして計算したのが図4.8である．横軸は時間，縦軸は測定されたせん断応力（τ_d）と平衡時のせん断応力（τ_e）との比（τ_d/τ_e）である．測定開始時の極大がなく，応力が遅延して平衡値まで増大していく場合は①で，極大の後，時間とともにその増大分が減衰していく場合は②で示される．停止後の緩和現象は③，その後の再始動，長い休止後の極大の回復などは④⑤⑥⑦⑧である．詳しい説明は省略するが，各式の係数は図4.5の定速測定曲線の形に合致するように選ばれている．このようにシミュレートした実験式の形や係数を検討することによって，複雑なグリースの時間の影響も含めたレオロジー的性質をかなり定量的，論理的に理解し，グリース潤滑の実態に迫ることができる．

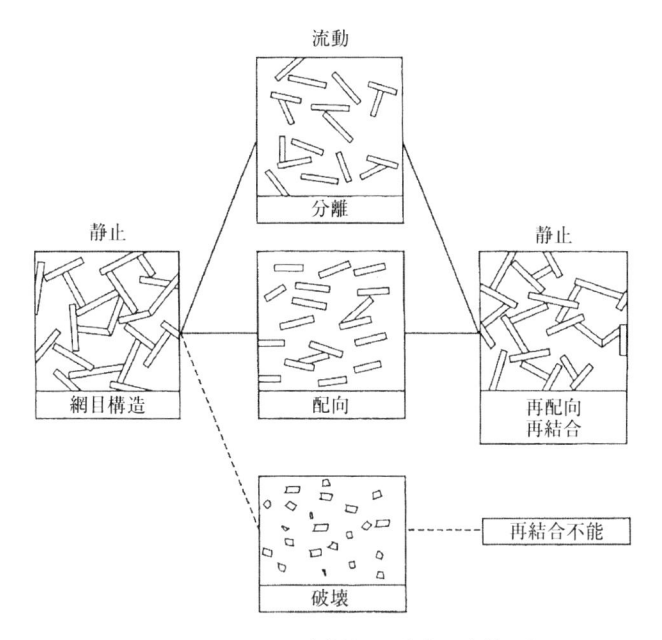

図 4.9 グリースの流動模型〔出典:文献 3)〕

4.1.3 グリースの増ちょう剤網目構造と流動特性

図 4.9 で模式的に示されるように[3]、グリースをせん断すると、その三次元網目構造がこわれて増ちょう剤分子の分離や配向が生じる。そして、これが弱いせん断下では、流動終了後も元の三次元網目構造に回復できる可逆的な変化であるのに対し、強いせん断下では、もとの構造に戻ることができない不可逆的な変化となる。先に述べたグリースの特徴的な流動挙動の一つである粘性のせん断速度依存性は、この網目構造のこわれ方や増ちょう剤分子の配向の仕方に左右されるものであり、グリースの流動がそのチキソトロピー性によって時間に依存するのは、三次元網目構造の破壊と回復の度合いに強く関連している。

例えば、図 4.5 に見られた回転粘度計によるトルクの定速測定の結果も、増ちょう剤の網目構造の変化によって説明できる[4]。測定初期は網目構造の緩みがあるため、①②③と変形が蓄積する間、せん断応力 τ が増加し(stress-overshoot），さらに変形が進むと網目構造がこわれ，増ちょう剤分子の配向が起こってτは減少し，そのときのせん断速度に応じた値④に落ち着く．回転を止めれば構造は回復するが，短期間の休止では回復が不完全なため再始動時の stress-overshoot は小さい⑥．しかし，十分な時間をおけば回復はほぼ完全となり，⑧⑨⑩⑪のように試験開始時と同程度の最大値を示す．したがって，この測定結果は，上記の可逆的な変化の場合に相当している．

　実際の軸受におけるグリース潤滑の場合を考えてみると，グリースは低せん断速度で著しく高い粘度を示すため，特別な密封をせずとも軸受内に留まることができる．そして，回転時にはせん断を受けた部分だけ網目構造がこわれ，流動方向への配向も起こって，基油粘度近くまでグリースの粘度が低下して潤滑が行われる．軸受が停止すると，可逆的に構造が回復できる条件ならば，もとの硬さに戻って軸受内に付着する．ただし，程度の大小はあるものの，一部には網目構造の不可逆な破壊が起きている場合もあり，それが潤滑すべき摩擦面で顕著になるとグリース潤滑としての機能を果たせなくなって，最後は寿命に至る．

　なお，増ちょう剤は本来，上で述べたようなグリースとしての便利な流動特性を与えるために加えられてきたものであり，PTFE といった固体潤滑剤の効果をもつものを除いて，それが摩擦面間の油膜内まで侵入して潤滑に直接関わることまでは必ずしも期待されてこなかった．しかし最近では，増ちょう剤のセッケン繊維構造そのものが摩擦特性に影響を与えるという実験事実も報告されており，この点については4.2.5で詳述する．

4.1.4 グリースの動的粘弾性挙動

　グリースは通常，そのレオロジー的性質として，粘性流動と弾性変形が重なって現れる粘弾性を示す．例えば森内は，転がり接触におけるトラクション測定で求めた弾性流体潤滑膜の粘弾性応答からグリースの弾性パラメータを算出し，グリースの粘弾性は基油の特性が支配的ではあるが，増ちょう剤の三次元網目構造と基油保持能力にも影響されることを報告した[5]．ここで得られた弾性パラメータの値は実際に近いものとして高く評価できる．

　一方，富岡と林らは，非線形のビンガム粘弾性流体モデルをグリースに適用

して理論的にレオロジー方程式を得るとともに，外筒が回転し，内筒が軸方向に振動する二円筒式の流動特性実験装置を用いてリチウムグリースの動的粘性係数と動的弾性係数の周波数特性を実験的に求めた[6]．これらの実験結果を理論式と比較したのが図4.10で，グリースの粘弾性挙動は4要素の粘弾性流体モデルによって最もよく説明されている．もともとこの非線形4要素粘弾性流体モデルは，ポリマー量を多く含む鉱油ベース潤滑剤の粘弾性挙動を解析するために提案されたものであり，その解析の場合にも実験に一致する結果が得られた[7〜10]．したがって，多量のポリマーを含むグリースのレオロジー特性や，次に述べるような，最近試みられているグリースの粘弾性特性の検討に見直されてよい研究と思われる[11]．

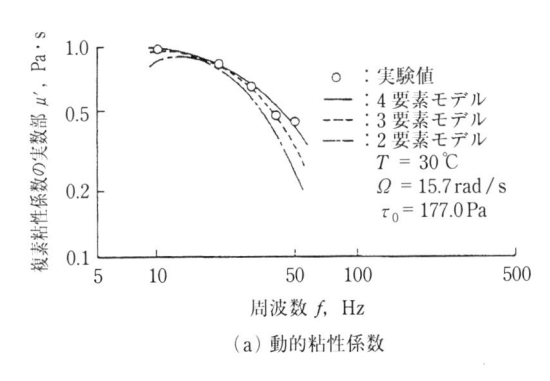

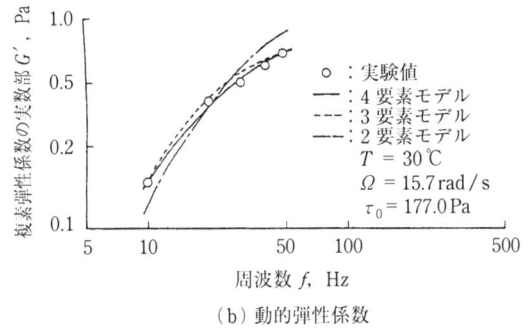

図4.10 グリースの粘性および弾性係数の周波数特性
〔出典：文献6)〕

応力制御レオロジー測定法(Controlled Stress Rheometry)は，グリース試料に制御された応力を与えたときに得られる試料の流動や応答から，グリースの構造と降伏現象を調べる方法として考案され，近年，その専用測定機も開発されている[12〜15]．この測定法には，いくつかの計測モードがあるが，グリースの粘弾性特性を弾性モジュラス G' と粘性モジュラス G'' として求める場合には，図4.11[16]に示したような2枚の平行版の間に試料をおき，上方の平板をサイン波状に振動させたときの下方の平板の応答を調べる．このとき，図4.11

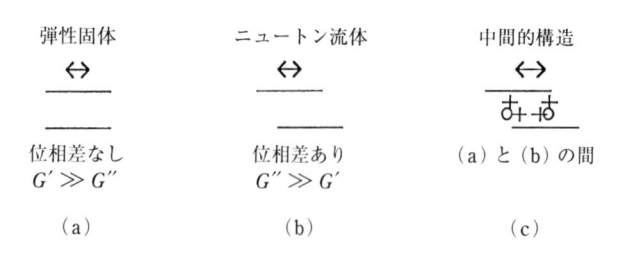

58　第4章　グリースのレオロジーと潤滑作用

```
  弾性固体              ニュートン流体           中間的構造
    ↔                      ↔                      ↔
   ___                    ___                    ___
                                                 d+d
  位相差なし              位相差あり             (a) と (b) の間
  G′ ≫ G″                G″ ≫ G′
    (a)                    (b)                    (c)
```

G'：弾性モジュラス　　G''：粘性モジュラス

図 4.11　振動計測モード時の弾性および粘性モジュラス〔出典：文献 16)〕

(a) のように，試料が固体に近いほど上下の平板の位相は等しくなり，G' は G'' に比べてかなり大きく，レオロジー的には弾性的挙動が優勢である．一方，図 4.11 (b) のように，試料がニュートン流体に近いと上下の平板の位相がずれることになり，今度は G'' が G' に比べてかなり大きく，粘性的挙動が優勢となる．そして，図 4.11 (c) で示した実際のグリースでは，G' と G'' の大小関係は (a) と (b) の中間のどこかとなる．

図 4.12 は，米国グリース協会（NLGI）ちょう度分類で No.2 の，あるグリースについて求めた G' および G'' と振動応力との関係である[17]．G'，G'' ともに，付与する応力が 60 Pa 程度まではほぼ一定であるが，その応力を越えると急激

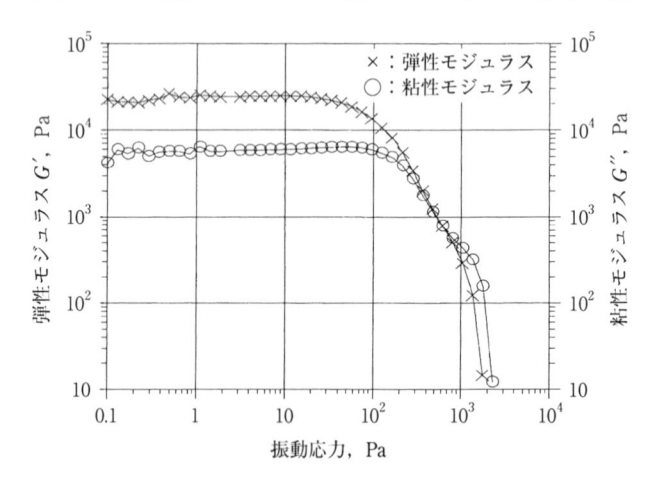

図 4.12　弾性および粘性モジュラスと応力との関係〔出典：文献 17)〕

に減少する．この変化はグリース構造がこわれはじめる点に相当し，さらに応力が増加して G' と G'' の大小関係が逆転すると，このグリースの弾性挙動は，その粘性挙動よりも劣勢となる．このような測定によって，機能性ポリマーを添加したグリースと添加していないグリースとを比較した例では，前者の方が後者に比べて，G' の値はより高い応力範囲まで一定で減少しにくく，温度低下による G''/G' の比の変化もより小さいという傾向が認められた[16]．すなわち，機能性ポリマーの効果によって，構造的に強く温度変化に対しても安定なグリースが得られることが，G' と G'' の測定から確かめられている．また，G' が温度に対して変化しにくいグリースは，実際の軸受を用いた試験でも比較的良好な性能を示すことが報告されている[17]．応力制御レオロジー測定法を用いたグリースの粘弾性とその他の特性評価については，その現状と課題をまとめた解説が参考となる[18]．この方法によって，さらに実用的な状況下におけるグリースの動的粘弾性挙動がどこまで明らかになるか，今後の展開が期待される．

4.2 グリースの潤滑メカニズム

4.2.1 グリース潤滑の理論解析

グリース潤滑は特殊な流動性を利用して行うものであるから，理論を構築するにはグリースのレオロジー的性質をもとに進めなければならない．しかしその性質は 4.1 で述べられたように物理的に定義される単一の数値や数式で表現できるものではないので，また潤滑そのものも「すきま」の発生による「不連続」な相での現象なので，おのずから論理的厳密性と実用問題への適用には限界がある．しかし，現象が複雑なだけに理論によって何らかの普遍的原理を見出し，潤滑挙動の解析や機構の改良に役立てる必要がある．

その一つとして，すべり軸受などについて発展してきた流体潤滑理論をひとまずは「すきまなし」として流動方程式を導入し，グリースへの適用に拡張する試みがある．もう一つには，「すきまはあっても」転がり接触部分に局所的に形成されている EHL 油膜の計算に，その条件では増ちょう剤構造の影響はなくなっていると仮定して，基油粘度を用い，実測値と対比してグリース潤滑の

実態を極めようとする試みがある.

　林はグリースの第1近似とみなされるビンガム塑性体について純理論的に解析を行い[19],ステップ軸受[20]およびジャーナル軸受[21]について計算と実験との対比を行った.その結果,内部では流れの起こらない「コア」が軸受表面に接して形成,あるいは流れの中に形成されることが示され,実験的にも確認された.そのため,流動域が狭められ,基油より圧力分布は高まり負荷容量も増加する.この効果は後で述べる完全充満(fully flooded)状態で,グリースの場合に基油単独で予測されるものよりEHL油膜が厚く形成される根拠となっている.さらにグリースには4.1.4のとおり弾性も検出されるわけであり,林はビンガム粘弾性流体によるジャーナル軸受油膜の検討も行っている[22,23].このような解析では,レオロジー特性を式の形で与え,流体潤滑と同じく膜内の微小要素に働く力の釣合いから求まる境界条件を導入し,レイノルズ方程式を拡張した形でせん断応力やせん断応力分布などを計算する.

　以上がグリース潤滑を考えるときの基礎となるが,同時にその限界も認識しなければならない.その一つとして4.1.2で述べたようなグリース流動の時間依存性,すなわち始動時の応力の立上りとその後の軟化が配慮されていない点である.もう一つはグリースの層に生ずる「すきま」,チャンネリングで,想定する空間に流体が充満していなければ流体力学的解析は無力である.これらの解析は今後のグリース潤滑理論の課題である.

4.2.2 グリースの潤滑作用

　グリース潤滑の研究は個々の現象についてなされており,その成果から全体像を論ずることは,個々の研究の完結度を保つためにも行い難い.しかしCannらは転がり接触油膜の光干渉法による観測結果を基にグリース潤滑の全体像を明らかにしようとしている[24,25].Cannらによるグリース潤滑の様相を図4.13に示す.

　転がり接触ではflooded lubrication(ここでは充満潤滑と呼ぶ)とstarved lubrication(枯渇潤滑)という最良と最悪の極端な二つの状況がある.充満潤滑では接触部への入口は潤滑剤で完全に満たされ,EHL膜厚は与えられた運転条件と潤滑剤の性質から許される最大値をとる.運転初期には基油粘度から算

出した油膜より大きな膜厚が観測される．それは4.1.1で述べた高せん断速度での漸近値が基油内に分散した増ちょう剤粒子の影響で基油粘度より高くなることと，接触部周辺にできたコアが受圧面積を拡大して油膜を厚くすることによると思われる．

枯渇潤滑の場合は限られた量の潤滑剤しか潤滑に寄与せず，EHL油膜は充満潤滑の水準よりかなり薄くな

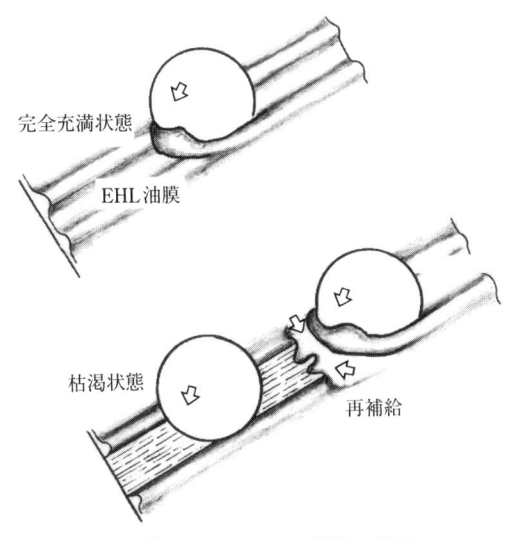

図4.13 グリース潤滑の様相

る．転動体が通過するとグリースは軌道面から押しのけられるために，グリース潤滑では入口部での枯渇が簡単に起こる．グリースのレオロジー的性質（塑性とせん断速度依存性）のため，押しのけられたグリースは軌道面になかなか戻れない．軌道面に残ったわずかのグリースは回転接触にさらされる度に使い尽くされ，そこにグリースが再補給されない場合は，膜厚は減少し続けて損傷を起こす．

充満潤滑はいつも望ましいわけではなく，グリースの詰めすぎや過度の振動に由来する場合は，トルク増大，発熱とともに増ちょう剤構造の破壊がもたらされ，かえって潤滑寿命を短くすることもある．むしろ「適当な」枯渇状態は低トルクを実現し，押しのけられてせん断を受けない部分のグリースの劣化も防止して，潤滑寿命を延長する効果が期待できる．

以上をまとめて種々の段階における現実的なグリース油膜の状態を考えると図4.14のようになる．区分をはっきりさせるため，グリースは降伏応力をもつビンガム塑性体とし，増ちょう剤繊維の状況をイラスト風に描き込んでいる．(a)は完全充満状態で，出入口にできるコアによって荷重を負担する面積が増えて負荷能力が増大する場合である．(b)はEHL状態に入ったが一応完

全充満で，基油粘度で計算した油膜厚さあるいはそれ以上が期待できる運転開始時の状況である．運転継続とともにグリースが押しのけられ枯渇状態(c)に入ると受圧面積が減るので油膜は薄くなる．相原らは安定状態でもグリース膜厚は基油の膜厚の0.5〜0.7になると報告している[26,27]．この状況で人為的にあるいは自然にグリースが再補給されると(b)に戻る．再補給がないと，グリースによっては際限なく油膜厚さが低下していく例も報告されている[25]．

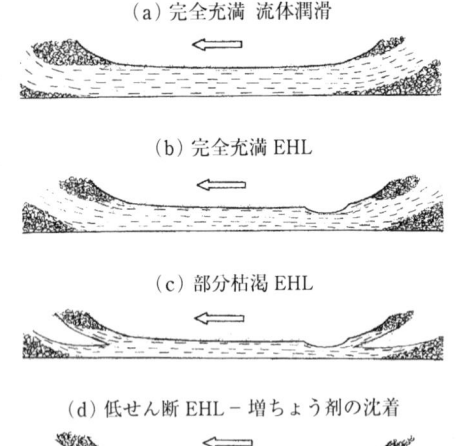

(a) 完全充満 流体潤滑
(b) 完全充満 EHL
(c) 部分枯渇 EHL
(d) 低せん断 EHL－増ちょう剤の沈着

図4.14　グリース潤滑の段階

また EHL 理論では本来ごく薄い油膜しか期待できない低速，低せん断領域で，計算よりはるかに大きい油膜厚さが観測される場合がある[24]．(d)のように増ちょう剤粒子が軌道面に付着して面間隔を広げていると考えられているが，実験面，理論面からの追求が不足している．

潤滑油の寿命といえば劣化寿命であって，劣化は油全体で均一に進み，一部を採取して全酸価とか粘度を測定し，限界と判断すれば新油に交換する．これに対してグリースでは，軌道面に存在するわずかのグリースによって潤滑が行われ，その再補給がうまくいかないと，軸受内に新品同様のグリースが多量に残っていても軸受の損傷に至る．これがグリースの潤滑寿命で，グリース潤滑特有の現象である．運転初期に軸受の中にグリースがどのように分布し，それが運転中にどのように変化するかはグリースのレオロジー的性質にもよるが，軸受の内部空間の幾何学的形態や運転条件によっても左右される．

4.2.3　グリースの EHL 油膜の計測

EHL 下におけるグリース油膜の計測には，静電容量法[28〜30]，磁気抵抗法[31]，光干渉法[32,33]などが用いられてきた．この内，光干渉法は実機油膜を計

測することには難があるが，接触面全体のグリース挙動を油膜厚さを含めて直接観察できる点において，油膜厚さの平均値のみを与える他の手法よりも優れている．

二円筒試験機を用いて，グリースの再補給がない状態で計測された初期膜厚は，基油膜厚よりも大きいが，時間経過とともに減少して基油膜厚よりも小さくなり，終局的には基油膜厚の50～70％[30]あるいは30～70％[31]になっている．

増ちょう剤は，接触域を両接触面に付着して，あるいは，両接触表面速度の平均速度で浮遊して移動する[34]．これらの増ちょう剤塊部の膜は厚く，これが局部的油膜圧力上昇をもたらし，グリースによる騒音の増大や機械要素の寿命低減をもたらす[35]．Cannら[36～38]は従来の光干渉法を改良した手法を用いて，油量不足が高じても接触面に堆積した増ちょう剤が20～50 nmの厚さで接触面を分離することを検証し，潤滑面は主として増ちょう剤によって被覆され，その間を基油が潤滑する形態をとると主張している．また，Astromら[39]は，転がり・すべり面から押し除けられ，その両側に堆積したグリースからのグリース補給が油量不足状態といえども潤滑作用を維持することを実験的に明らかにしている．

4.2.4 グリースの組成とEHL油膜厚さ

グリースEHL油膜厚さは，増ちょう剤構造に大きく依存するものの，一般的には基油粘度，増ちょう剤濃度の上昇とともに増大する[40]．また，ポリイソブチレンなどの高分子量物質の添加は油膜厚さの増加をもたらす[41]．本項では，

表4.1 グリースの性状

グリース	A1	B1	C1	A2	B2	C2	A3	B3	C3	SA1	SB1	SC1
増ちょう剤	A	B	C	A	B	C	A	B	C	A	B	C
増ちょう剤(wt%)	20	20	20	20	20	20	20	20	20	20	20	20
混和ちょう度(25℃)	276	285	295	292	274	332	270	270	320	284	367	>400
基油	タイプ1			タイプ2			タイプ3			タイプ1		

A：芳香族，B：脂環式，C：脂肪族

表 4.2 基油の性状

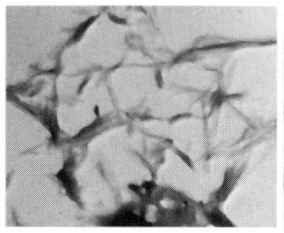

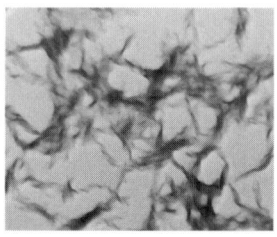

エーテル系合成油	密度, g/cm^3	動粘度 ν, mm^2/s		粘度圧力係数 α, GPa^{-1}	
	15℃	40℃	100℃	21℃	40℃
タイプ1	0.8923	99.0	13.0	18.1	14.2
タイプ2	0.9117	30.0	7.6	19.1	15.0
タイプ3	0.9421	15.0	3.4	15.8	14.7

グリース A1　　　　　グリース B1　　　　　グリース C1　　0.5 μm

図 4.15　増ちょう剤繊維の電子顕微鏡写真

　光干渉法を用いた直接観察に立脚して，増ちょう剤の繊維構造がグリース EHL 油膜厚さに与える影響をジウレアグリースを例にして説明する．

　使用したジウレアグリースの性状を表 4.1 に，基油の性状を表 4.2 に示す．図 4.15 はグリース A1，B1，C1，すなわち，脂肪族，脂環式，芳香族ジウレアグリースの増ちょう剤の電子顕微鏡写真である．表 4.1 内のグリース SA1，SB1，SC1 は，脱脂洗浄した玉軸受 6305 に新品グリース A1，B1，C1 をそれぞれ 8 ml 封入し，98 N のラジアルおよびアキシアル荷重を負荷して，回転速度 10000min^{-1} で 20 時間運転することによって得られたものであり，以下使用グリースと呼ぶ．実験は，ガラス円板に厚さ 0.5 mm，幅 10 mm のグリースを塗布した後，荷重 39.2 N（ヘルツの最大圧力：0.54 GPa，ヘルツの接触円直径：0.37 mm）で実施した．実験時間は 30 分である．

　図 4.16 は純転がり実験終了直前の干渉像を示す．各グリースとも，基油のみの場合に観察される典型的 EHL 干渉縞パターンが増ちょう剤のために大き

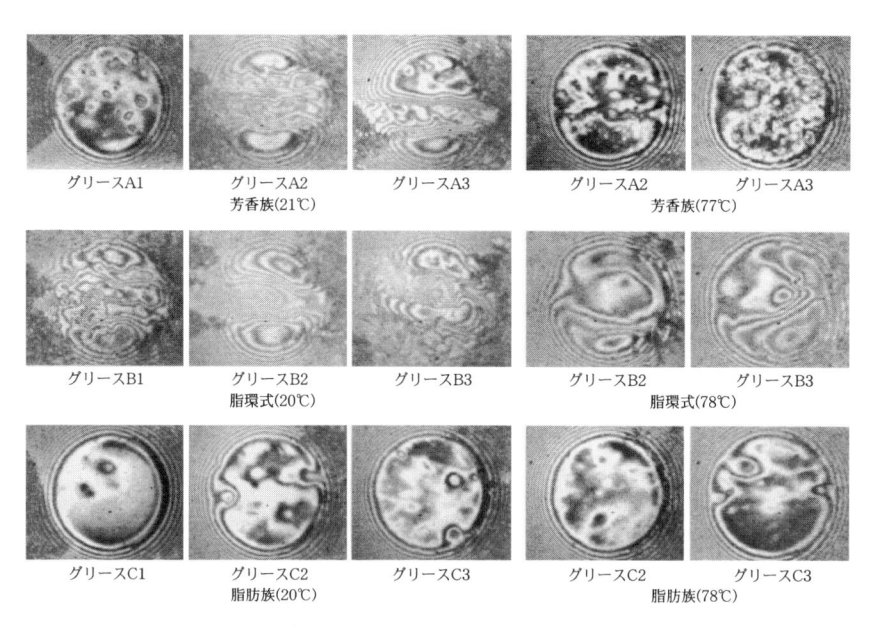

図 4.16　実験終了直前の干渉縞写真（純転がり，転がり速度 25 mm/s）

く乱されている．短い紡錘形の繊維から構成される網目構造をとらない芳香族グリースでは，接触域内に侵入する増ちょう剤の個々の面積が小さいことに起因して，局所的膜厚変動が大きい．一方，細長い繊維が複雑に絡み合った網目構造をもつ脂肪族ジウレアグリースでは，侵入する増ちょう剤面積が大きく，接触域の広域にわたりそれが影響を及ぼしている．脂環式ジウレアグリースは，脂肪族，芳香族の中間的干渉縞を示している．脂環式，芳香族ジウレアグリースは接触面に比較的厚い付着層を形成している．鋼球に運動方向に対して直交溝あるいは直交突起を付けた観測結果[34]などから判断すれば，芳香族ジウレアグリースは増ちょう剤が基油に分散された構造を，脂肪族ジウレアグリースは増ちょう剤の網目構造内に基油が捕捉された構造を，脂環式ジウレアグリースは上記状態の中間的構造をもつと見なすことができる．

図 4.17 は膜厚の時間変化を記録したものである．図中の太い破線および細い破線はそれぞれ Hamrock-Dowson[42] 式で計算された基油の中央および最小膜厚である．油膜厚さは時間経過とともに基本的には減少しているが，その減

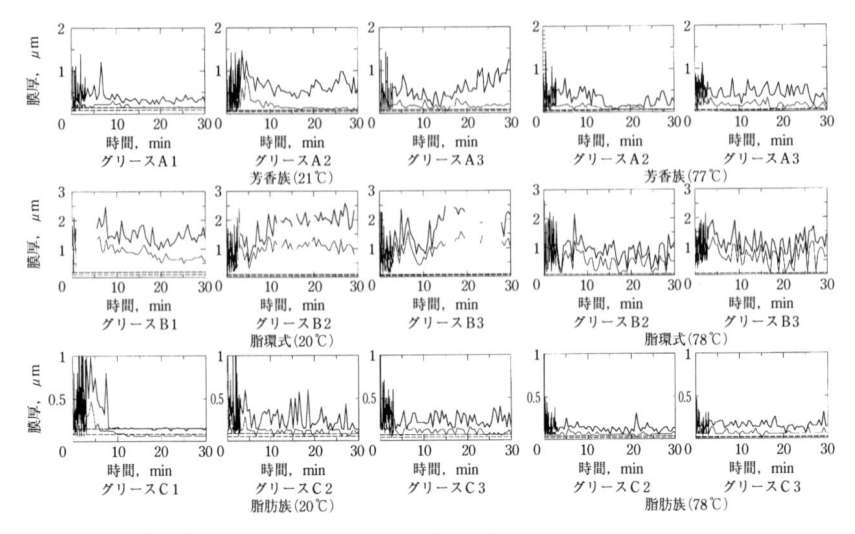

図 4.17　接触中央および最小膜厚の時間変化（純転がり，転がり速度 25 mm/s）

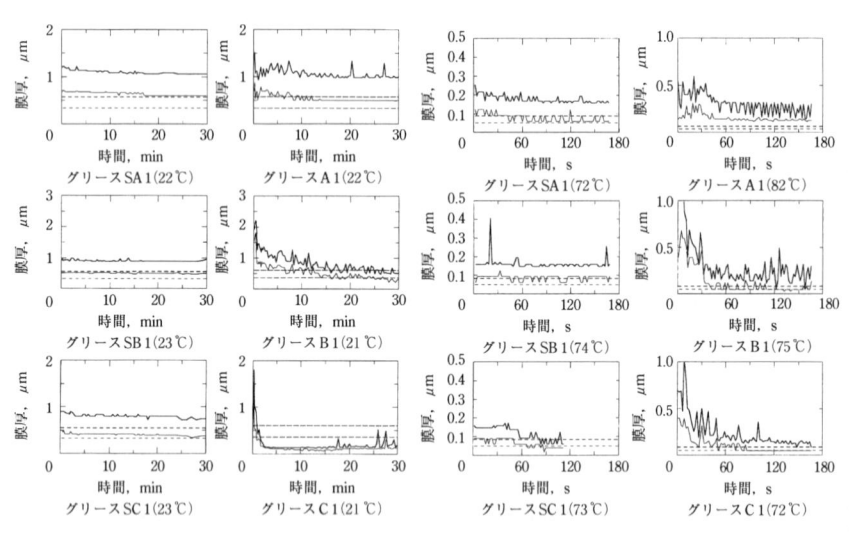

図 4.18　新品グリースと使用グリースの比較（純転がり，転がり速度 503 mm/s）

図 4.19　新品グリースと使用グリースの比較（純転がり，転がり速度 503 mm/s）

少率は，脂肪族が最も高い．注目すべきは，膜厚は基油粘度の増加とともに必ずしも増加せず，増ちょう剤の接触面への付着が純転がり下における油膜厚さに顕著な影響を与えることである．全体的には，純転がり運動下の油膜は，脂環式が最も厚く，脂肪族が最も薄く，増ちょう剤繊維構造に支配されることがわかる．なお，膜厚の時間変化の上限値を支配する因子は増ちょう剤であり，下限値を支配する因子は基油である．

　図4.18，図4.19は，使用グリースの膜厚の時間変動を新品グリースと比較したものである．使用グリースの場合には，増ちょう剤の接触域通過は間欠的にしか観察されず，膜厚の減少率も新品グリースと比較して低く，膜厚も脂肪族が最も小さい．室温では繊維構造の破壊が増ちょう剤の接触域侵入を容易にし，基油よりも厚い油膜をもたらすといえるが，温度が上昇すると，使用グリースの膜厚は新品グリースよりも若干小さくなっている．この傾向は脂肪族ジウレアグリースにおいて顕著である．すなわち，膜厚は使用グリースといえどもウレア構造すなわち繊維構造に支配されるが，繊維構造の破壊は，特に高温下において油膜形成能力の低下をもたらすことになる．

　ジウレアグリースを構成するアミンのうち2種類を50％ずつ混合して製造した複合グリース（グリースAB，BC，CA）並びに単一ジウレアグリースをそれぞれ等量混合した混合グリース（グリースA＋B，B＋C，C＋A）の純転がり運動下における油膜厚さの順はそれぞれAB＞BC＞CA，A＋B＞B＋C＞C＋Aのようになる．グリースABおよびグリースA＋Bの挙動は，グリースBの挙動とほとんど同じであり厚い膜を形成する．これは，グリースBによる増ちょう剤付着層の影響がグリースAのそれよりも大きいためである．一方，グリースCA，BC，C＋A，B＋Cの場合には，グリースCの場合と同様に，時間経過とともに膜厚は低下し，グリースCの影響はグリースAおよびグリースBの影響よりも大きい．

　しかし，純転がり運動後，転がり/すべり運動を与えると，増ちょう剤付着層のはく離のために，グリースB，グリースAB，グリースA＋Bでさえ膜厚は低下する．トラクション係数（図4.20参照）は，脂肪族が低く，脂環式，芳香族の順に高くなる．また，複合グリースは，グリースABのトラクション係数は高いものの，グリースBC，グリースCAの値はグリースCよりも低い．混

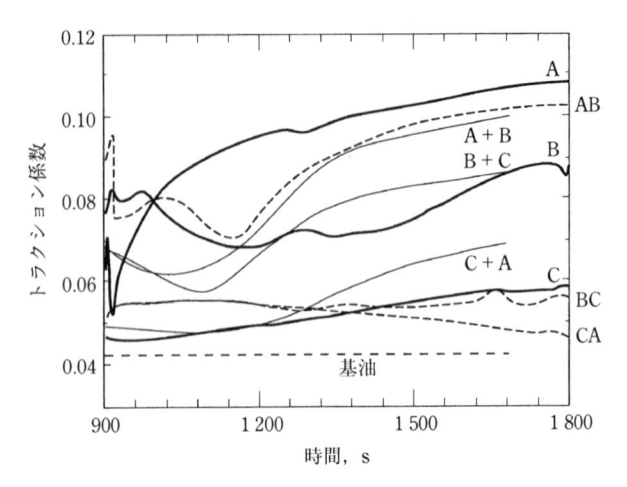

図 4.20 トラクション係数に及ぼす増ちょう剤構造の影響（ガラス円板速度：25 mm/s, 鋼球速度：100 mm/s, 21℃）

合グリースのトラクション係数がグリースCよりも高いことを考慮すれば，複合アミンによる繊維構造は，すべりを伴った場合の油膜形成能を向上させ，トラクション係数の低下に寄与している．

　増ちょう剤繊維長さが相違する3種類のリチウムグリース（図4.21，表4.3）の純転がり運動下の膜厚の時間変化および代表的干渉像を図4.22に示す．グラフ内の太線，細線はそれぞれ接触域内の中心膜厚，最小膜厚を示し，太い破線，細い破線は基油を用いて得られた中心膜厚と最小膜厚の測定値を示してい

表 4.3　グリースの性状

グリース名	L	M	S
繊維	長繊維	中繊維	短繊維
基油	PAO：PET = 85：15		
基油動粘度 (mm^2/s, 40℃)	53.5		
増ちょう剤量 (wt%)	17	18	15.3
混和ちょう度	216	210	209
離油度 (%)	0.1	0.1	0.1

PAO：ポリαオレフィン，PET：ペンタエリスリトールエステル

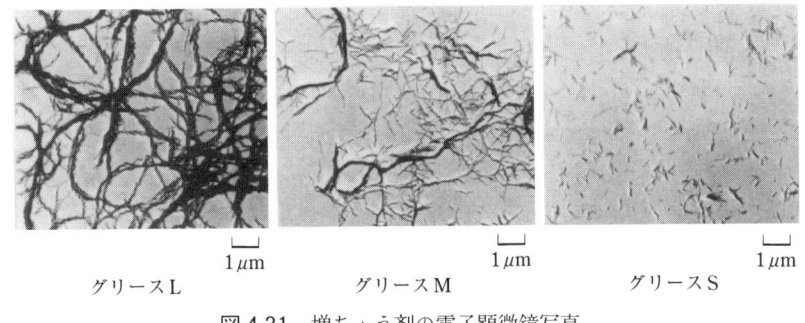

グリース L　　　　　　グリース M　　　　　　グリース S

図 4.21　増ちょう剤の電子顕微鏡写真

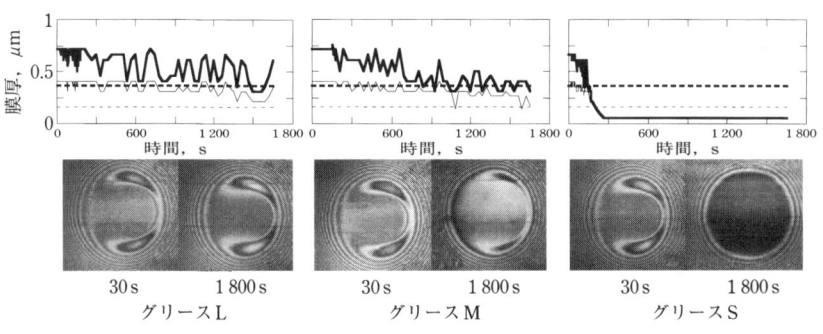

図 4.22　純転がり運動下での膜厚および干渉像の時間変化（21 ℃，純転がり，転がり速度 500 mm/s）

る．全体的膜厚は，長繊維グリースが最も厚く，中繊維，短繊維グリースの順に薄くなっている．なお，図示してはいないが，転がり/すべり運動下では，長繊維グリースは安定した摩擦特性を示すのに対し，短繊維グリースでは，摩擦係数は短時間で急上昇した．中繊維グリースの場合は，若干の安定域を経過して摩擦係数の上昇が認められ，両者の中間的挙動を示した．すなわち，短繊維グリースに比較して長繊維グリースの方が，油膜形成能力は優れている．ただし，膜厚及び摩擦特性で表現される潤滑特性は，低ちょう度域では基油粘度が低い方が，高ちょう度域では基油粘度が高い方が良好であり，基油粘度に応じた最適ちょう度が存在する．図 4.23 は純転がり接触後の軌道面の観察写真である．長繊維グリースの場合には実験開始時と終了時でほとんど相違が認められず，接触面内にグリースが存在している．しかし，短繊維グリースでは，短

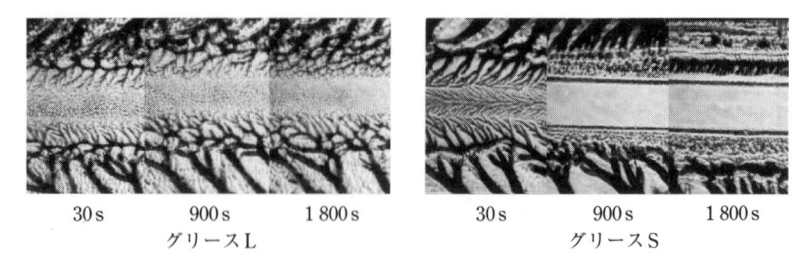

| 30 s　　900 s　　1 800 s | 30 s　　900 s　　1 800 s |
| グリース L | グリース S |

図 4.23　純転がり運動下での軌道面の状態（21 ℃，転がり速度 500 mm/s）

時間で接触面にグリースの存在が認め難くなり，時間経過とともに接触面とその両側に排除されたグリースとの間に連続性がなくなっている．これは，時間経過とともに接触面へのグリースの連続的供給が遮断されることを意味し，これが油膜形成能力の相違をもたらしていると考えられる．

4.2.5　摩擦特性に及ぼすセッケン繊維構造の影響

　増ちょう剤である金属セッケン繊維（ミセル）は層状構造をもち，表面に吸着配向をもつことが期待できる[43]．したがって，金属セッケン繊維が油性剤，固体潤滑剤として機能し，セッケン繊維構造がグリースの潤滑特性，特に境界潤滑特性を向上させると考えられる．なお，グリース中のセッケン繊維構造は，製造方法によりある程度制御可能である[44〜48]．本項では 12-ヒドロキシステアリン酸リチウムセッケングリースに限定して，セッケン繊維構造と摩擦特性について述べる[47,48]．

　製造条件とセッケン構造の関係において，セッケンの基油に対する溶解度が影響する．リチウムセッケンの溶解度の低い鉱油系グリースの場合，基油中でケン化反応終了後に 230 ℃以上に加熱し，セッケンを完全に基油中に溶解させた後に急冷することにより，ほぼ均一長さのセッケン繊維が析出する．析出したセッケン繊維構造は冷却速度に大きく影響され，徐冷すればセッケンミセルは大きくなり，急冷すれば小さくなるので，冷却速度が高いほうが短い繊維のグリースとなる．ケン化後，セッケンが基油に溶解する前に加熱を打ち切り（210 ℃以下）急冷すれば，短繊維と長繊維が混在するグリースとなる．これは，製造釜中のグリース温度がかくはんに伴い局所的に変動するため，セッケ

ンが完全に溶解しなくても，セッケン繊維の溶解，析出が繰り返され，短繊維の消失，長繊維の成長が促進されるためであり，繊維の大きさ，短繊維と長繊維の比率は加熱温度，加熱速度，高温での保持時間で異なる．

セッケンの溶解度の高いポリオールエステル等の極性基油グリースでは，セッケン繊維構造は冷却速度にはほとんど影響されず，主としてセッケン濃度により変化し，セッケン濃度が高い方が繊維は短く，ちょう度が高くなる傾向がある[49]．

すなわち，セッケン繊維長の制御に関して，繊維を短くするためには，冷却時に析出核を急速かつ多量に発生させることが有効であり，冷却速度を大きくするか，セッケン濃度を増加させる．一方，繊維を長くするためには，析出核の析出速度を下げて，すでに析出しているセッケン繊維の成長を促進することが有効であり，冷却速度を低くするか，セッケン濃度を下げる．

境界潤滑下の摩擦特性について，点接触すべり試験（球/平板型すべり接触試験，すべり速度 0.47 mm/s）の結果を中心に示す[50]．グリースはパラフィン系水素化改質油 H-500（粘度：90.5 cSt @ 40℃）を基油とし，増ちょう剤として 10 mass % のセッケンを分散させたグリースであり，セッケン繊維構造を異にする短繊維，中繊維，長繊維の3種類のグリースを使用している．グリース性状，セッケン繊維構造を表 4.4，図 4.24 に示す．長繊維グリースのセッケン繊維は太い長繊維状であり，三次元網目構造も発達している．中繊維グリースでは針状の繊維が主体であり，セッケン網目構造はそれほど発達しておらず，グリースの潤滑油供給能力の尺度である離油度が最も低い．短繊維グリースは，網目構造をほとんど構築せず，微小繊維であり，離油度が最も高い．

図 4.25 は基油とグリースおよびセッケン繊維の摩擦特性の比較である．グ

表 4.4　グリースの性状

グリース	ちょう度, UW/60W	平均繊維長さ, μm	離油度, mass %
長繊維	272/298	13	2.28
中繊維	253/253	7	1.01
短繊維	313/313	0.8	3.00

短繊維　　　　　　　中繊維　　　　　　　長繊維

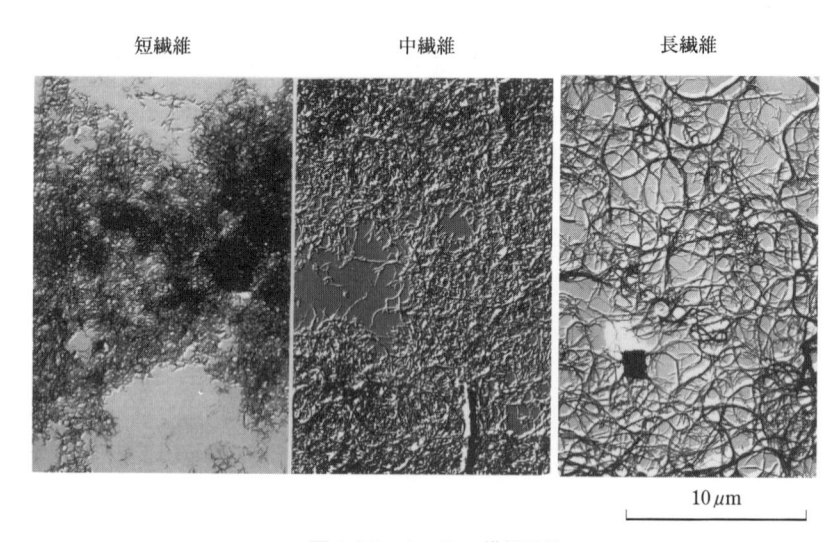

10 μm

図 4.24　セッケン繊維構造

リースは中繊維グリース，荷重は 9.8 N（最高ヘルツ接触圧 1.62 GPa）である．セッケン繊維の摩擦試験は，グリースを平板試験片表面に塗布して3回摩擦試験を行い，その後摩擦面をヘキサンで洗浄することによりグリース基油分を除去し，ほぼセッケン繊維のみが残存する状態で実施している．摩擦係数は，基油が0.17～0.2と最も高く，グリースでは0.15程度まで低下して，セッケン繊維で

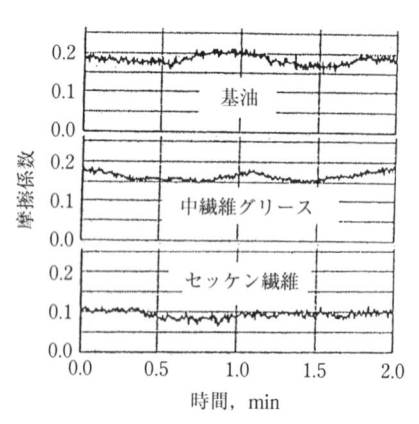

図 4.25　基油，グリース，セッケン繊維の境界摩擦係数

はさらに0.1以下まで低下している．すべり速度が0.47 mm/sと極めて低く，流体潤滑作用，摩擦発熱はほぼ無視できる境界潤滑条件下では，セッケン繊維のみの摩擦係数が最も低くなり，グリースにおける最低摩擦係数はセッケン繊維の摩擦係数にほぼ等しくなる．

図4.26に摩擦特性に及ぼすセッケン繊維構造の影響を示す．実験は，同一トラック上を同一方向に繰返し摩擦させる方法で実施している．図の縦軸は平均摩擦係数であり，横軸は繰返し数である．繰返し数の低い間の摩擦係数の上昇は，塑性変形による摩擦トラック形成によるものであり，トラックの塑性変形はほとんど3回の摩擦により完了している．

各荷重において摩擦係数は，セッケン繊維網目構造が最も発達している長繊維グリースが最も低く，その傾向は荷重が高くなるに従って顕著になる．長繊維グリースに比較して三次元網目構造の構築の程度が低い中繊維グリースでは，荷重が増加するにしたがって摩擦係数が高くなる．一方，網目構造がほとんど構築されていない短繊維グリースの摩擦係数は基油よりも高い傾向を示す．これは，セッケン繊維が摩擦時にはそれ自体がバラバラに分離しやすく摩擦面の保護作用が期待できないだけでなく，基油自体の摩擦面への補給を阻害したものと考えら

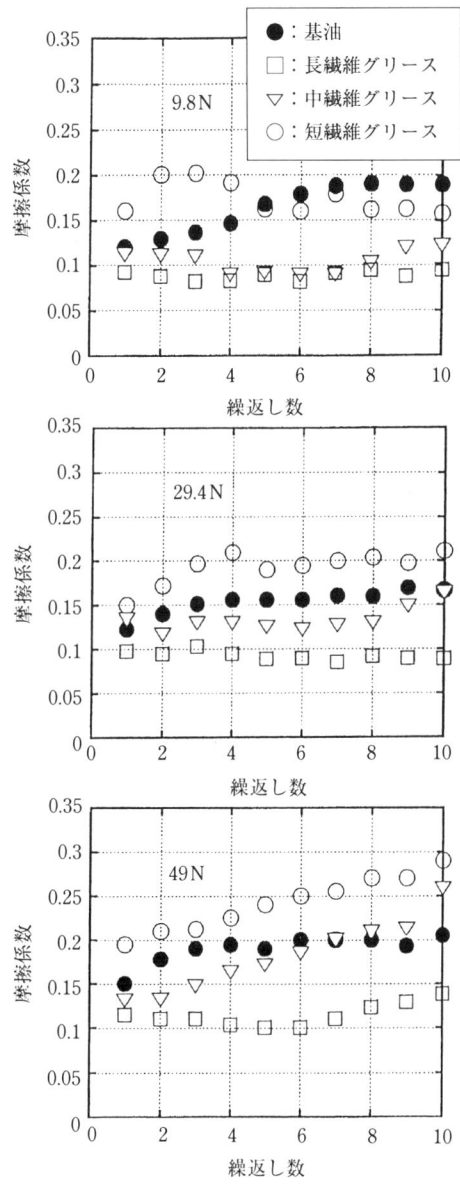

図 4.26 境界摩擦特性に及ぼすセッケン繊維の影響

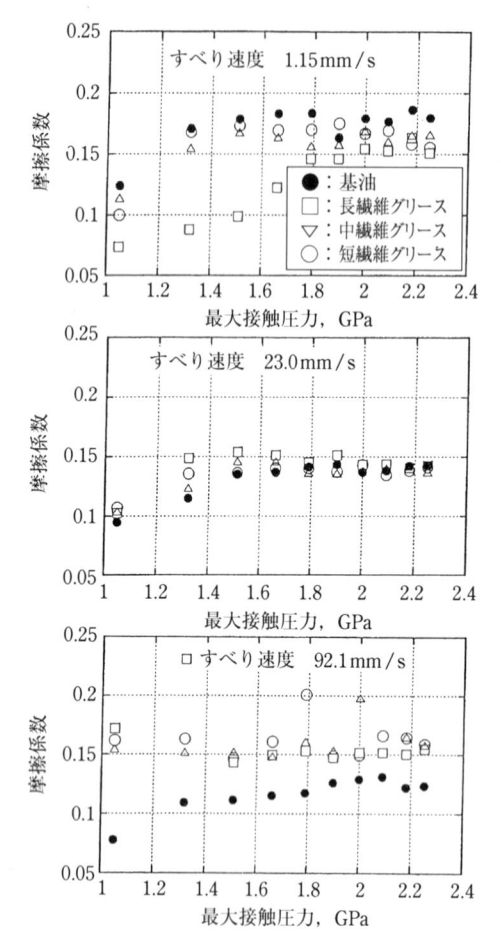

図 4.27 境界摩擦特性に及ぼす作動条件の影響

れる.

　すなわち,グリースの境界摩擦特性を支配するのは,離油度やちょう度で代表されるグリースの基油補給能力ではなく,セッケン繊維構造の摩擦強度(せん断応力下での繊維構造の強度)であり,セッケン繊維が固体潤滑剤として機能することにより良好な摩擦特性が達成できる.

　すべり速度を増加した場合,境界潤滑から混合潤滑,流体潤滑へと潤滑状態

4.2 グリースの潤滑メカニズム　75

(a) 基油と長繊維グリース

● : $\mu_L < \mu_0$　○ : $\mu_0 < \mu_L$　× : $\mu_L \fallingdotseq \mu_0$

(b) 基油と短繊維グリース

● : $\mu_S < \mu_0$　○ : $\mu_0 < \mu_S$　× : $\mu_0 \fallingdotseq \mu_S$

(c) 長繊維グリースと短繊維グリース

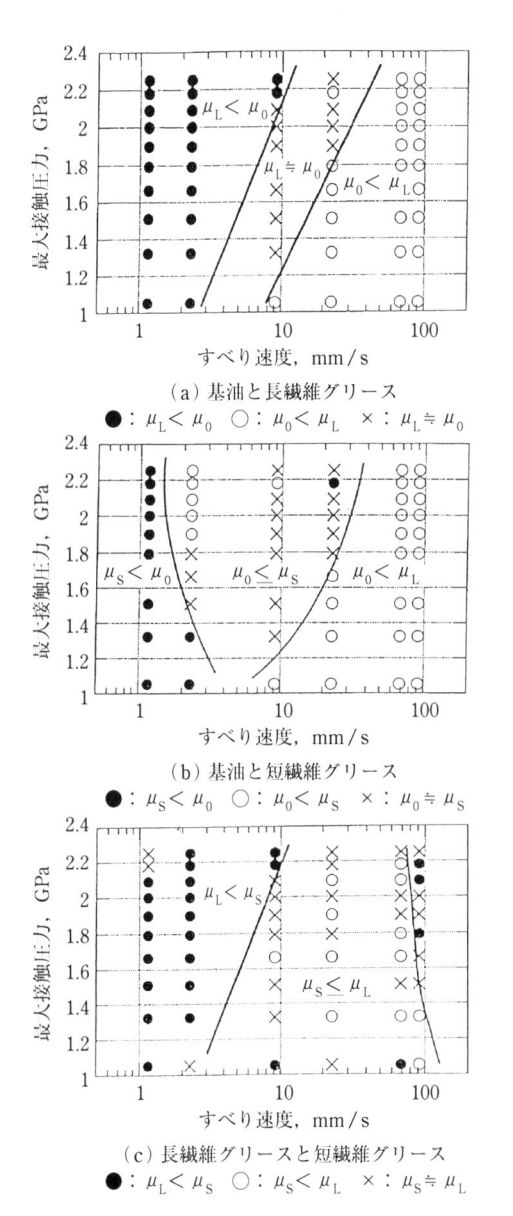

● : $\mu_L < \mu_S$　○ : $\mu_S < \mu_L$　× : $\mu_S \fallingdotseq \mu_L$

図 4.28　基油および長繊維，短繊維グリースの摩擦係数の比較
（摩擦係数 μ_0：基油，μ_L：長繊維グリース，μ_S：短繊維グリース）

の移行に伴う摩擦特性の変化を図4.27に示す[51]．基油の摩擦係数は荷重増加とともに上昇しており，最大すべり速度92.1 mm/sでも完全流体潤滑状態は達成されていない．基油，長繊維グリース，短繊維グリースの摩擦係数の比較を図4.28に示す．図4.27，図4.28より，基油，グリースの点接触すべり試験における摩擦係数には，

　　　低すべり速度：長繊維＜短繊維＜基油
　　　中すべり速度：長繊維≒短繊維≒基油
　　　高すべり速度：基油＜短繊維≦長繊維

の傾向が認められる．

　すなわち，流体潤滑作用が期待できない低すべり速度では，グリースの増ちょう剤であるセッケン繊維の摩擦面保護能力が主として摩擦特性を支配し，基油よりもグリース，グリースにおいては強固な三次元網目構造を構築する長繊維グリースが，優れた摩擦特性を有する．しかし，すべり速度が増加するに従いセッケン繊維の摩擦面保護能力が低下し，グリースないしは基油の補給能力が摩擦特性を支配するようになる．その結果，ちょう度，離油度が高い，したがって流動性，基油補給能力の高い短繊維グリースの方が長繊維グリースよりも摩擦特性が良くなり，さらにすべり速度が高くなると基油がグリースよりも良好な摩擦特性を示すようになる．

　鉱油基油グリースの摩擦特性と同様な傾向は，ポリオールエステル基油グリースにも認められる[52]．また，点接触すべり試験における摩擦係数に及ぼす

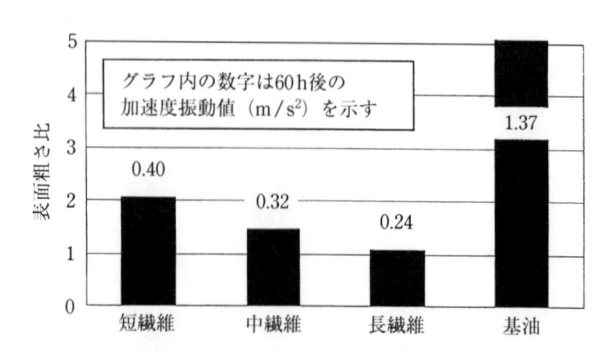

図4.29　転がり軸受の軌道面粗さと軸受振動に及ぼすセッケン繊維構造の影響（ポリオール基油グリース）

荷重，すべり速度の影響は，線接触すべり試験，面接触すべり試験においてもほぼ同様な傾向が認められる[51]．

境界・混合潤滑条件下で作動する転がり軸受の音響・振動特性にも，セッケン繊維構造が影響を及ぼす（図4.29）[53]．例えば，軸受転がり接触部の摩耗による凹凸発生で音響上昇が生じる場合，グリースのセッケン繊維の表面保護効果のため，転がり接触部の摩耗，それに伴う音響・振動上昇が抑制される．

4.2.6 摩擦特性に及ぼす基油，添加剤の影響

機械要素に幅広く使用されているグリース潤滑の目的は，焼付き防止，摩耗低減，さび防止，音響改善などであるが，摩擦トルクの低減も重要な目的である．摩擦トルクの低減には，基油動粘度の低いグリースが採用され，グリースによるかくはんトルクを低く抑えている．添加剤としては，潤滑油と同様に二硫化モリブデンや有機モリブデン化合物が使用される[54,55]．

低摩擦を必要とする装置として等速ジョイントがある．等速ジョイントは，内部で発生する摩擦が大きければ，動力伝達効率が下がり，ジョイントの発熱も大きい．摩擦は作動角の増加につれて増大するため，動力伝達効率はそれに伴い低下する．スライド型等速ジョイントでは，回転時にスライド抵抗が発生しやすく，車の振動，騒音対策として，低摩擦グリースの採用が有効な手段の一つである[56]．1980年代までは，鉱油を基油としたカルシウムコンプレックスグリースやリチウムグリースに硫黄，リン系極圧剤を配合したものが多かった．1990年代になると，有機モリブデン化合物と亜鉛系極圧剤とを組み合わせたウレアグリースの低摩擦，振動防止効果の大きい

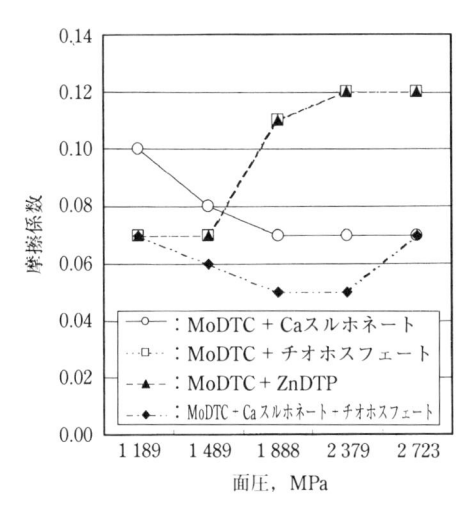

図4.30 カルシウムスルホネートとチオホスフェートとの組合せによる摩擦低減効果〔出典：文献59)〕

ことが見出され，急速に使用量が増大した[57,58]．

有機モリブデン化合物の MoDTC とカルシウムスルホネート，チオホスフェートとを組み合わせることによって，MoDTC と亜鉛系極圧剤の ZnDTP との組合せよりも広い面圧範囲で低摩擦が実現できるという例を図 4.30 に示す[59]．有機モリブデン化合物の摩擦低減効果は，伝達効率や発生軸力の改善に効果的であるが，CVJ ブーツ材料に悪影響を及ぼすことがある．一方，非硫黄，非リン系のアミド／アミン系添加剤は，全ての性能が優れている[60]．

4.2.7 転がり軸受におけるグリースの潤滑挙動

転がり軸受の潤滑寿命，摩擦トルク，温度上昇などの諸性能は，軸受内のグリースの潤滑挙動に影響される．軸受に封入されたグリースが，全て潤滑に活用されれば，焼付きに至るまでの寿命を著しく改善できる．しかし現実には，軸受に封入されたグリースの大部分は，シール裏面に付着したり，軸受から外部に漏れてしまい，転がり接触部に戻らず有効活用されていない．したがって，軸受の潤滑性能向上のためには，軸受内のグリースの潤滑挙動を把握し，グリース挙動を考慮した軸受設計，グリース組成設計が行えればよい．転がり軸受内のグリースの潤滑挙動に関して論文件数は多くないが，1950 年頃から様々な研究がなされている[61]．1970 年代以前のグリース潤滑挙動に関する研究については，鈴木による総説が詳しい[62]．

1975 年以降になっても，その研究手法はそれ以前のものとほぼ同じであり，大きな進歩は見られない．その研究手法とは，グリースの基油と増ちょう剤とにそれぞれトレーサとなる物質を入れ，軸受回転後に，トレーサ物質の分析や直接観察を行う方法である．トレーサ物質としては，放射性物質，染料，金属微粒子，油溶性添加剤などが使用されている．また透明な材質で作成した外輪やシールド板を通し，色を付けたグリースの直接観察を行う方法もある．

1990 年代以降の研究を紹介する．倉石らは，10 分間回転させた深溝玉軸受の保持器上に所定濃度のアルミニウム微粒子を混ぜたグリースを，またシール内面には銅微粒子を混ぜたグリースを付着させ，回転後に軸受各部に移動した金属成分量を分析している[63]．5000 min^{-1} で 1 時間回転させたときの金属成分の分析結果を図 4.31 に示す．軸受空間容積の 35 ％封入量においては，保持

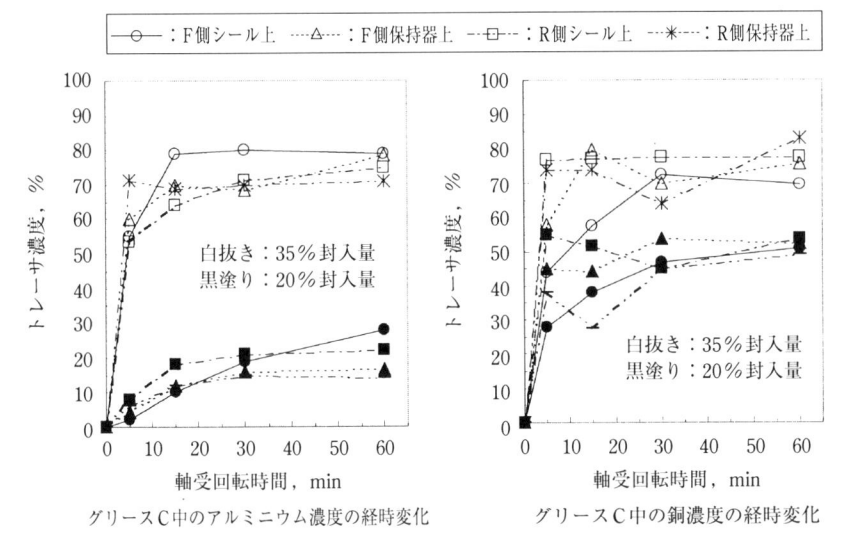

図 4.31 深溝玉軸受回転初期のグリースの移動量〔出典：文献64)〕

（左図）グリースC中のアルミニウム濃度の経時変化
（右図）グリースC中の銅濃度の経時変化

凡例：○：F側シール上，△：F側保持器上，□：R側シール上，＊：R側保持器上
白抜き：35％封入量，黒塗り：20％封入量

器上に付着させたグリース，シール内面に付着させたグリースのいずれもが，短時間で均一に混ざり合っている．一方，軸受空間容積の20％に封入量を減らすと，トレーサグリースの混合率が低下している．硬いグリースを用いた試験でも，トレーサグリースの混合率が低下し，グリースの量と硬さとがグリース潤滑挙動に影響する．グリース封入量を軸受空間容積の35％から20％まで低下させると，潤滑寿命が1/10～1/3まで低下したという報告もあり，軸受内グリースの流動性の低下が潤滑寿命に影響を及ぼすことがわかる[64]．

上野らは，自動車の補機駆動用ベルトの張力調整に使用されているアイドラープーリ軸受のグリース潤滑挙動を調べている[65]．グリースに有機蛍光顔料を配合し，紫外線を照射しながら発光したグリースの挙動を高速度ビデオカメラで観察している．ボール表面に付着したグリースは，保持器で掻き取られ，軌道面のグリースは外部へ押し出される．保持器に付着したグリースは，遠心力により外輪側に移動し，内輪に付着したグリースは，シール溝へ移動する．グリース漏れ防止には，シール溝へのグリースの流入防止が有効であることを示唆している．

日比野らは，鉄道車両主電動機の軸受ふた部に設けたグリースポケット形状

MT 204

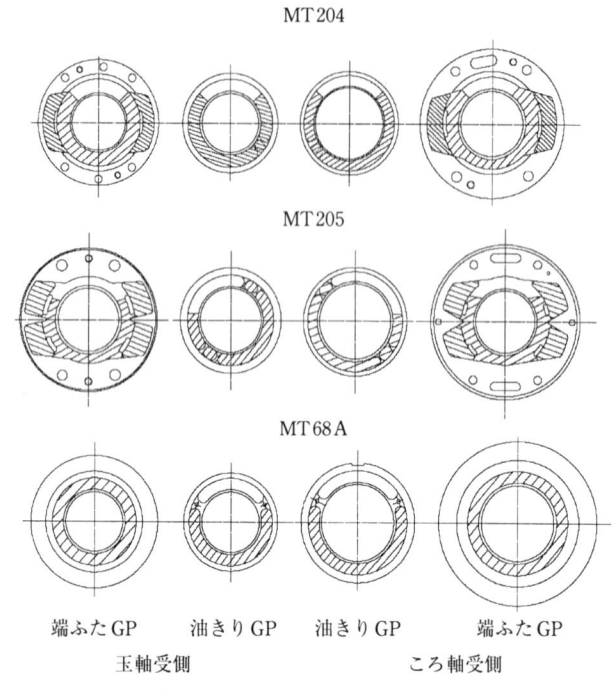

MT 205

MT 68 A

端ふた GP　　油きり GP　　油きり GP　　端ふた GP
　　　玉軸受側　　　　　　　　　ころ軸受側

図 4.32　主電動機形式別グリースポケット（GP）形状の比較〔出典：文献 66)〕

のグリース挙動への影響を検討している[66)]．試験に用いたグリースポケット形状の比較を図 4.32 に示す．斜線が初期のグリース充てん部である．基油のトレーサとして赤と青の油溶性染料を，増ちょう剤のトレーサとして酸化マグネシウム微粉末を使用している．実使用されている軸受を用い，実車走行時の軸受回転条件を模擬し，400 時間までの回転試験を行っている．所定時間ごとにグリースを採取し，油溶性染料を紫外可視分光光度計で，酸化マグネシウム微粉末を蛍光 X 線分析で，濃度測定を行っている．端ふたのグリースポケットに充てんしたグリースの基油の移動量を図 4.33 に示す．グリースポケット形式の違いによって，基油の移動量に差異はあるものの，端ふた部に充てんしたグリースから，玉軸受にもころ軸受にも基油の流入が認められる．一方，増ちょう剤の軸受内部への移動はほとんど認められない．端ふたグリースポケットに充てんしたグリースのうち，軸受の潤滑に寄与しているのは基油成分であ

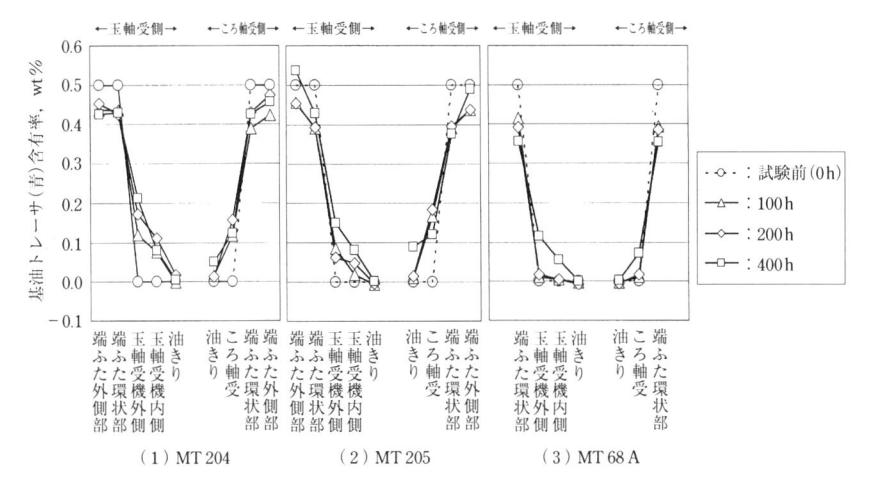

図 4.33 端ふたグリースポケットに封入したグリース基油の移動〔出典:文献66)〕

る.

転がり軸受内のグリースの潤滑挙動は,軸受使用条件,軸受形式,周辺構造,グリース組成,封入量,回転経過時間によって変化し,極めて複雑である.

過去の研究報告を総括すると,(1)グリースが複雑な流動をする回転初期段階,(2)少量の軟化したグリースが転がり接触部近傍に存在し,ほとんど流動しないグリースが内外輪軌道面以外とシール部分に存在する安定分布段階,(3)転がり接触部近傍の少量グリースの劣化が進行し,静止箇所のグリースからも基油が消耗していく最終段階,を経て潤滑不良に至ると考えられる.

転がり接触部のグリース挙動に関しては,直接観察ができないため,二円筒試験や光干渉法を用いたグリース膜厚測定,グリース潤滑軸受の摩擦トルク,温度測定などからその挙動が推定されている.4.2.3にも述べられているが,兼田らは,光干渉法により化学構造の異なる3種のジウレアグリースを用いて,膜厚測定と転がり接触部に存在するグリース膜の観察を行っている[67].ジウレア化合物の化学構造,すなわち繊維形状の違いによってグリース膜厚が異なり,膜厚が変動することを確認している.

小松﨑らは,内径30 mmの円筒ころ軸受を用いて,グリースとその基油を使用したときの軸受摩擦トルクと軸受外輪温度を測定している[68].グリースと

その基油を使用したときの摩擦トルクの比較を図4.34に示す．グリース潤滑の方がその基油による潤滑よりも摩擦トルクが大きくなる．高せん断速度を受けたグリースは，セッケン繊維構造が破壊され，微粒子状のセッケン繊維が油中に分散された状態となる．微細なセッケン粒子が分散されたグリースの粘度は，基油の粘度よりも高くなり，このためグリースの摩擦トルクが大きくなる．

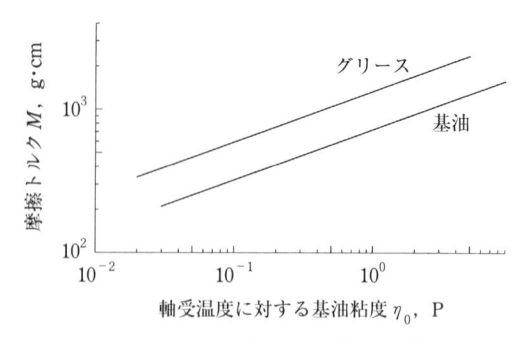

図4.34 グリース潤滑と油潤滑の摩擦トルクの比較〔出典：文献68)〕

　転がり接触部のグリースの潤滑挙動は，以下のように考えられる．軸受の回転初期から中期にかけては，転動体や保持器に付着したグリースや内外輪の軌道面近傍に付着したグリースそのものが，転がり接触部に侵入し潤滑作用を行う．中期以降の潤滑は基油が主体として担う．さらに回転時間の経過とともに，潤滑の転がり接触部近傍のグリースの減少，劣化の進行，シール部からの基油の供給の減少を伴い，転がり接触部で生じる発熱を抑制することができなくなり，油膜の減少，融着の発生，焼付き損傷に至る．

4.2.8 グリースの油分離性とせん断安定性

　グリースは長期の貯蔵中に油分離を起こし，集中給脂系でよく観察されるように，圧力を受けると基油が分離する．油分離は，圧力だけでなく，熱，振動，遠心力，せん断によっても促進される．油分離性は，増ちょう剤のミセル構造と量に依存し，同じ増ちょう剤構造であれば，量の多い方が油分離は少ない．混和ちょう度がほぼ同一であれば，ウレアグリースやリチウムコンプレックスグリースは，リチウムグリースよりも油分離が少ない傾向にある[69]．Kinoshitaらは，集中給脂系でのグリース詰まりのメカニズム解明のための実験を行い，遠心離油度試験結果とグリース詰まりとに良い相関のあることを見出している．すなわち，遠心離油度の大きいグリースがグリース詰まりを発生

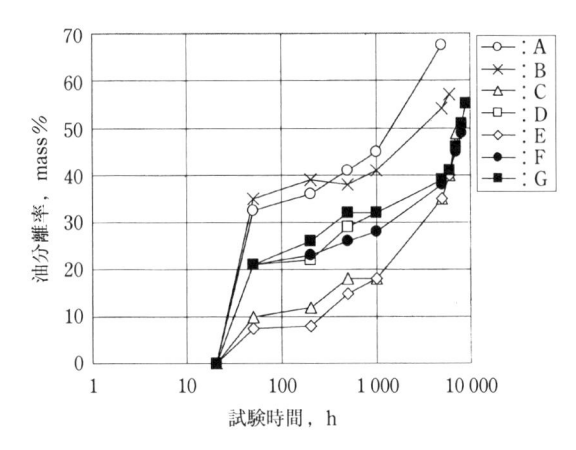

図 4.35　軸受回転試験における油分離率〔出典：文献 74)〕

しやすく，基油動粘度の低いグリースの遠心離油度が大きいという結果を得ている[70]．

軸受回転試験途中のグリースを採取し，グリース中の油分離量を測定した研究が多数ある[71〜73]．中らが構造の異なる数種のジウレアグリースを用いて焼付き耐久試験を行い，試験途中の油分離率を測定した結果を図 4.35 に示す[74]．試験時間の経過とともに油分離は進行し，油分離率 50〜70 % で焼付きに至る．グリースから離油した基油が軸受の主要な潤滑作用を担っている．

グリースの油分離性能を評価する方法として，離油度試験 (JIS K 2220 の 11) がある．グリースの劣化度評価の一つとして，油分離率を測定するときには，グリースを溶剤に分散させ，ろ過法によって分離した油分を測定する．しかし溶剤分散法では，少なくとも 500 mg 程度の試料量が必要であり，数十 mg のグリース量しか採取できないときには適用が困難である．熱てんびんを用いた重量測定では，微量グリース量でも油分離率の測定が可能となる[75]．最近はほとんど利用されなくなったが，約 30 年前にはグリースのパーミアビリティが検討されており，星野の総説が詳しい[76]．スクリーンとフィルタとに挟まれた空間にグリースを入れ，その上部のビュレット部に入れたグリースの基油が，重力によってグリース中を透過する速度を測るものである．増ちょう剤や基油組成の影響，グリースの仕上げ処理の影響など多数の研究がなされ，離油度と

の相関もあったが,例外も多く普及しなかった.

　グリースは,高速せん断を受けると,増ちょう剤繊維構造が破壊され軟化する.著しい軟化は,軸受からのグリースの流出,漏洩となり,潤滑油量不足,焼付き発生の原因となる.したがって,せん断安定性の優れたグリースが望まれ,混和安定度試験(JIS K 2220の15)やロール安定度試験(ASTM D-1831)で評価される.転がり軸受のシール性能や軸受周辺構造にも左右されるが,グリース漏洩率は小さい方が望ましい.製鉄設備の圧延機ワークロール軸受には,多量の冷却水が使用されるため,高温,水混入環境でも,ちょう度変化の少ないグリース組成が好まれる[77].鉄道車両車軸用グリースに対しても,ASTM D-1831による高温,含水環境でのロール安定度試験が,グリース性能評価の一つとして実施されている[78].

　グリースのせん断安定性,油分離性,耐水性,漏洩性を改善する方法として,ポリマーの添加が提案されている.通常,ポリマーは粘度指数向上剤として使用されるが,適用の仕方によっては,セッケン繊維構造に影響を与え,上記の物性を改善できる[79,80].

参考文献

1) 桜井俊男・星野道男・渡嘉敷通秀・藤田　稔:潤滑グリースと合成潤滑油,幸書房 (1983) 80.
2) 星野道男:これからのグリース・グリース研究への提言 (4),月刊トライボロジー,4 (1998) 4.
3) B.W. Hotton : NLGI Spokesman, **19** (1955) 14.
4) 星野道男:グリースの流動特性,潤滑,**25**, 7 (1980) 415.
5) 森内　勉:弾性流体接触下におけるグリース潤滑に関する研究,学位論文 (1988) 81.
6) J. Tomioka, H. Hayashi, S. Wada & E. Genma : Measurement of the Nonlinear Viscoelastic Bingham Plastic Properties of Lubricating Greases, Proc. Japan Int. Trib. Conf., Nagoya 1990, 2 (1990) 995.
7) 林　洋次・富岡　淳・和田稲苗:非線形4要素粘弾性流体による流体潤滑 (第1報),機論(C),**52**, 478 (1985) 1833.

8) 同上：同上（第2報），機論（C），**52**，478 (1985) 1841.
9) 同上：同上（第3報），機論（C），**53**，492 (1986) 1815.
10) 同上：同上（第4報），機論（C），**54**，499 (1987) 735.
11) 星野道男：グリース潤滑の理論，トライボロジスト，**47**，1 (2002) 8.
12) P. Whittingstall : Controlled Stress Rheometry as a Tool to Measure Grease Structure and Yield at Various Temperatures, NLGI Spokesman, **61**, 9 (1997) 12.
13) P. Whittingstall & R. Shah : Yield Stress Studies on Greases, NLGI Spokesman, **62**, 3 (1998) 8.
14) P. Whittingstall : Yield Behavior of ASTM Mobility Test Greases, NLGI Spokesman, **63**, 1 (1999) 21.
15) P. Whittingstall & B. Costello : A New Compressional Rheometer for the Measurement of Viscoelasticity, NLGI Spokesman, **64**, 4 (2000) 26.
16) H.F. George, P.R. Todd & I. Zinger : Low Temperature Rheology of Greases: Functionalized polymer Systems, NLGI Spokesman, **62**, 9 (1998) 18.
17) H.F. George, C.F. Kernizan & M.E. Bartlett : FP Additized Greases-Part 2 : Rheological Test Development and Correlation with KRL Bearing Results, NLGI Spokesman, **64**, 4 (2000) 16.
18) S.J. Nolan : The Use of Controlled Stress Rheometer to Evaluate the Rheological Properties of Greases, NLGI Spokesman, **67**, 3 (2003) 18.
19) 和田稲苗・林　洋次・芳賀研二：ビンガム流体の潤滑挙動（第1報），機論（C），**38**，310 (1972) 1617
20) 同上：同上（第2報），機論（C），**38**，310 (1972) 1627.
21) 同上：同上（第3報），機論（C），**40**，329 (1974) 233.
22) 林　洋次・柴田和正・伊藤正桂：ビンガム粘弾性流体潤滑の研究，トライボロジー会議予稿集，名古屋 1993-11 (1993) 719.
23) 林　洋次・伊藤正桂：ビンガム粘弾性流体潤滑の研究，トライボロジー会議予稿集，金澤 1994-10 (1994) 527.
24) S. Hurley & P.M. Cann : Grease Composition and Film Thickness in Rolling Contacts, NLGI Spokesman, **63**, 4 (1999) 12.
25) S. Hurley, P.M. Cann : Starved Lubrication of EHL Contacts – Relationship to

Bulk Grease Properties, NLGI Spokesman, **64**, 2 (2000) 15.

26) 相原　了, D. Dowson：弾性流体潤滑におけるグリース膜厚さの実験的研究（第1報), 潤滑, **25**, 4 (1980) 254.

27) 相原　了, D. Dowson：同上（第2報), 潤滑, **25**, 6 (1980) 379.

28) A. Dyson & A. R. Wilson : Film Thicknesses in Elastohydrodynamic Lubrication of Rollers by Greases, Proc. I. Mech. E., 184, Pt. 3 F (1969/70) 1.

29) H.C. Muennich & H.J.R. Gloeckner : Elastohydrodynamic Lubrication of Grease − Lubricated Rolling Bearings, ASLE Trans., **23**, 1 (1979) 45.

30) 相原　了, D. Dowson：弾性流体潤滑におけるグリース膜厚さの実験的研究, 潤滑, **25**, 4 (1980) 204 ; **25**, 6 (1980) 379.

31) S.Y. Poon : An Experimental Study of Grease in Elastohydrodynamic Lubrication, ASME J. Lubric. Technology, **94**, 1 (1972) 27.

32) L.D. Wedeven, D. Evans & A. Cameron : Optical Analysis of Ball Bearing Starvation, ASME J. Lubric. Technology, **93**, 3 (1971) 349.

33) H. Kageyama, W. Machidori & T. Moriuchi : Grease Lubrication in Elastohydrodynamic Contacts, NLGI Spokesman, **48**, 3 (1984) 72.

34) M. Kaneta, H. Nishikawa & M. Naka : Effects of Transversely Oriented Defects and Thickener Lumps on Grease Elastohydrodynamic Lubrication Films, J. Eng. Tribology, Proc. I. Mech. E, 215, Pt. J (2001) 279.

35) P.O. Larsson, R. Larsson, A. Jolkin & O. Marklund:Pressure Fluctuations as Grease Soaps Pass Through an EHL Contact, Tribology Int., 33 (2000) 211.

36) P.M. Cann & H.A. Spikes : Film Thickness measurements of Lubrication Greases under Normally Starved Conditions, NLGI Spokesman, **56**, 2 (1992) 21.

37) P.M. Cann : Understanding Grease Lubrication, Proc. 22nd Leeds- Lyon Symp. Tribology, Lyon, 1995 (1996) 573.

38) P.M. Cann : Thin- Film Grease Lubrication, J. Eng. Tribology, Proc. I. Mech. E, 213, Pt. J (1999) 405.

39) H. Astrom, J.O. Ostensen & E. Hoglund : Lubricated Grease Replenishment in an Elastohydrodynamic Point Contact, ASME J. Tribology, 115 (1993) 501.

40) T. Moriuchi, W. Machidori & H. Kageyama : Grease Lubrication in

Elastohydrodynamic Contacts, Part II : NLGI Spokesman, **49**, 8 (1985) 348.
41) H. Kageyama, T. Moriuchi & W. Machidori : Grease Lubrication in Elastohydrodynamic Contacts, NLGI Spokesman, **49** (1986) 261.
42) B.J. Hamrock & D. Dowson : Ball Bearing Lubrication, John Wiley, New York (1981).
43) 吉田時行・進藤信一・大垣忠義・井出裝裟市：金属セッケンの性質と応用，幸書房 (1988) 87.
44) 桜井俊男：潤滑油の物理化学，幸書房 (1974) 205.
45) B.B. Cox : Variables affecting phase change in lithium stearate - mineral oil systems, J. Phys. Chem., 62 (1958) 1254.
46) M.J. Vold, Y. Uzu & R.F. Bils : New Insight Into the Relationship Between Phase Behavior, Colloidal Structure, and Some of the Rheological Properties of Lithium Stearate Greases, NGLE Spokesman, **32** (1969) 362.
47) 喜多武勝・山本雄二：12ヒドロキシステアリン酸リチウムセッケングリースの製造工程における構造変化，トライボロジスト，**38**, 1 (1993) 69.
48) 喜多武勝・山本雄二：12ヒドロキシステアリン酸リチウムセッケングリースの製造条件とセッケン構造，トライボロジスト，**40**, 2 (1995) 161.
49) H. Kimura, Y. Imai & Y. Yamamoto : Study on Fiber Length Control for Ester - Based Lithium Soap Grease, STLE Tribology Trans., **44**, 3 (2001) 405.
50) 山本雄二・権藤誠吾・喜多武勝：境界潤滑下のリチウムセッケングリースの摩擦特性とセッケン繊維構造，トライボロジスト，**42**, 6 (1997) 462.
51) Y. Yamamoto & S. Gondo : Frictional Performance of Lithium 12 - Hydroxy-stearate Greases with Different Soap Fibre Structures in Sliding Contact, Lubric. Sci., **14**, 3 (2002) 303.
52) 横内　敦・権藤誠吾・山本雄二：グリースの摩擦摩耗特性に及ぼすセッケン繊維構造の影響，トライボロジー会議予稿集 (2001-5) 223.
53) 倉石　淳・横内　敦・中　道治・山本雄二：軸受音響に及ぼすセッケン繊維構造の影響，トライボロジー会議予稿集 (2001-11) 363.
54) 柏谷　智：二硫化モリブデンの役割と最近の動向，潤滑経済 (1998-4) 5.
55) 田中典義：摩擦調整剤の機能と用途について，潤滑経済 (1998-2) 18.

56) (社)自動車技術会 次世代トライボロジー特設委員会編:自動車のトライボロジー, 養賢堂 (1994) 222-226.

57) 佐藤 佐・御幡 洋:等速ジョイントの振動問題とグリースについて, NTN Technical Review, **54** (1988) 49.

58) K. Hatakeyama : Lubricating Grease for a Plunging Type Constant Velocity Joint in Japan, NLGI Spokesman, **56**, 6 (1992) 14.

59) 岡庭隆志:グリースの最近の動向, メインテナンス (2002) 76.

60) F. Gareth & E. Jisheng : The Effect of Friction Modifier Additives on CVJ Grease Performance, NLGI Spokesman, **66**, 7 (2002) 22.

61) L.D. Cobb : Lub. Eng., **9** (1952) 140.

62) 鈴木利郎:転がり軸受内のグリースの潤滑挙動, 潤滑, **19**, 4 (1974) 252.

63) 倉石 淳・伊藤裕之・中 道治:内輪回転玉軸受中のウレアグリースの挙動, 日本トライボロジー学会トライボロジー会議予稿集 (1994-4) 13.

64) 宮島裕俊・伊藤裕之・中 道治:密封玉軸受の焼付き寿命に及ぼすグリース量の影響, 日本トライボロジー学会トライボロジー会議予稿集 (2001-5) 227.

65) 上野 弘・梶原一寿:実験検証シリーズ第1回, KOYO Eng. J. (1996) 55.

66) 日比野澄子・細谷哲也・曽根康友・中村和夫・鈴木政治:誘導電動機のころがり軸受におけるグリースの潤滑挙動, 鉄道総研報告, **15**, 7 (2001) 29.

67) M. Kaneta, T. Ogata, Y. Takubo & M. Naka : Effects of a Thickener Structure on Grease Elastohydrodynamic Lubrication Films, Proc. Instn. Mech. Engrs., 214, Part J (2000) 327.

68) 小松﨑茂樹・上松豊翁・伊藤 廉:グリースの流動性と軸受の摩擦トルク, 潤滑, **19**, 4 (1974) 285.

69) M. Minemoto, H. Kinoshita : Use of Urea Grease in High Temperature Industrial Service, NLGI Spokesman, **45** (1981) 88.

70) H. Kinoshita, H. Uemura & M. Sekiya : Mechanism of Plugging in a Centralized Grease Lubrication System, NLGI Spokesman, **48** (1984) 14.

71) A.E. Baker : NLGI Spokesman, **22** (1958) 271.

72) 鈴木八十吉:原子吸光法による使用リチウムグリース中のセッケン分および摩耗金属分の定量, 潤滑, **14**, 9 (1969) 479.

73) 鈴木利郎・稲葉達弥:グリース寿命の評価法, 日本潤滑学会第14期秋季研究発表会前刷 (1969) 6-1.
74) M. Naka, H. Ito, Koizumi & Y. Sugimori : Effects of Urea Grease Composition on the Seizure of Ball Bearings, Tribology Transactions, **41**, 3 (1998) 387.
75) 鈴木淳史・熊井俊哉・小田島大吾・杉本敏文・高橋一嘉・川田牧子・永尾栄一・望月哲夫:極微量グリースの油分率測定, 平成15年電気学会全国大会 (2003) 362.
76) 星野道男:グリースのパーミアビリティ, 潤滑, **19**, 4 (1974) 278.
77) 有馬隆博:製鉄設備用グリースの技術動向, 月刊トライボロジー (2002) 48.
78) 細谷哲也・鈴木政治・中村和夫・曽根康友:在来線車両用高性能車軸軸受グリースの開発, 鉄道総研報告 (2000) 25.
79) G.D. Hussey : Alteration of Grease Characteristics with New Generation Polymers, NLGI Spokesman, **51** (1987) 175.
80) C.F. Kernizan, P.R. Todd & M.E. Bartlett : Future Direction, Evaluation of Greases Formulated with Functionalized Polymers, NLGI Spokesman, **66** (2002) 8.

第5章 グリースの劣化と潤滑寿命

5.1 グリースの劣化過程

5.1.1 グリースの劣化メカニズム

　グリースは使用中に少しずつ変化して，やがて当初の物性や性能を示さなくなる．この変化のうちで好ましくないものを劣化という．劣化に伴う実用上の問題点は成書[1,2]によくまとめられているので，ここでは極力重複を避けて劣化メカニズムを考える．

　化学変化とは，「原子の組換えを伴って起こる変化」と定義される．すなわち，原子と原子を結ぶ化学結合が変化する過程であり，化学結合に関与する電子が移動する．潤滑剤分子の反応では大半が共有結合の変化であり，これに要するエネルギーは約数百 kJ/mol である．物質の状態変化などの物理変化では分子間に働く相互作用が変化する．この場合の分子間力の例は van der Waals 力と水素結合力で，このエネルギーはせいぜい数〜数十 kJ/mol と化学結合のエネルギーよりも低い．

　グリースの劣化メカニズムを考える際に物理的因子と化学的因子とに分けることが多い．ここではグリースの劣化をマクロの視点で見渡した上で，さらに個々の因子について掘り下げて考えてみた．これを「グリース劣化の起承転結」としてまとめると図5.1のようになる．なお図には代表的な項目のみを挙げ，網羅的な記述を避けた．

　化学的であれ物理的であれ変化が起こるためにはそのエネルギー源が必要である．ここで重要なことはエネルギーの量であってその起源ではない．すなわち，物理的原因であっても化学変化を起こすために十分なエネルギーを供給するならば化学変化の駆動力となる．例えば，機械的せん断によって基油や増ちょう剤分子が分解する反応がある．これは炭素－炭素結合が切断して原子が組み変わる化学反応であるから，物理的な原因で化学変化が起こっている例の一つである．

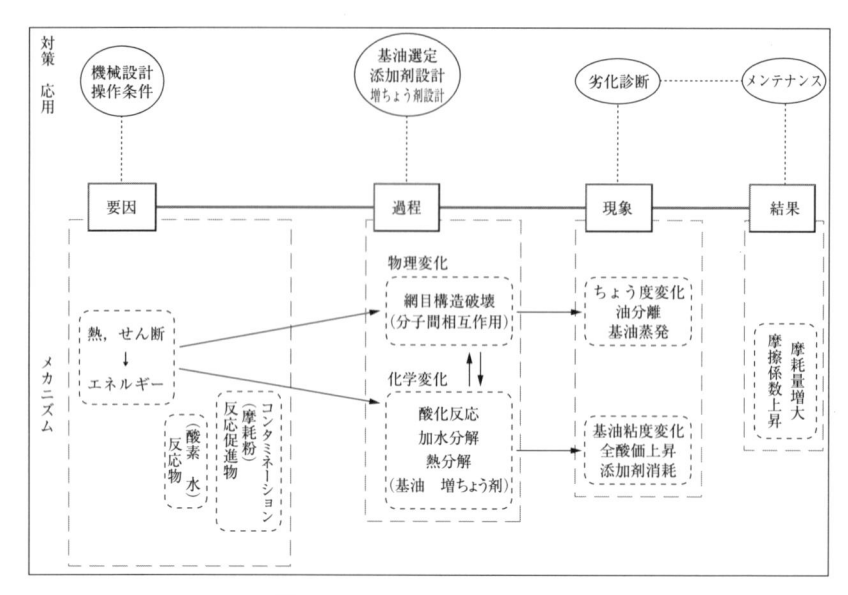

図5.1 グリース劣化の起承転結

劣化の要因の例としてエネルギー，反応物，反応促進物があり，劣化メカニズムに対するそれぞれの役割は異なる．それぞれの起源は実用上大切である．例えば，エネルギー供給源としての熱を制御するためには機械設計や操作条件を工夫することが必要である．

潤滑剤分子が劣化してトライボロジー特性が変わると新たな要因を生じる．例えば，劣化に伴って摩擦低減能が低下すると摩擦熱が発生してより多くのエネルギーを系に供給することになる．これはすなわち新たな変化の要因となる．「結」が新たな「起」につながることが潤滑剤の劣化を複雑にしている．そのために劣化の厳密解を求めることは非常に困難である．複雑な素過程が平行して進行する系では厳密解を求めることは難しいので代表値として現象を把握し対処することが現実的である．

自動酸化反応はグリースの化学変化の重要な位置を占める．化学変化は適切な分析装置を用いて追跡できる．一例として図5.2に自動酸化反応における過酸化物価，全酸価，基油粘度の経時変化をモデル的に示した．これら3項目の経時変化に見られる特徴的なタイムラグは潤滑剤のメンテナンスを行う際に有

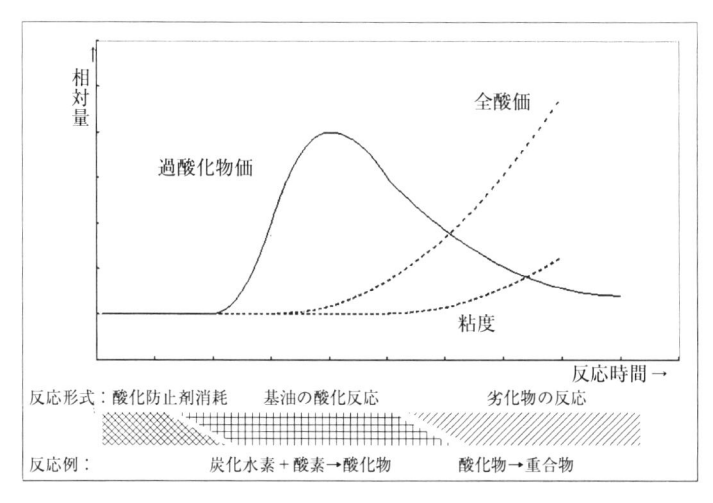

図 5.2　グリースの化学反応と劣化進行度

益な情報である．図 5.2 が示唆する重要な点は酸化反応の初期過程では高感度の分析方法を用いても何の組成変化も観察されないことである．しかし実際には，系内に添加された酸化防止剤は少しずつ化学変化している．したがって化学変化が起こっていないようにみえる初期段階でも酸化防止剤は徐々に消耗している[3]．やがて酸化防止剤が消耗すると基油や増ちょう剤分子の炭化水素基が酸化される．

一般に炭化水素の自動酸化反応では，過酸化物を経由して有機酸化物が生成する[4]．すなわち，自動酸化反応が始まるとまず過酸化物価が上昇し，この値の減少とともに全酸価が上昇する．ここで全酸価の上昇で検知される有機酸化物が系内に蓄積すると摩擦材料の腐食を促進することや基油の物性に影響を及ぼすことがある．さらにこの酸化物同士が重縮合を起こして高分子化合物を生じ，それが系内に蓄積すると粘度増加として検知できるようになる．

グリースの劣化とその対処に向けては，グリースが降伏値をもつ非ニュートン流体という認識が重要である．例えば，軸受に封入したグリースの劣化は転走面の近傍とシール付近とでは異なることがしばしば見られる．すなわち実用上は劣化の過程とともに現象の把握が重要である．

5.1.2 劣化現象とその要因

グリース潤滑においてグリースの劣化は潤滑不良を引き起こし,例えば軸受の振動・異常音などの発生から遂には軸受寿命に至るような,機械・機器の大きなトラブルの原因となることが多い.このグリースの劣化には種々の要因があり,図5.3に示すように主に三つに大別される[1].すなわち ① 基油や増ちょう剤の酸化や熱分解によって起こる化学的要因,② 機械的せん断によるセッケン繊維(ミセル)の網目構造の破壊,熱および遠心力による油分離,熱や真空による油分の蒸発などで起こる物理的要因,そして ③ グリース潤滑中の摩耗粉の発生(内部要因)や外部からグリース中への塵埃や水の混入(外部要因)などの異物の混入によって起こる要因があり,いずれもグリースの潤滑寿命に関わる重要な劣化要因である.実際にはこれら要因によるグリースの劣化は,複雑に関連し合って進行し,グリースの固化や軟化・漏洩を生じ,最終的には潤滑不良による焼付き,異常摩耗,表面損傷などに至る.また一般に使用中に現れるグリースの劣化現象には,色相の変化(茶褐色化や黒色化など),ちょう度や滴点の変化などがあり,グリースの補給や交換の目安の一つになる.

(1) 化学的要因

グリースの熱分解による劣化や酸化劣化はグリースの潤滑性能を低下させる主原因となることが多いので,グリース潤滑において非常に重要な現象の一つである.グリースを高温の大気中に長期間貯蔵したり,高温で使用すると,基油は熱分解や酸化を受け,有機酸やアルデヒドなどの酸化生成物,低分子量や高分子量の生成物,スラッジなどが生成される.これが原因で基油の蒸発による減量や粘度の増大が起こり,グリースの硬化や不快臭の発生,または金属しゅう動部の腐食などが引き起こされる.またこれらの酸化生成物の影響や増ちょう剤の酸化により,網目構造は変化もしくは破壊され,グリースの軟化や漏洩が起こったり,逆に硬化現象が起こる場合もある.

基油の酸化劣化は,例えば炭化水素(鉱油)はフリーラジカル連鎖反応で進行し,熱,光,金属表面(摩擦による新生面や金属イオン)の触媒作用などによって促進される[5].例えば芳香族炭化水素は酸素や水の存在下で金属新生面から電子放射を受けて,過酸化物,脂肪酸,高分子量物質などを生成するという

5.1 グリースの劣化過程　95

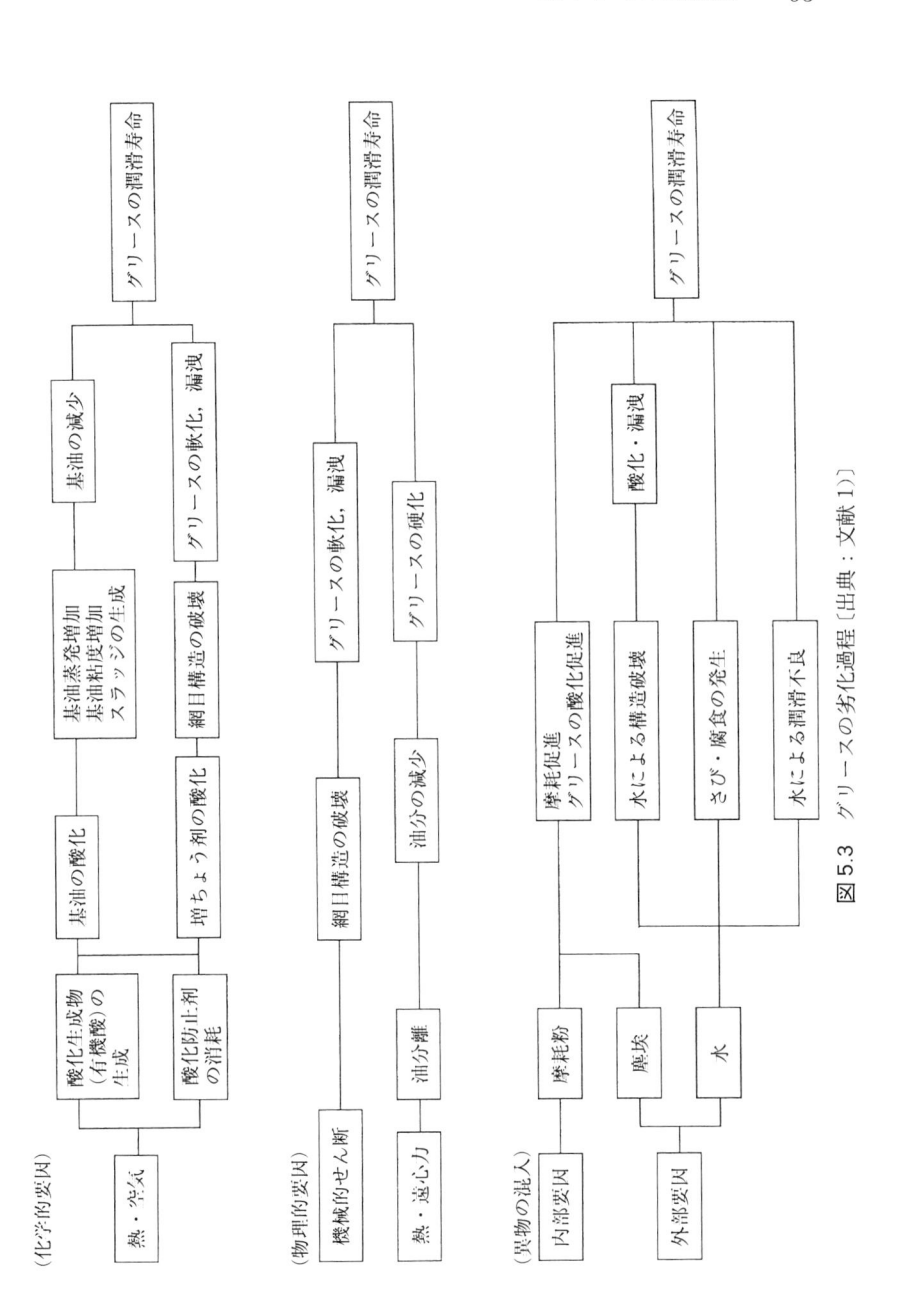

(化学的要因)

熱・空気 → 酸化生成物（有機酸）の生成 → 基油の酸化 → 基油蒸発増加 基油粘度増加 スラッジの生成 → 基油の減少 → グリースの潤滑寿命

熱・空気 → 酸化防止剤の消耗 → 増ちょう剤の酸化 → 網目構造の破壊 → グリースの軟化, 漏洩 → グリースの潤滑寿命

(物理的要因)

機械的せん断 → 網目構造の破壊 → グリースの軟化, 漏洩 → グリースの潤滑寿命

熱・遠心力 → 油分離 → 油分の減少 → グリースの硬化 → グリースの潤滑寿命

(異物の混入)

内部要因 → 摩耗粉 → 摩耗促進 グリースの酸化促進 → 酸化, 漏洩 → グリースの潤滑寿命

摩耗粉 → 水による構造破壊 → 酸化, 漏洩 → グリースの潤滑寿命

外部要因 → 水 → さび・腐食の発生 → 水による潤滑不良 → グリースの潤滑寿命

図 5.3　グリースの劣化過程〔出典：文献 1〕

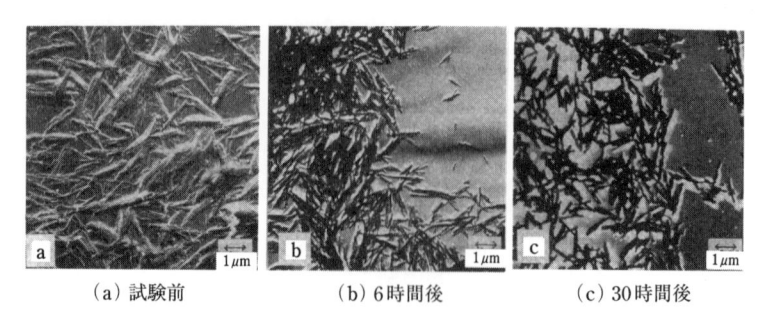

(a) 試験前　　　　(b) 6時間後　　　　(c) 30時間後

図 5.4　グリース酸化試験前後のセッケン繊維の SEM 写真〔出典：文献 8)〕
(リチウムセッケングリース，試験温度：95℃，空気中)

報告がある[6]．その他，添加剤を含めて潤滑剤と摩擦面間では種々のトライボ化学反応が起こり，これらの反応よる生成物が潤滑性を向上させたり，反対に潤滑性を低下させ摩耗を促進させている[7]．

　高温環境下では酸化劣化により，グリース中のセッケン繊維の L/D（ミセルの長さ/径）比は時間の経過と共に減少し，遂には繊維状態を維持できなくなる．図 5.4 の SEM 写真のように，炭化水素基油のリチウムセッケングリースを大気中で 95℃の雰囲気中に置くと，時間の経過とともにセッケン繊維が変化し，L/D の減少が起こっている[8]．この現象は合成系基油グリースやウレアグリースでも確認されている[9]．この現象は機械的せん断を受けるとより顕著になる．

　セッケングリースは温度上昇とともに相転移を示し，例えば，リチウムセッケングリースでは三つの相転移を示すことが示差熱分析などから確認されている[10,11]．ただし，劣化とともに吸熱ピークは減少し，寿命時には相転移は明確には表れない．温度 100℃の軸受寿命試験におけるリチウムセッケングリースの相転移温度の変化を示差熱分析で調べた結果を図 5.5 に示す[12]．

　このような化学的劣化は，5.1.3 に述べる赤外分光分析によっても確認される．リチウムセッケングリースの軸受寿命試験前後の赤外線吸収スペクトルを図 5.6 に示す[13]．新油では観察されない 1710 cm^{-1} 付近の吸収は，基油が分解して生じる酸化物に含まれる C＝O 結合に由来する．この吸収が次第に強くなっているので酸化物が増加している状況を示している．この方法は測定に要

する試料の量が約 0.01 g と少量でよいこと，分析所要時間が短いなど極めて能率的である．なお，赤外分光分析法が全てのグリースに適応できるわけではない．例えば，エステル系グリースでは新油が 1740 cm^{-1} 付近に大きな吸収を示すので劣化による酸化物の検出は困難である．一方，最近よく使われているウレアグリースの場合は，増ちょう剤の N-H 結合の伸縮運動に由来する 3300 cm^{-1} 付近の吸収や C=O 結合の伸縮運動に由来する 1625 cm^{-1} 付近の吸収および C-N-H 結合の変角振動に由来する 1570 cm^{-1} 付近の吸収の減少や変化により増ちょう剤の分解の状況を確認することができる．

　酸化劣化を抑制し，潤滑寿命を延長するために，潤滑油と同様にグリースにも酸化防止剤が添加されている．酸化防止剤の枯渇は急激なグリースの酸化劣化を起こす．

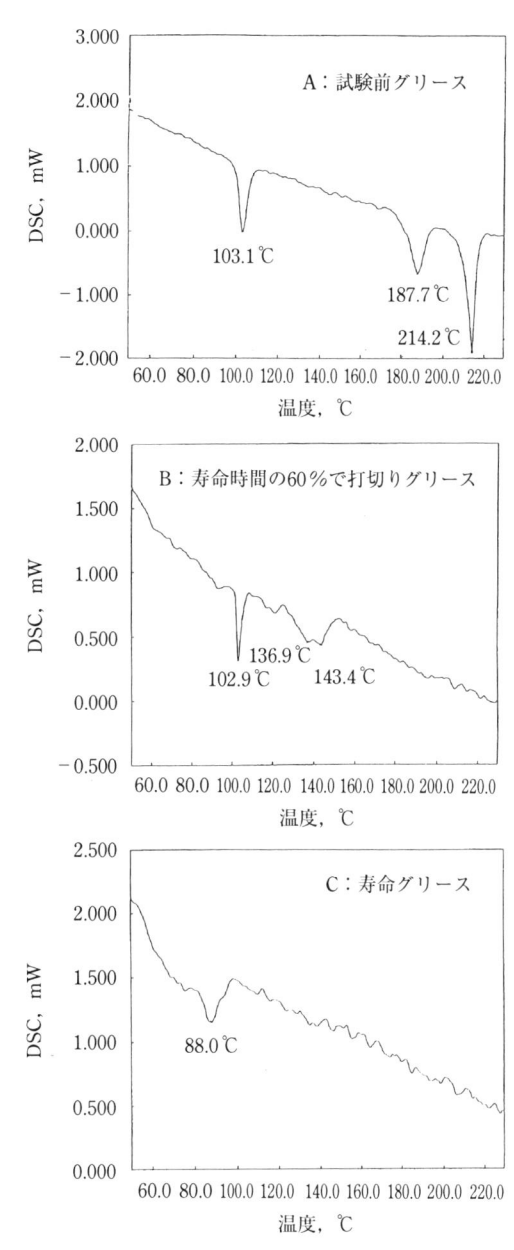

図 5.5　示差熱分析によるリチウムセッケングリース劣化調査〔出典：文献 12）〕

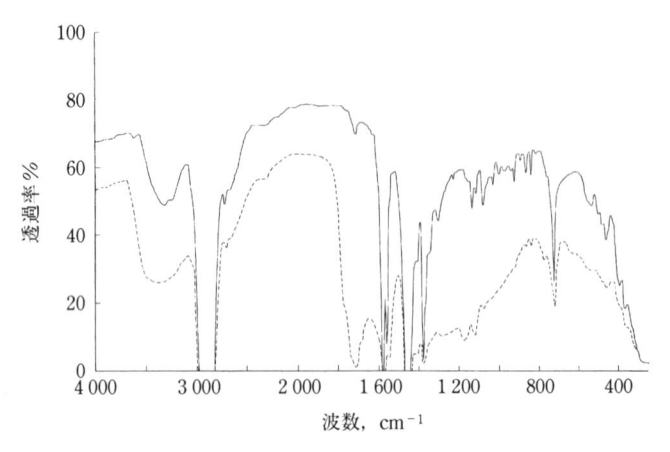

図 5.6　リチウムセッケングリースの赤外分光分析による劣化調査〔出典：文献 13〕〕
　　　　（膜厚：0.05 mm，実線：試験前，破線：試験後）

（2）物理的要因

　グリースは，温度上昇や遠心力などの外的影響を受けると，網目構造の緩みや収縮が起こり，網目構造間に保持されていた油が外部に流出または押し出されて油の分離が起こる．この油分離の程度は，基本的には増ちょう剤分子間の凝集力および増ちょう剤分子と基油間の親和力のバランスに影響され，基油と増ちょう剤の種類と組合せ，増ちょう剤が形成する繊維の大きさや L/D 比，網目構造の緻密さなどによって左右される．一方，グリースが高温で長時間使用されたり，真空下で使用されるとき油分の蒸発が起こる．これらの油分離や油分の蒸発のいずれもがグリース中の油分の減少をきたし，グリースの硬化現象，潤滑不良を招く．

　一方，機械的せん断によりセッケン繊維の切断，網目構造の破壊を生じ，グリースは軟化，流出する．軸受などのグリース潤滑においては，グリースは常に機械的せん断を受けており，長時間安定した潤滑作用を保つためには，グリース中のセッケン繊維が使用前の状態（形状や L/D など）を維持することが重要である．

(3) 異物の混入

グリース中への異物の混入で避けられないものとして摩耗粉の発生がある．金属の摩耗粉または金属が摩耗する場合に生ずる活性な新生面はグリースの酸化劣化を促進する触媒として作用することが多い．また摩耗粉自身がアブレシブに作用して摩耗を促進することもある．

また外部から混入する異物として塵埃や水分がある．硬い砂や塵埃などの無機物質の混入はグリース劣化の直接の原因にはならないが，異常摩耗を発生させ，この生成摩耗粉が酸化劣化の要因となる．グリース中への水分の混入はせん断安定性を低下させたり，金属のさびや腐食の原因となる．また水分は基油や添加剤の加水分解反応を起こして，グリース性能を低下させることもある．

5.1.3 劣化と機器分析

近年，機器分析の進歩が著しい．ここでは，機器分析のうち，汎用性が高い赤外分光光度計（IR：Infrared Spectrometer）[14] および蛍光X線分析装置（Fluorescent X-ray Analyzer）[15] により得られる情報について解説した後，機器分析による使用グリースの評価法について記す．

(1) IRと蛍光X線分析装置

IRを用いると増ちょう剤や基油の種類を容易に判定することができる．測定は，少量のグリースを直接2枚の窓材（通常はKBr板）に挟んで薄膜として測定する薄膜法が簡便である．IRスペクトルの例を図5.7 (a)～(c)に示す．

図5.7 (a)は，リチウムセッケンを増ちょう剤とする一般的なグリースで，1580 cm^{-1} および1550 cm^{-1} 付近の2本の吸収が特徴である．このうち，一方の吸収は金属の種類によってシフトし，カルシウムセッケンの場合は，1580 cm^{-1} および1530 cm^{-1} 付近となる．図5.7 (b)は，ウレア系増ちょう剤のグリースで，3300 cm^{-1} および1500～1700 cm^{-1} の数本の吸収が特徴である．

図5.7 (c)は，リチウムセッケングリースであるが，基油がエステル化合物であり，1740 cm^{-1} 付近のエステル基の強い吸収が特徴である．一方，原油から製造した石油（鉱油）系基油の場合，成分が炭化水素のため，2900 cm^{-1} や1450 cm^{-1} 付近などの吸収だけであり，図5.7 (a)と(c)との比較でわかるように基油に由来する吸収は単純である．

蛍光X線分析装置はIRに次いでグリースにとって有用な分析機器である。卓上型のエネルギー分散型（EDX：Energy Dispersive X-ray）装置でも，少量のグリースをポリプロピレン製のフィルムに挟んで測定することで，含まれる金属元素を判定することができる．例えば，カルシウムセッケングリースの場合，Caを検出できる．また，鉱物系のタルク（滑石）やベントン（ベントナイト）を増ちょう剤とする場合には，それぞれの主要な構成元素であるSiおよびAlなどを検出できる．添加剤として二硫化モリブデンを含む場合にはMoやSを検出できる．ただし，残念ながら汎用型の装置では，LiやC，O，Na，Mgなどの軽元素は検出されにくい．

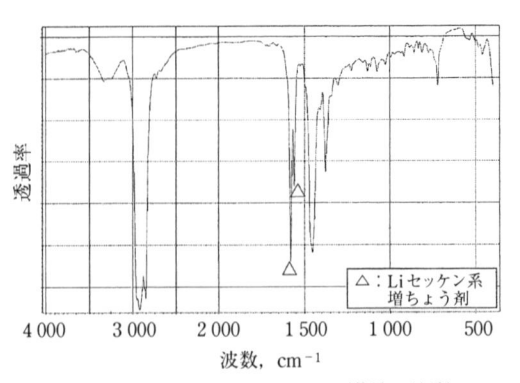

(a) リチウムセッケングリース（基油：鉱油）

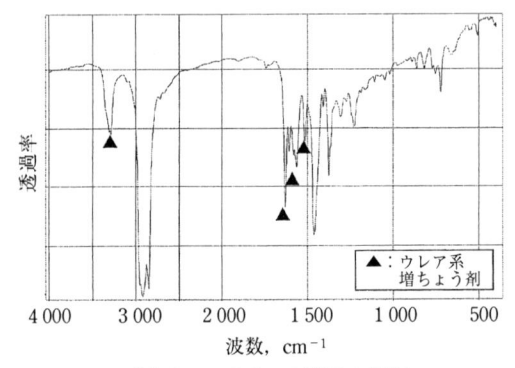

(b) ウレアグリース（基油：鉱油）

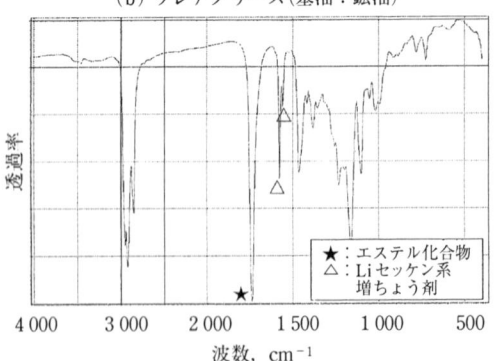

(c) リチウムセッケングリース（基油：エステル）

図5.7　グリースのIRスペクトル（薄膜法）

(2) 使用グリースの評価法

使用グリースの評価項目は,成書などでも紹介されている[16〜18]が,ここでは,機器分析を中心とした主な評価項目を表5.1に示す.これらの機器分析は公定法になっているものが少ないため,以下に測定の概要と注意事項を記す.

(a) 網目構造

機械的せん断や酸化による増ちょう剤のL/Dの変化は,古くから透過型電子顕微鏡(TEM:Transmission Electron Microscope)や走査型電子顕微鏡(SEM:Scanning Electron Microscope)によって観察されてきた[19].これらを観察する場合には,対象となる増ちょう剤のグリースからの取り出し方がポイントになる.

TEM観察では,小型のシャーレに1〜2 mlの溶剤を入れておき,耳かき1杯分のグリースを溶解させる.溶け残った増ちょう剤を分散させ,コロジオン膜を貼ったマイクロメッシュで増ちょう剤をすくい取る.これを一晩放置して,溶剤を十分に乾燥させ,観察用試料とする.溶剤は,グリースの種類に適した

表5.1 性状変化評価のための主な分析項目

性状変化	使用機器	方法,得られる情報
網目構造	透過電子顕微鏡(TEM), 走査電子顕微鏡(SEM), 低真空走査電子顕微鏡(LVSEM)	増ちょう剤のL/Dの観察
増ちょう剤残存量	パルス核磁気共鳴装置(パルスNMR)	固形分中の水素比率
酸化劣化	赤外分光光度計(IR)	カルボン酸量(1710 cm^{-1}の吸収強度より)
添加剤残存量	赤外分光光度計(IR), ガスクロマトグラフ(GC), 高速液体クロマトグラフ(HPLC)	元試料との比較
相転移	示差走査熱量装置(DSC)	相転移の温度,熱量
異物混入(混入量)	誘導結合高周波プラズマ(ICP)発光分析装置,原子吸光分光計(AA)	混入物の元素分析
異物混入 (砂,塵埃,摩耗粉)	電子プローブマイクロアナライザ(EPMA), エネルギー分散型蛍光X線付走査電子顕微鏡(SEM/EDX)	形態観察と元素定性
異物混入(水分)	カールフィッシャー法	JIS K2275の4および5

(a) 新グリース　　　　(b) 劣化グリース

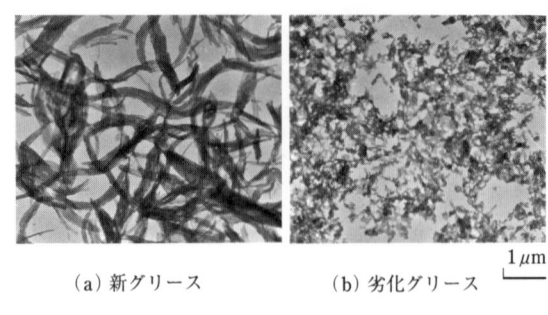

図5.8　リチウムセッケングリース増ちょう剤のTEM像

ものを使用する必要があり，通常，ヘキサンを使用するが，増ちょう剤の分散や油分の抜けが悪い場合は，トルエン，シクロヘキサン，リグロインなどを使用する場合もある．リチウムグリースの増ちょう剤のTEM観察例を図5.8に示す．劣化によりL/Dが減少する様子が明瞭に観察されている．観察倍率は5,000倍程度の比較的低倍率で十分である．汎用型TEMの加速電圧は100 kV程度で十分であるが，加速電圧が高いほど電子線の透過能が向上するため，200 kV以上のTEMを用いれば，十分に分散していない増ちょう剤でも明瞭に観察できる．分散させるための溶媒を検討する必要がなく便利である．

　SEMによる観察では，ヘキサン等の溶媒によって油分を除き，乾燥させた増ちょう剤に金やカーボンなどをコーティングして導電性をもたせた後に観察する．したがって，L/Dは観察できるが，細部が覆われているため，TEMに比べると微細構造を観察することはできない．なお，最近では低真空SEM（LVSEM：Low Vacuum SEM）によりコーティングせずに増ちょう剤を観察した例が報告されている[20]．本法によれば，増ちょう剤の表面もありのままに近い状態で観察できる．このLVSEMは，環境走査型電子顕微鏡（ESEM：Environmental SEM）と呼ばれることもある．

（b）増ちょう剤残存量

　劣化により油分の抜けたグリースの増ちょう剤残存量は，グリースからヘキサン等の溶媒を用いて溶解，遠心分離を数回繰り返し，油分を除去し，残分を乾燥，秤量することで求められる．最近では，核磁気共鳴装置（NMR：Nuclear Magnetic Resonance）の一種であるパルスNMRを用いてグリース中の水素を

測定し，全水素中の固形分に由来する水素比率から増ちょう剤量を推定する手法も提案されている[21]．この方法は，測定が簡便で，使用グリースの管理に利用できる可能性がある．

(c) 酸化劣化

全酸価は電位差滴定法（JIS K 2501）で求められる．ただし，試料をトルエン，2-プロパノールおよび少量の水を含む滴定溶剤に溶かすため，あらかじめ，ヘキサンなどの溶剤で油分を抽出しておく必要がある．

基油の酸化や増ちょう剤として使われるセッケンの分解によって生成するカルボン酸の量は，IRによって求められる．本分析法は，鉄研法として知られている[22]．鉄研法では，グリースを0.1 mm厚さ程度のスペーサとともに，2枚の窓剤（通常はKBr板）の間に挟んで直接測定し，1710 cm^{-1} の吸収強度からカルボン酸量をオレイン酸量に換算して求める．本法は簡便であるが，検出感度が低いため，オレイン酸換算で1.5％以上と劣化が進んだ試料が対象となる．

これに対して，グリースからヘキサンやクロロホルムによって基油だけを抽出し，0.5 mm程度のIR用固定セルを用いれば，鉄研法に比べ，操作は若干煩雑になるものの，オレイン酸換算で0.5％程度までの測定が可能となる．

(d) 添加剤残存率

酸化劣化の測定と同様に，IRを用いて添加剤の特性吸収を新グリースと比較することで分析できる場合が多い．2枚の窓剤の間にスペーサとともにグリースを挟んで直接測定することもできるが，ヘキサンやクロロホルムによって基油を抽出し，油溶性のものは可溶分を，固形分は不溶分を分析する方が，妨害が少なくてよい．可溶分については，ガスクロマトグラフ（GC : Gas Chromatograph）や高速液体クロマトグラフ（HPLC : High Performance Liquid Chromatograph）による分析も効果的である．

(e) 相転移

熱変化は示差走査熱量装置（DSC : Differential Scanning Calorimeter）で測定できる[23]．数十mgの試料で相転移の温度や熱量などが得られ，熱安定性の評価に有効である[24]．

(f) 混入異物

混入した金属粉の量は，試料を燃焼，灰化させた後，塩酸などの酸で溶解し

て水溶液にして誘導結合高周波プラズマ（ICP：Inductively Coupled Plasma）発光分析装置や原子吸光分光計によって測定する．灰化の方法は，灰分試験方法（JIS K 2220の14）を参考にするとよい．ICPは多元素を同時に測定できるので，1元素ずつしか測定できない原子吸光分析より便利である．

砂，塵埃，摩耗粉などは，電子プローブマイクロアナライザ（EPMA：Electron Probe Microanalyzer）やエネルギー分散型X線検出器付走査電子顕微鏡（SEM/EDX：Scanning Electron Microscope/Energy Dispersive X-ray Detector）で分析する．EPMAやSEM/EDXでは，グリースからヘキサンやクロロホルムによって基油を溶出させ，残分を分析すればよい．異物の形状だけでなく，元素の定性分析機能を用いることで元素組成が把握できるため，混入経路の推定に役立つ．

水分量はJISでは蒸留法（JIS K 2275の3）が規定されているが，カールフィッシャー法JIS K 2275の4および5）により，グリースを直接分析しても求められる．

5.2　グリースの潤滑寿命

転がり軸受の寿命には，軸受材料の疲れによる転がり疲労寿命，潤滑グリースの劣化による潤滑寿命（グリース寿命），および摩耗や音響劣化による機能寿命がある．グリースが密封されて使用される転がり軸受においては，特にグリース寿命が重要となる．グリース寿命とは，焼付きにより，軸受が使用できなくなる状態をいう．

5.2.1　グリース寿命に及ぼす諸要因

グリース寿命は，軸受の運転条件，環境・雰囲気，グリースの組成・性状などに大きく左右される．転がり軸受におけるグリース寿命とその要因に関する研究報告が多く見られる[25]．

（1）運転条件

運転条件としては，温度，回転速度，負荷荷重（振動・衝撃荷重の有無など）が影響するが，中でも温度の影響が最も大きく，おおよそ10～20℃の温度上昇でグリース寿命が半減する．温度すなわち熱により，増ちょう剤と基油の酸化

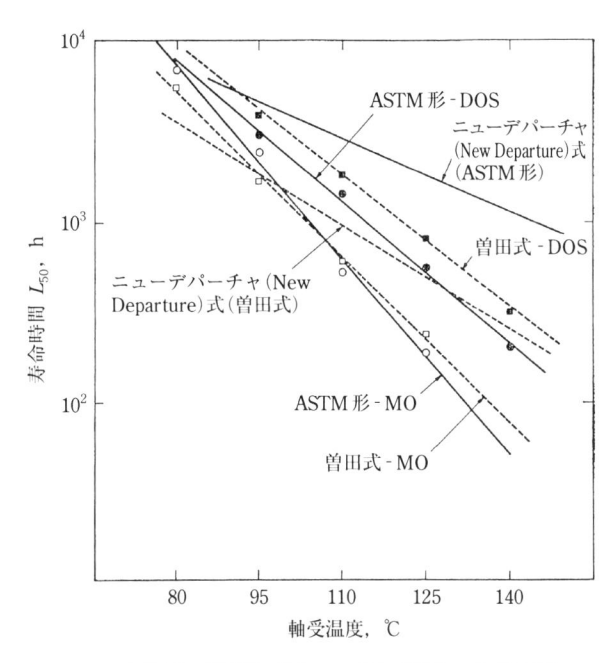

図 5.9 温度とグリース寿命〔出典：文献 26)〕
(MO：鉱油/リチウムセッケングリース，DOS：ジエステル/リチウムセッケングリース)

が起こる．酸化により，増ちょう剤の網目構造の破壊によるグリースの漏洩および基油の蒸発や分解が起こり，グリース寿命に至る．温度と寿命との関係の一例を図 5.9 に示す[26)]．寿命試験は，後出の旧 ASTM D 1741 試験機（図 5.11）と曽田式試験機（図 5.13）を用いて行われた．

（2）環境・雰囲気

環境，雰囲気（塵埃などの混入異物，オゾン，NO_x，腐食性ガス，湿度）もグリース寿命に影響

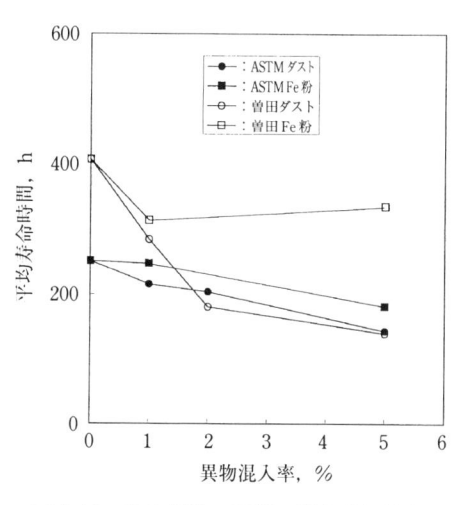

図 5.10 混入異物の種類，混入率とグリース寿命〔出典：文献 27)〕

表 5.2 酸化防止剤と増ちょう剤のグリース寿命への影響〔出典：文献 32）〕

寿命, h

増ちょう剤	ASTM 形試験機			曽田式試験機		
	酸化防止剤の濃度		平均**	酸化防止剤の濃度		平均**
	0 %	0.5 mass %		0 %	0.5 mass %	
ステアリン酸リチウム	91	510	300	165	339	254
12-ヒドロキシステアリン酸リチウム	113	157	135	135	218	176
平　均*	102	333		150	280	

* 酸化防止剤の各含有率での平均値（$n = 40 \sim 42$）
** 増ちょう剤の種類ごとの平均値（$n = 40 \sim 42$）
上記のほかは $n = 20$ または 21 の平均値

する．これらの環境がグリースの酸化，劣化を促進させ，グリース寿命に至る．混入異物の種類，混入率とグリース寿命との関係を図 5.10 に示す[27]．鉱油-リチウムセッケングリースに，ダストと鉄粉をそれぞれ所定量混合し，旧 ASTM D 1741 と曽田式試験機を用いて寿命試験が実施された．異物混入率の増加に伴って，寿命時間は低下する傾向にあるが，その程度は試験条件により異なる．オゾン，NO_x などのガス中では，グリースの酸化が促進される．また高湿度環境下では，グリースの軟化や流出を生じやすい．

（3）グリース組成・性状

　グリースは，基油，増ちょう剤，添加剤から構成され，その組成と製造方法により性状，物性が異なるため，グリース寿命に影響を及ぼす．基油の種類と粘度[28〜30]，増ちょう剤の種類と含有量[31,32]，添加剤の種類と添加量[33]がグリース寿命に及ぼす影響について報告されている．ちょう度，せん断安定性，熱安定性，酸化安定性，離油特性，流動特性が主にグリース寿命に影響を及ぼす．また，適用する転がり軸受の形式やグリース封入量の影響も大きい．グリースの劣化は，酸化防止剤の消耗後に生じる増ちょう剤や基油の酸化から起こることが多い．酸化防止剤と増ちょう剤のグリース寿命への影響の一例を表 5.2 に示す[32]．

5.2 グリースの潤滑寿命　107

表5.3 転がり軸受を用いたグリースの潤滑寿命試験方法

タイプ	テスト軸受	回転速度, min^{-1}	荷重, N ラジアル	荷重, N アキシアル	軸受温度, ℃	持続期間, h	評価基準	装置図
旧 ASTM D 1741 (ASTM 形試験機)*	6306	3500 rpm 20 h on, 4 h off	25 lb	40 lb	125	破損まで	モーターの停止 (運転中, 起動時) 10℃以上上昇 10分以上の騒音増大	図5.11
ASTM D 3336-97 (Reapproved 2002) (曽田式試験機)**	6204	10,000 20 h on, 4 h off	5 lb	5 lb	121～204	破損まで	トルクオーバー 温度上昇	図5.12 図5.13
IP 168/79	6308	1200 to 10,000	1334	—	<177	500	軸受温度, グリースの分布と状態	図5.14
旧 DIN 51806 SKF R2F	22312 M.C4	2500, 3500	8510	—	<150	480	軸受の状態	図5.15
DIN 51819 FAG FE8	7312, 31312 A, 29412 B	7.5, 75, 750, 1500	—	80,000, 50,000, 20,000, 10,000, 5000	<250	500 または 破損まで	トルク増加, 温度 運転時間, 軸受, グリースの状態 軸受の摩耗	図5.16
DIN 51821 FAG FE9	7206	3000, 6000	—	1500, 3000, 4500	<250	破損まで	運転時間	図5.17

注) *, **：日本トライボロジー学会グリース研究会では, 規格番号でなく ASTM 形試験機や曽田式試験機と示す.

5.2.2 グリース寿命の試験法

グリース寿命は，軸受を用いた寿命試験で評価される．グリースの寿命試験方法については，ASTM (American Society for Testing and Materials) 等で規格化されており，試験軸受や試験条件，評価基準例を表5.3に示す[34〜37]．日本や米国ではASTM形試験機が多く使用されている．一方，欧州ではIP 168，旧DIN 51806 (R2F)，DIN 51819 (FAG FE8)[36]，DIN 51821 (FAG FE9)[37]に定められた試験機が多く使用されている．また，グリースメーカーや軸受メーカーが独自の試験機と基準で評価することも多い．

基本的なグリース寿命試験は，軸受に試料とするグリースを充てんし，一定の温度条件下で，規定の荷重をかけて運転し，寿命までの時間を求める．寿命の判定基準としては，温度上昇，トルク増大，回転不能などが挙げられ，その基準値は各規格により異なる．

試験用軸受としては，内径20〜40 mm程度の深溝玉軸受，アンギュラ玉軸受などが使用されることが多い．以下に，ASTMなどで規格化された試験機を紹介する．

（1） ASTM形試験機（旧 ASTM D 1741）

試験機の概要を図5.11に示す[33]．この試験機は，汎用モータの軸受をシミュレートしたものであり，内部に取り付けられたシーズヒータにより軸受外輪

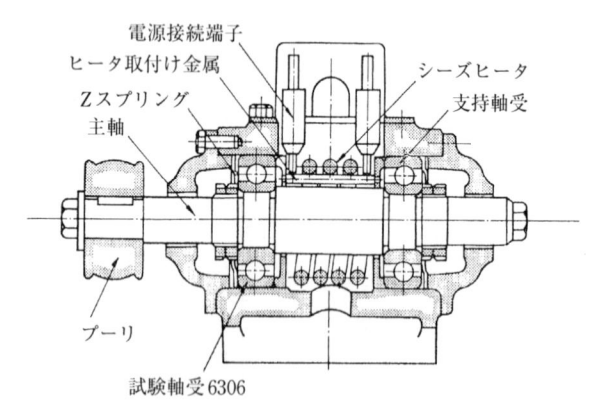

図5.11 旧ASTM形D 1741グリース寿命試験機〔出典：文献33〕

温度が一定になるように自動温度調節される構造になっている．試験軸受は深溝玉軸受 6306 が用いられる．ラジアル荷重は，プーリベルトを介してモータの自重により負荷され，アキシアル荷重はスプリングを介して軸受側のふたで押し与えられる．

（２） ASTM D 3336 試験機，曽田式試験機

ASTM D 3336 試験機の概要を図 5.12[35)] に，曽田式試験機の概要を図 5.13[33)] に示す．高温雰囲気下のグリース寿命評価を目的としており，軸受外輪温度を検出し，空気恒温槽の温度を自動調節する構造になっている．試験軸受は深溝

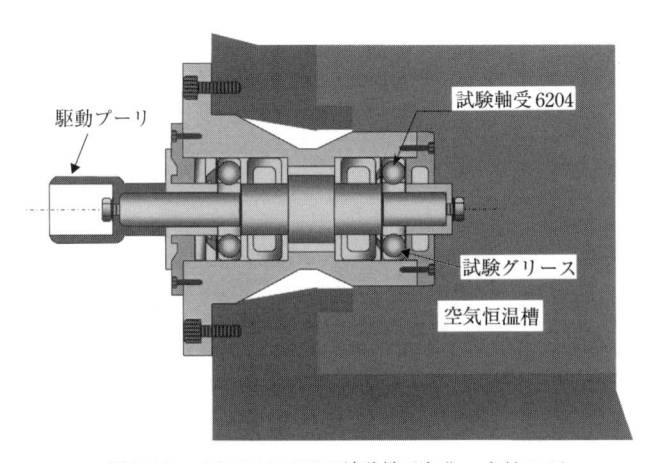

図 5.12　ASTM D 3336 試験機〔出典：文献 35)〕

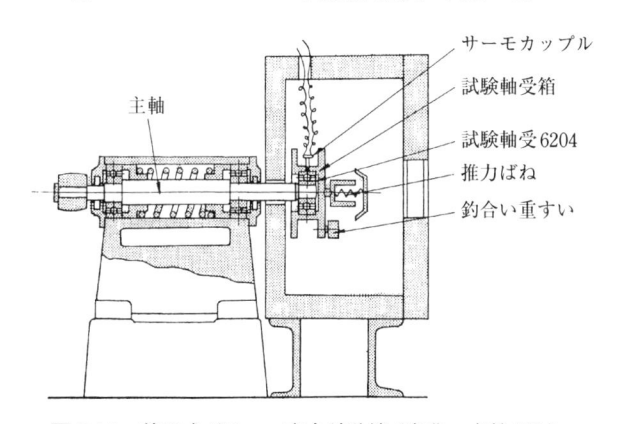

図 5.13　曽田式グリース寿命試験機〔出典：文献 33)〕

玉軸受6204が使用され，ラジアル荷重はベルト張力または軸箱の自重により，アキシアル荷重は推力ばねにより負荷される．

（3） ISO規格試験機（英国，ドイツ規格試験機）

IP 168は深溝玉軸受，旧DIN 51806（R2F）は円筒ころ軸受，DIN 51819（FAG FE8），DIN 51821（FAG FE9）はアンギュラ玉軸受などが試験軸受として使用され，これらはいずれもASTM，曽田式試験機に比べ，高荷重条件下で評価されるのが特徴である．各試験機の概要を図5.14～5.17に示す[36,37]．

グリース寿命の解析には，軸受のはく離寿命と同様に，統計処理が必要であり，ワイブル分布が適用される．各種寿命試験機による試験結果をワイブル確

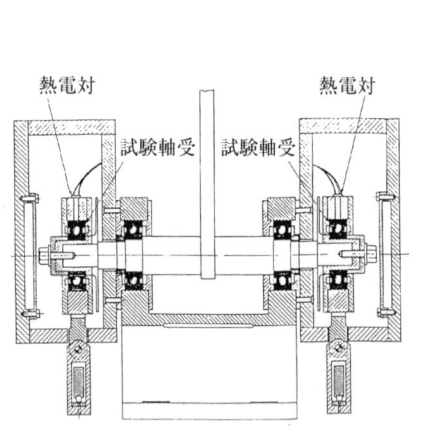

図5.14　IP 168/97試験機

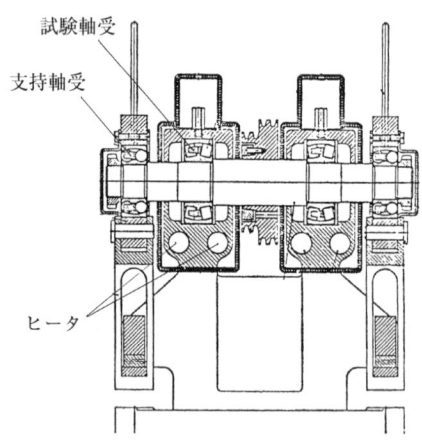

図5.15　旧DIN 51806 R2F試験機

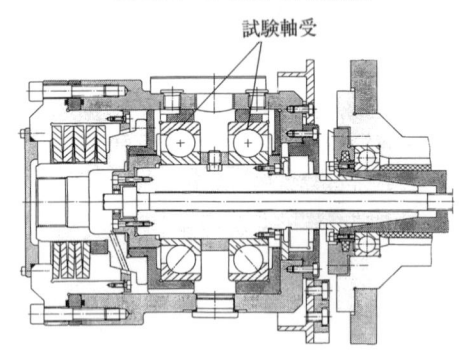

図5.16　DIN 51819 FE8試験機
〔出典：Klüber資料〕

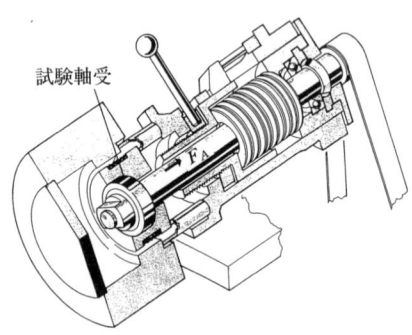

図5.17　DIN 51821 FE9試験機
〔出典：Klüber資料〕

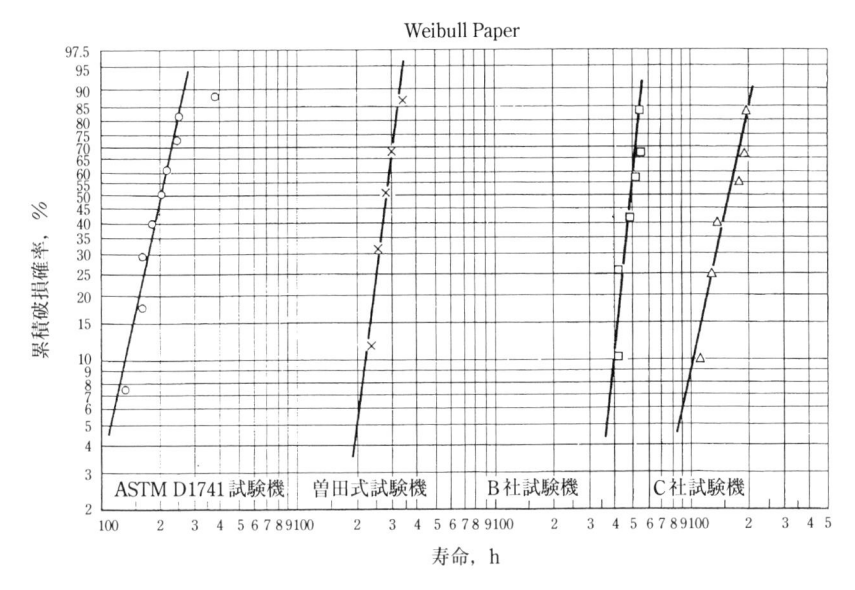

図5.18 グリース寿命のワイブル分布〔出典：文献33)〕

率紙にプロットした例を図5.18に，これから求めた結果を表5.4に示す[33]．この図に示すように，ワイブルプロットに直線性が認められる．試験温度を同一にしても，試験機の違いによってグリース

表5.4 試験機によるグリース寿命の分布〔出典：文献33)〕

	L_{10}, h	L_{50}, h	e
旧ASTM形 D 1741試験機	135	200	4.4
曽田式試験機	215	280	7.5
B社試験機	400	490	9.2
C社試験機	105	160	4.4

L_{10}：90％信頼度寿命
L_{50}：50％信頼度寿命
e：ワイブル勾配

寿命には大きな差がみられる．グリース寿命に影響する試験機の諸要因については，これまで多くの検討が行われている．

5.2.3 グリース寿命の計算式

機械や設備の設計段階でグリース寿命を予測したいという要求があり，数多くの寿命式が提案されてきた．いずれの寿命式も試験結果から得られた経験式である．中でも温度，速度，荷重項からなるNew-Departureの式が広く知られ

ている[38]).

$$\log t = 4.73 - (T_2 - 63)(0.0058 + 4.7 \times 10^{-7} n) - 0.041 n W^{1.5}/C^{1.9} \quad (1)$$

ここで, t:平均寿命時間 (h), T_2:運転温度 (°F), n:回転速度 (min^{-1}), W:ラジアル荷重 (lb), C:軸受の基本動定格荷重 (lb) である.

E.R. Booser らは, 破損確率 10% のグリース寿命式を提案している. 単列深溝玉軸受を使用し, 多数の電動機により寿命を評価した. その中で, グリースの成分の影響も検討し, 鉱油系, シリコーン系, ジエステル系のリチウムグリース, 鉱油系のウレアグリースなどについてグリースごとの寿命係数を示している[39]).

$$\log L_{10} = -2.30 + 2450/(273 + T) - 0.301 S \quad (2)$$

ここで, L_{10}:グリースを封入した全軸受の 10% が損傷するまでの時間 (h), T:軸受温度 (℃), S:半減係数 $S = S_G + S_N + S_W$ 〔S_G:グリースの種類による半減寿命引算係数 (表 5.5), S_N:軸受速度による寿命減少係数, $S_N = 0.26 \times (dn)/(dn)_L$, d は軸受内径 (mm), n は回転速度 (min^{-1}), $(dn)_L$ は許容 dn 値 (表 5.6), S_W:軸受荷重による寿命減少係数, $S_W = 0.18 n d W/C^2$, W は軸受荷重 (lb), C は軸受基本動定格荷重 (lb)〕である.

この他にも軸受メーカーのカタログや技報に寿命式が示されており[40~46)], その中からグリース組成の違いを考慮した式を表 5.7 に示す[46)]. 伊藤らは, 鋼板打抜き保持器の密封玉軸受を用い, グリースの酸化劣化が優先的に生じる軸

表5.5 玉軸受におけるグリース寿命係数〔出典:文献 39)〕

増ちょう剤	基油	NLGI 番号	寿命係数 K_G	半減寿命引算係数 S_G
リチウム	鉱油	2	-2.19[*1]	0
ナトリウム	〃	2	-2.26[*2]	0
リチウム	〃	2	-2.33[*4]	0.1
〃	シリコーン	2	-2.34[*3]	0.1
ポリウレア	鉱油	2	-2.40[*4]	0.3
ナトリウム	〃	3	-3.04[*1]	2.5
リチウム	ジエステル	2	-3.16[*1]	2.9

[*1] 100℃ 3600 rpm 軸受 6306
[*2] 125℃ 〃 〃
[*3] 150℃ 〃 〃
[*4] 125℃ 〃 軸受 6207

表5.6　軸受タイプと速度限界〔出典：文献39)〕

軸受タイプ	速度限界$(dn)_L$
玉軸受，ABEC-1, 鋼製保持器	270,000
〃　　〃　　フェノール樹脂保持器	330,000
〃　　ABEC-5, 7　　〃	400,000
円筒ころ軸受	200,000

表5.7　グリース寿命計算式〔出典：文献46)〕

	寿命式
汎用グリース (リチウム/鉱油)	$\log L = 6.55 - 2.6n/N - (0.025 - 0.012n/N)T$ 　　　$- (0.37Tn/N + 0.09T - 5)(P/C_r)^2$ $70 \leq T \leq 110$（$T < 70$ ℃のとき $T = 70$）
広温度範囲用グリース (リチウム/合成油)	$\log L = 7.25 - 3.7n/N - (0.025 - 0.022n/N)T$ 　　　$- (0.21Tn/N + 0.03T + 20.5)(P/C_r)^2$ $70 \leq T \leq 130$（$T < 70$ ℃のとき $T = 70$）
準高温用グリース (ウレア/鉱油)	$\log L = 6.85 - 0.66n/N - (0.021 + 0.001n/N)T$ 　　　$- (0.37Tn/N + 0.09T - 5)(P/C_r)^2$ $70 \leq T \leq 140$（$T < 70$ ℃のとき $T = 70$）
高温高速回転用グリース (ウレア/合成油)	$\log L = 8.08 - 0.75n/N - (0.027 - 0.001n/N)T$ 　　　$- (0.21Tn/N + 0.03T + 20.5)(P/C_r)^2$ $70 \leq T \leq 160$（$T < 70$ ℃のとき $T = 70$）
シリコーングリース (リチウム/シリコーン)	$\log L = 4.73 + 0.057n/N - (0.004 + 0.007n/N)T$ 　　　$- (0.29Tn/N + 0.6T - 30)(P/C_r)^2$ $70 \leq T \leq 160$（$T < 70$ ℃のとき $T = 70$）

L：グリース焼付き寿命時間 (h)‥‥L_{50}（50 %信頼性寿命）
N：許容回転速度 (min^{-1})　　　　P：動等価荷重 (N)
n：軸受回転速度 (min^{-1})　　　　T：軸受温度 (℃)
C_r：基本動定格荷重 (N)　　　　$25 \leq n/N \leq 1$（$n/N < 0.25$ のとき $n/N = 0.25$）
$P/C_r \leq 0.1$

受温度120 ℃以上の条件で得られた結果に基づいて寿命式を作成した．鉱油および合成油を基油とするリチウムグリースとウレア系グリースを用いて，グリース寿命試験を行い，寿命計算式の精度を向上させた[46]．組成の異なる5種類のグリースの試験温度140 ℃での寿命試験結果を図5.19に示す．エステル油，合成炭化水素油，フェニルエーテル油等を用いたウレアグリースが最も長寿命である．合成油系のグリースは鉱油系のグリースよりも寿命が長く，ウレ

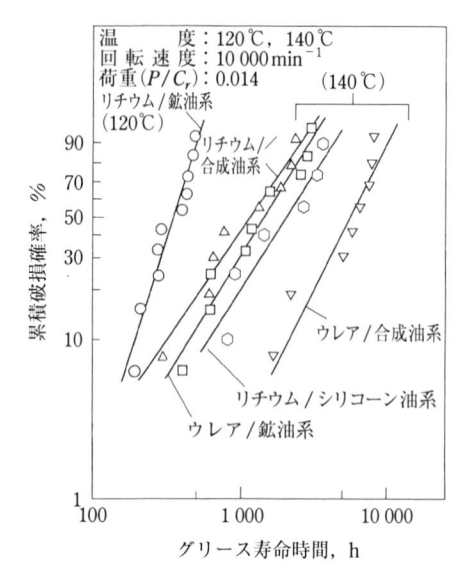

図 5.19　グリース寿命試験結果（試験温度：140 ℃）〔出典：文献 46）〕

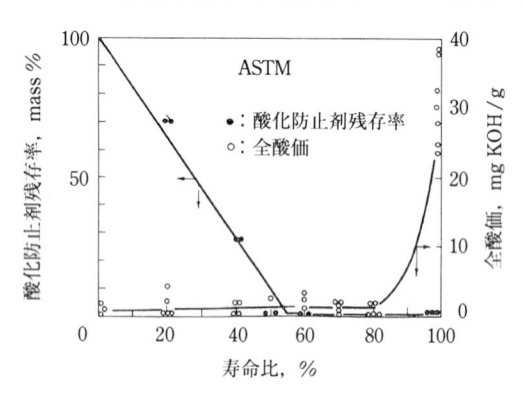

図 5.20　酸化防止剤残存率と全酸価の変化〔出典：文献 47）〕

アを用いたグリースは，リチウムグリースより寿命が長い．また，一連の試験結果より，120 ℃以上の高温条件では，グリースの酸化劣化がグリース寿命の大きな要因となるが，70 ℃以下の温度では，酸化安定性よりもせん断安定性やグリース漏れなどがグリース寿命の支配要因になる．このため寿命式は，軸受温度 70 ℃未満には適用できない．

　さらに使用中の軸受やグリースの劣化状態を分析し，軸受，グリースの残存

表 5.8 寿命時間比80％における劣化度〔出典：文献 47)〕

測定項目 試験機	漏えい率, mass %	油分離率, mass %	鉄摩耗分, mass %	カルボニル基吸光度
旧 ASTM D 1741	25	20	0.03	0.26
曽田式	35	30	0.11	0.24

寿命を予測する研究も行われている．例えば，グリースの平均寿命を把握した後，試験中の軸受，グリースの劣化状態を分析し，残存寿命の判定基準を得ようとした報告がある．得られた結果を図5.20および表5.8に示す[47]．

参考文献

1) 日本トライボロジー学会編：トライボロジーハンドブック，養賢堂（2001）710.
2) 鈴木八十吉：使用グリースの劣化とその判定法，潤滑，**15**, 7 (1970) 439.
3) I. Minami : Influence of Aldehydes in Make-up Oils on Antioxidation Properties, Lubrication Science, **7**, 4 (1995) 319-331.
4) 岡部平八郎・大勝靖一：石油製品添加剤の開発と最新技術，シーエムシー（1998）12.
5) 桜井俊男：潤滑の物理化学，幸書房（1978）161.
6) I.L. Goldblatt : Model for Lubrication Behavior of Polynuclear Aromatics, Ind. Eng. Chem., Prod. Res. Develop., 10 (1971) 270.
7) 広中清一郎：摩擦面における化学反応，材料技術，**3**, 2 (1985) 69-73.
8) 広中清一郎・高橋正幸・桜井俊男：DTA Study on Oxidation of Lithium Soap Grease, 油化学, **15**, 2 (1977) 100-103.
9) 長野克巳：合成系グリースの最近の動向と今後の展望，潤滑経済，No. 411（2000）10-15.
10) S. Hironaka : Phase Transition of Lithium Greases, 石油学会誌，**29**, 3 (1986) 195-200.
11) T. Sakurai, S. Hironaka & T. Katafuchi : The Effect of Oxidation Products of Base Oil on the Phase Behaviors of Lithium Soap Greases, NLGI Spokesman, **38**

(975) 360-368.
12) 日本トライボロジー学会グリース研究会,共同研究結果資料 (2003).
13) 日本潤滑学会グリース研究会：グリース協同研究報告(第3報),潤滑,**32**, 10 (1977) 641.
14) 泉　美治　他：機器分析のてびき(第2版)第1集,化学同人 (1996) 1.
15) 泉　美治　他：機器分析のてびき(第2版)第3集,化学同人 (1996) 55.
16) 日本トライボロジー学会：トライボロジーハンドブック,養賢堂,823.
17) 村田恒郎：「潤滑管理シリーズ」グリースの管理法,日石レビュー,**28**, 2 (1986) 92.
18) 関矢　誠：日石レビュー,**31**, 1 (1989) 27.
19) 春木和己：自動車技術,**15**, 9 (1961) 412.
20) Heriot-Watt-Univ. : Tech Text Int., **11**, 6 (2002) 19-21.
21) 牧島　徹・坂本清美：2003年石油学会石油製品討論会講演要旨集 (2003) 27.
22) 鈴木八十吉・杉山省一：鉄道技術研究報告,451 (1965) 1.
23) 泉　美治　他：機器分析のてびき(第2版)第3集,化学同人 (1066) 11.
24) M. J. Pohlen : NLGI Spokesman, **62**, 4 (1998) 11.
25) 例えば,茂庭　弘：ころがり軸受におけるグリース潤滑寿命,潤滑,**16**, 11 (1971) 800 ; 浅黄正明・石川忠明：グリースの潤滑寿命とその要因,丸善石油技報,15 (1970) 1.
26) 日本潤滑学会グリース研究会：グリース寿命の温度依存性協同研究報告,潤滑,**30**, 10 (1985) 725.
27) 日本トライボロジー学会グリース研究会：混入異物のグリース寿命への影響に関する共同研究報告,トライボロジスト,**38**, 12 (1993) 1059.
28) 日本潤滑学会グリース研究会：グリース寿命に及ぼす基油の影響,潤滑,**27**, 3 (1982) 167.
29) 日本潤滑学会グリース研究会：グリース寿命の基油粘度依存性共同研究報告,トライボロジスト,**35**, 3 (1990) 175.
30) 小松﨑茂樹・上松豊翁・伊藤　廉：グリースの潤滑寿命と基油粘度,潤滑,**23**, 3 (1978) 221.
31) 日本潤滑学会グリース研究会：グリース協同研究報告(第3報),潤滑,**22**, 10 (1977) 641.

32) 日本潤滑学会グリース研究会：密封軸受用グリース協同研究報告，潤滑，**24**，9 (1979) 580.

33) 日本潤滑学会グリース研究会：グリース寿命の添加剤依存性協同研究報告，潤滑，**33**，12 (1988) 887.

34) 日本潤滑学会グリース研究部会：グリース協同研究報告（第1報），潤滑，**20**，6 (1975) 463.

35) L. Stallings : Performance Characteristics of Lubricating Greases at Elevated Temperatures ASTM Method D-3336, NLGI Spokesman, **39**, 3 (1975) 81.

36) E. Kleinlein : Using the FE8 System as a Testing Method for Ball and Roller Bearing Greases, NLGI Spokesman, **59**, 6 (1995) 10.

37) H. Kroner & E. Kleinlein : Forecasting lifetime expectancy of grease-lubricated roller bearings by using FE9 test equipment, NLGI Spokesman, **63**, 3 (1999) 8.

38) D.F. Wilcock & E.R. Booser : Bearing Design and Application, McGraw-Hill Book (1957) 123.

39) E.R. Booser : Grease Life Forecast for Ball Bearings, Lubrication Engineering, **30**, 11 (1974) 536.

40) NSK転がり軸受総合カタログ（CAT.No. 1101 c）A107.

41) Koyo転がり軸受総合カタログ（CAT.NO. 201）A113.

42) NACHIベアリング総合カタログ（No.3001-11 n）106.

43) 茂庭喜弘：潤滑，**15**，4 (1971) 20.

44) 広田忠雄・亀谷一郎：機械設計，**21**，13 (1977) 32.

45) T. Kawamura, M. Minami & M. Hirata : Grease Life Prediction for Sealed Ball Bearings, Tribology Transaction, **44**, 2 (2001) 256.

46) 伊藤裕之・小泉秀樹・中　道治：密封玉軸受用グリースの寿命式，NSK Technical Journal, No. 660 (1995) 8.

47) 日本潤滑学会グリース研究会：鉱油系グリースの寿命とその劣化過程に関する共同研究，トライボロジスト，**37**，8 (1992) 619.

II 応用編

第6章 転がり軸受のグリース潤滑

6.1 グリースに要求される性能

　転がり軸受中にはいくつかの潤滑箇所がある．玉軸受を例にとり潤滑箇所を図6.1に示す．転動体（玉）は二つの軌道輪の間に拘束され，また保持器にも拘束され，公転と自転をしながら軸受が回転する．軸受が回転すると，玉とレース面の間ではすべりを伴う転がりが，玉と保持器および保持器とレース（軌道輪の案内面）の間ではすべりが発生する．転がり軸受と呼ばれていても，軸受内部では純粋な転がりは稀であり，必ずすべりを伴い，摩耗，焼付きといった問題は主に滑りによって引き起こされる．軸受内部にはいくつかの潤滑部があり，各々の箇所で潤滑条件が大きく異なる．1箇所でも潤滑不良が発生すると焼付き，摩耗，騒音などの問題が発生し過度に進行すると機器の信頼性が損なわれる．充てんされた1種類のグリースで異なる条件下の箇所の潤滑を行わなければならず，グリースには各々の必要条件を満たす特性をバランス良く兼備させることが求められる．

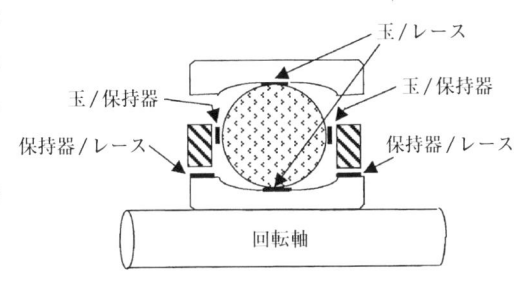

図6.1　玉軸受における潤滑部

　要求されるグリースの性能は使用箇所や使用条件によって異なるが，概略下記のとおりである．
(1) トルク特性：摩擦トルクが小さく，温度上昇が小さいこと．軸受の摩擦トルクと温度上昇はグリースの種類だけでなく，グリースの封入量の影響も大きい．
(2) せん断安定性：軸受の回転によりせん断を受けても，増ちょう剤のミセル構造が破壊されにくく，また破壊されてもミセル構造が復元しグリース軟化による漏えいが無いこと．

(3) 酸化安定性・長寿命：酸化劣化しにくく，長期間潤滑性能を維持できること．
(4) 耐熱性：高温でも離油，蒸発およびちょう度変化が少ないこと．
(5) 低温性：低温においても，起動摩擦トルクが小さく，潤滑不良による異常音を発生しないこと．
(6) 軸受音響特性：増ちょう剤粒子が細かく，均一で，軸受音響性能に影響を及ぼすきょう雑物や添加剤を含まないこと．
(7) 耐水性，さび止め性：軸受内に泥水などが浸入した場合でも，グリースの軟化漏えいや軸受内部のさびの発生を防止すること．
(8) 樹脂やゴム材との適合性：軸受の保持器材として使用されている樹脂や軸受の周辺に取り付けられている樹脂および軸受シール用ゴム材に悪影響を及ぼさないこと．
(9) 環境保全・安全性：環境負荷物質や人体に有害な物質を含まないこと．
(10) 品質：品質のばらつきが少なく，長期間保管しても性状変化の少ないこと．

6.2 実用性能

6.2.1 摩擦トルク

（1）摩擦トルクに関連する因子

転がり軸受における摩擦トルク M について次式が提案されている[1,2]．

$$M = fWd_m(W/C_0)^c + f_0 d_m 3(\nu N)^{2/3} \qquad (1)$$

ここで，第1項は荷重トルク，第2項は粘性摩擦トルクを表す．f_0, f, c は定数である．d_m は軸受のピッチ円直径，ν は潤滑油の粘度（グリース潤滑において，ν を基油粘度と仮定する），N は回転速度，W は荷重，C_0 は静定格荷重である．f は軸受タイプ，f_0 はオイルミスト潤滑，油浴潤滑あるいはグリース潤滑などの潤滑法によって決まる定数である．軸受の負荷が軽いとき，あるいは油膜が十分形成されているときは第1項が無視でき，摩擦トルクは第2項に依存する．金属接触が頻繁に起こる状態で転がり軸受が使用される例は少なく，特殊な場合を除き第2項が支配的である．

畑沢らはグリース潤滑におけるスラスト円筒ころ軸受を用いて，荷重，回転速度などの影響を検討して，摩擦トルクは速度依存性を示し軸受荷重の約1/2乗に比例する領域と1乗に比例する領域に二分されるとしている[3,4]．その他，摩擦トルクは軸受形式，荷重，回転速度，潤滑剤の種類，潤滑方法などが複雑に関係するので，便宜的に次式が提案されている[5]．

$$M = \mu d P / 2 \tag{2}$$

ここで，M：動摩擦トルク，d：軸受内径，P：軸受荷重，μ：摩擦係数．

経験的にすべり軸受と同様に転がり軸受に対してストライベック曲線（Stribeck-Hersey curve）を想定して，摩擦トルクを無次元数（粘度×回転速度/荷重）の関数として扱うこともできる．星野は油潤滑における円すいころ軸受と深溝玉軸受に関して，低速から高速回転領域におけるストライベック線図の関係（図6.2）を示している[6]．摩擦係数（摩擦トルク）に及ぼす粘度，回転速度および荷重の影響が示されており，潤滑領域の把握に便利である．

具体的な摩擦トルク計算方法はハンドブック等に詳述されている[7]．

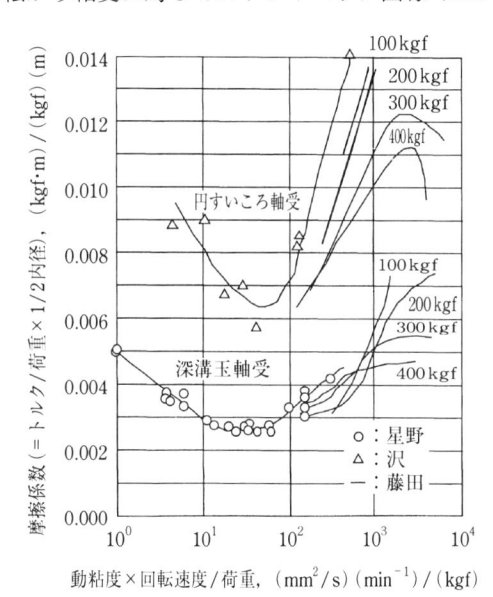

図6.2 スラスト荷重を受けた深溝玉軸受と円すいころ軸受の摩擦特性〔出典：文献6）〕

（2）摩擦トルクの変化と軸受内でのグリースの挙動

回転開始時の摩擦トルクの時間的変化を模式的に図6.3に示す．比較のため，油潤滑の例も示す．油潤滑と違い，回転中にグリース特有の挙動が摩擦トルクに現れる．軸受の回転が始まると軸受内でグリースはかくはんを受けるので摩擦トルクは上昇する．ここでは省略したが，軸受温度上昇も摩擦トルク上

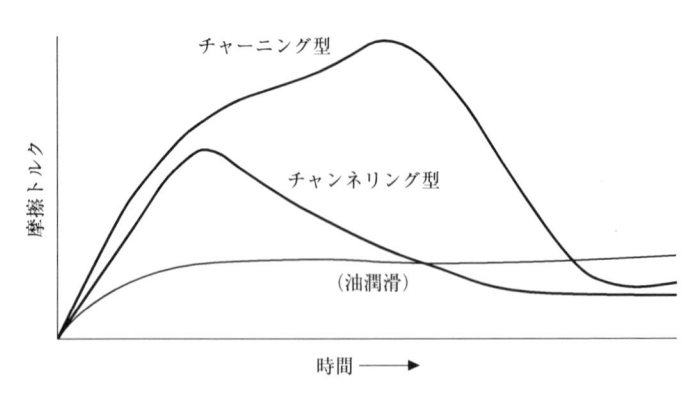

図6.3 軸受の回転におけるグリースの挙動

昇に対応している．時間の経過とともに潤滑部（転走面，転動体）からグリースの大部分は排除され，トルクは低下し定常値に落ち着く．この現象が早く起こるとき，チャンネリング（channeling）型グリースと呼ばれている．定常状態の摩擦トルクは，ほぼ基油のみの場合（油浴潤滑）よりも小さくなる．

定常値に達するまでの時間は軸受の種類，グリースの種類，グリースの充てん量，回転速度によって異なる．転走面や転動体の潤滑箇所からグリースが十分に排除されず，また排除されても，潤滑箇所への再移動が継続するときの挙動はチャーニング（churning）型と呼ばれている．このとき，グリースは機械的かくはんを受けるのでチャンネリングのときより摩擦トルクが高くなる．チャーニング状態では，機械的せん断および摩擦熱によるグリースの軟化，それに伴うグリースの漏えいの問題が発生するので，長時間のチャーニングは避けることが望ましい．軸受に封入されたグリースを効率よく利用するためには，利用されずに軸受外部へ流出してしまう漏えいは極力避けるべきである．初期的にはチャーニング状態であっても，極端にグリースが軟らかい場合を除き，数時間運転後にはチャンネリング状態へ移行することが多い．

6.2.2 高速性能

高速回転におけるグリース潤滑の問題点を以下に挙げる．
(1) 摩擦熱によるグリースの劣化

(2) グリースあるいは基油の飛散
(3) 遠心力による転動体と転走面の接触面圧の増加

油潤滑に比較してグリース潤滑は高速回転に不利である．しかし，軸受の周辺部が簡素化されるので，従来油潤滑が採用されていた高速回転部位に対してもグリース潤滑への指向は強い．グリース潤滑は速度指数 $d_m n$ 値（軸受のピッチ円径 mm と回転速度 min^{-1} の積）60×10^4 以下で広く用いられるが，軸受およびグリースの改良により $d_m n$ 値 80×10^4 付近まで用途が拡大している．高速回転のグリース潤滑の例として，工作機械の主軸用軸受，自動車用電装品（オルタネータ軸受，カークーラ用電磁クラッチなど），家電品（家庭用クリーナモータ軸受等），OA機器（レーザビームプリンタなど），繊維機械，歯科用スピンドルなどが挙げられる[8,9]．高速回転用軸受として転動体にセラミックス（Si_3N_4）を用いたハイブリッド軸受および高速用グリースの開発が進められている[10]．転動体のセラミック化により，転動体にかかる遠心力が低減されるので転動体と軌道面間の面圧が低く抑えられ，焼付きが少なくなるなどの利点が挙げられる．高速回転にグリース潤滑が試みられた例を図6.4に示す[11,12]．ハイブリッド軸受では，$d_m n$ 値 100×10^4 以上のグリース潤滑の実用例もみられる．長時間運転する場合にはまだ問題があるが，高速回転軸受へのグリース潤滑の拡大が図られている．

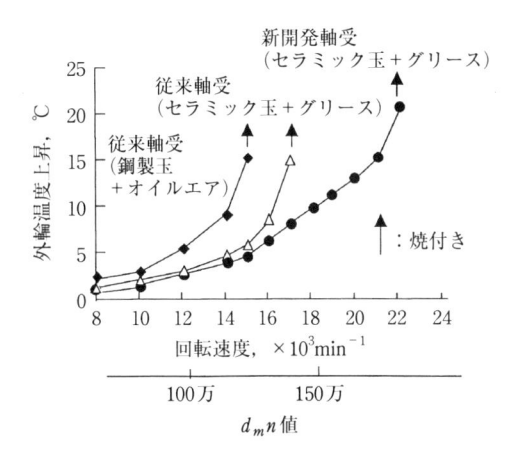

図6.4 工作機械主軸受の試験結果
〔出典：文献11，12)〕

6.2.3 低速性能

軸受回転速度が低くなったときの問題点は金属接触による摩耗やはく離である．グリースが軌道面から排除されず，また増ちょう剤の網目構造が十分破壊

されないので，増ちょう剤自身が油膜形成に大きく関与する．すなわち潤滑が増ちょう剤から分離した基油によって行われるというグリース潤滑の一般論は低速では必ずしも当てはまらず，増ちょう剤も油膜形成に重要な働きをする．したがって，低速回転になると，グリースの潤滑性能に増ちょう剤の特性がより反映される．低速回転におけるグリース潤滑の例として，鉄鋼連続鋳造機のガイドロール軸受の試験結果を図6.5に示す[13,14]．横軸は自動調心ころ軸受22216を用い，荷重比（C_0/P）2.8，回転速度10 min^{-1}，雰囲気温度80℃のときの回転軸シミュレータによる平均EHL油膜厚さである．縦軸は自動調心ころ軸受22217を実機に組み込み8カ月間使用後の摩耗形状から算出した摩耗量である．金属セッケングリースに比較してウレアグリースは軌道面に付着しやすいといわれている．開発グリースの増ちょう剤はウレアであり，油膜厚さの増加に寄与し，外輪の摩耗抑制に効果があったと思われる．転がり軸受ではないが，低速回転の例としてボールねじ，チェーン，ロープなどが挙げられる．これらの場合も，やはり増ちょう剤の寄与が大きい．

開発グリース組成

基油	鉱油
基油粘度	約400mm^2/s（40℃）
増ちょう剤	脂肪族芳香族型ウレア化合物
混和ちょう剤	362：No.0グレード（25℃）
添加剤	酸化防止剤，さび止め剤ほか

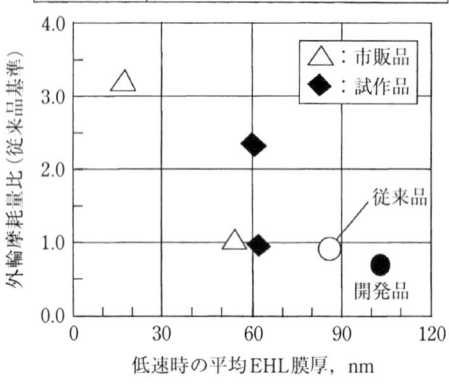

図6.5 EHL膜厚と摩耗量の関係〔出典：文献13，14)〕
（○：グリースA脂肪族ウレア/鉱油，
□：グリースB脂環式ウレア/鉱油，
△：グリースCリチウムセッケン/鉱油）

6.2.4 酸化安定性

グリースの主成分である基油は，一般の炭化水素の場合と同様，酸化すると，水，アルコール，アルデヒド，遊離酸，過酸化物などが生成される．これらの重合物に起因して基油粘度が増加する一方で，基油の低分子化も起こる．後者

の低分子化は蒸発を促し，グリース中の基油量の減少を引き起こす．グリース潤滑の主役をなす基油の減少は離油度の低下，グリースの硬化（ちょう度減少）とそれに伴う起動摩擦トルクの上昇を招き潤滑不良に結びつく．また，基油粘度の上昇はグリースの硬化，離油速度の低下，摩擦トルクの上昇を招く．特に，潤滑の主役である基油の減少は潤滑寿命に与える影響が大きい．鋼鈑上に1 mmの厚さにグリースを塗布して160℃で加熱し酸化劣化さ

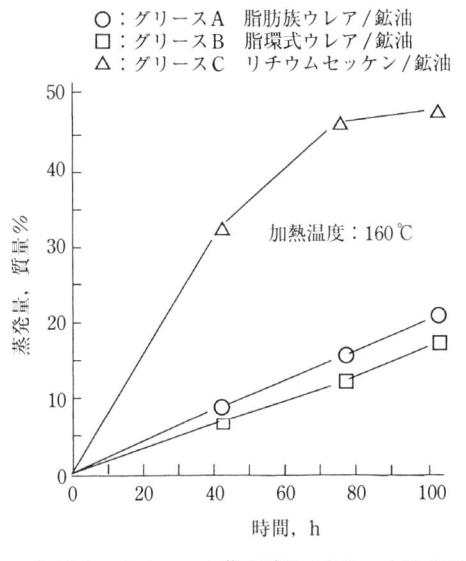

図6.6 グリースの薄膜試験〔出典：文献15)〕

せたときの蒸発量（加熱減量）の測定例を図6.6に示すが，同じ基油を用いても増ちょう剤の種類によって蒸発量に大きな差がみられる[15]．極端な低粘度の基油を用いる場合を除き，酸化による揮発性物質の生成が蒸発量を増加させる[16]．基油ばかりでなく，増ちょう剤も酸化し，その網目構造が破壊されてグリースが軟化し，漏えいに結びつくこともある．酸化防止剤の添加により酸化は抑制されるが，酸化防止剤が消耗されると酸化は急激に進む[17]．高温でグリースを使用する場合，酸化は不可避であり軸受部の保守・管理に際してはグリースの酸化には注意を払わなければなければならない．

6.2.5 耐熱性

高温時の使用限界は基油あるいは増ちょう剤の耐熱性によって決定される．増ちょう剤の耐熱性の目安は滴点である．滴点以上の温度では増ちょう剤の機能が低下し，グリースを半固体状に保つことができなくなる．しかし，滴点に達する前にグリースの軟化が始まり，実用上の使用温度は滴点より低い．軟化の目安となるちょう度を高温で測定することが難しいので，見掛け粘度が測定

されることもある．その測定例を図6.7に示す[18]．試料として用いたリチウムセッケン/鉱油グリースの滴点は約190℃であり，滴点以上の200℃では見掛け粘度はせん断速度に依存せずほぼ一定になる．これはニュートン流体の挙動に近く，増ちょう剤の網目構造が破壊されていることを示す．一方，見掛け粘度の著しい低下は120℃から始まり，このグリースの滴点は190℃近辺であるが，実用的な使用温度の上限は120℃近傍である．

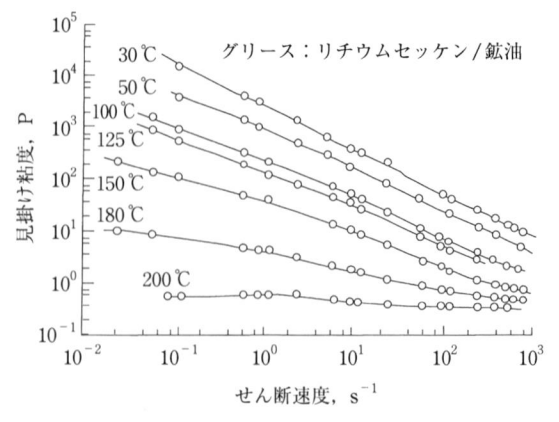

図6.7　せん断速度と見掛け粘度の関係
〔出典：文献18)〕

　グリースの使用温度を高める手段として，耐熱性の高いコンプレックスセッケン系や非セッケン系の増ちょう剤を用いる．高い耐熱性の増ちょう剤を用いたときは，基油がグリースの耐熱限界を決定する．鉱油系あるいは合成炭化水素系基油の大気中での分解温度は300℃付近であるが，酸化劣化のため，実際の使用温度は分解温度よりかなり低い．酸化安定性に優れたパーフルオロポリエーテル系，ポリフェニルエーテル系，シリコーン系を基油に用いるとかなり高温領域での使用が可能となる．しかし最も酸化安定性に優れたパーフルオロポリエーテルグリースでも使用限界温度は200℃を超える程度である．その他，用途によっては基油の粘度低下や蒸発量などにより上限温度が決まる場合もある．

6.2.6　離油特性

　軸受に充てんしたグリース中の限られた基油を効率的に利用するには，長期間にわたって適度の速度で油を供給することが理想である．組成がほぼ同じで，離油度が異なるリチウムセッケン/鉱油グリースについて離油度と潤滑寿

命との関係を図6.8に示す[19]．雰囲気温度が100℃のとき，潤滑箇所の温度は概略130℃近傍であると推定して，この温度における離油度に対する潤滑寿命との関係を示している．ある離油度で潤滑寿命が最大になり，適正離油度が存在するこ

軸受：NU320；雰囲気温度：100℃；回転速度3 000 min^{-1}
荷重比 C/P：15；グリース充てん量：7g
□：油性剤添加：摩擦係数：0.13
●：無添加：摩擦係数：0.16

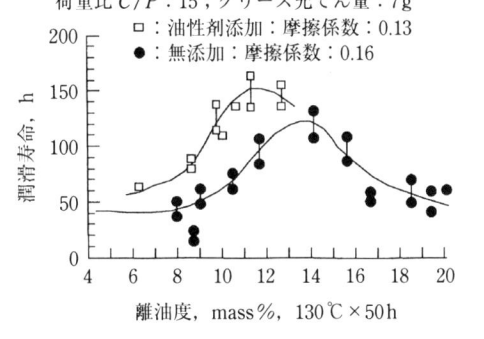

縦軸：潤滑寿命, h
横軸：離油度, mass%，130℃×50h

図6.8　離油度と潤滑寿命の関係〔出典：文献19)〕

とを示している．離油度が高過ぎると流失量が多くなり，寿命が短くなる，また離油度が低過ぎると潤滑膜が十分に形成されにくく寿命が短くなると解釈される．さらに，油性剤を添加した油を用いると適正離油度は低い方へ移動している．この結果は，潤滑性能に優れたグリースの場合，潤滑部への基油の供給量は少なくてもよく，基油の消耗を抑制可能なことを示唆している．適度な速度で基油を潤滑箇所に供給するのが理想であるが，使用時間とともにグリースの性質が変化するので，適正な離油度を長期にわたって維持するのは困難である．したがって，グリースの漏えいや基油の過度の流失などを極力抑え，初期

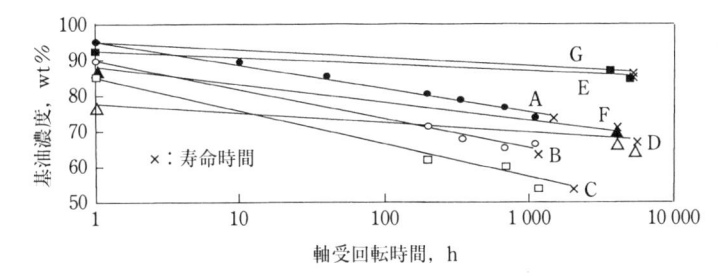

縦軸：基油濃度, wt%
横軸：軸受回転時間, h
×：寿命時間

条件：6305 ZZS, 3000 min^{-1}, ラジアル荷重 10 kgf, 外輪温度 120℃
グリース：A；Li, 鉱油, No.2, B；Li, 鉱油, ジエステル, No.2, C；リチウム, ジエステル, No.2, D；Na, 鉱油, No.3, E；Clay, 鉱油, No.2, F；Na, 鉱油, No.2, G；Clay, ジエステル, No.2

図6.9　軸受回転時間とグリース基油濃度〔出典：文献20)〕

に充てんされたグリース中の基油を可能な限り有効に使い切ることが大切である.

しかしグリース中のすべての基油が潤滑に利用されるわけではなく,一般に基油量の約50%が失われると潤滑が不可能になる.図6.9に玉軸受6305ZZSを用いて潤滑寿命に至るまでのグリース中の基油の含有量(基油濃度)を測定した例を示す[20].潤滑に利用できる基油の割合は増ちょう剤や基油の種類,基油粘度および運転条件によって異なる.これらの結果によると,増ちょう剤として有機ベントナイトを用いたとき(グリースE, G)はグリース中の基油の含有量が約80%で,リチウムセッケンおよびナトリウムセッケンのとき(グリースA, B, C, D, F)は50~70%で潤滑寿命に達している.ころ軸受NU320を用いてリチウムセッケン/鉱油グリースについて潤滑寿命に到るまでの基油の含有量の経時変化を図6.10に示した[21].この場合は,グリース中の基油の含有量が50~60%で寿命に達している.

軸受:NU320;充てん量:70g;回転速度3 000 min^{-1}
荷重比C/P:12;軸受外輪温度:100℃
グリース:リチウムセッケン/鉱油

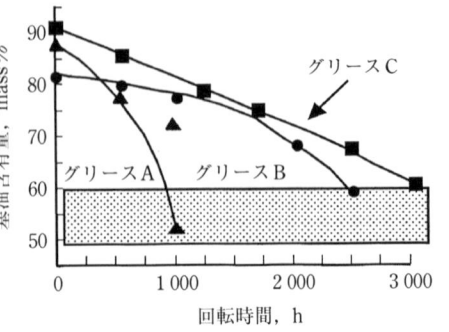

図6.10 寿命に達するまでのグリース中の基油含有量〔出典:文献21)〕

6.2.7 低温性

低温ではグリースの酸化劣化はほとんど進行しない.低温でグリースを用いるときの最大の問題点は基油の粘度上昇とちょう度の低下である.特に,基油の流動点付近になるとグリースの見掛け粘度は急激に上昇し,軸受の摩擦トルクを増大させ,起動不可になることもある.また,基油粘度の上昇は,潤滑箇所への基油の供給不足を生じ,金属接触,軸受の摩耗,異常音の発生といった問題を引き起こす.しかし,摩擦トルクはいったん回転が始まると,摩擦熱によってグリースは軟化するので,回転時間とともに低下し,ある時間経過後定常値に落ち着く.

基油の流動点はグリースの低温性の目安となる.低温での流動性に優れた基

グリース	増ちょう剤	基油	基油粘度, @37.8℃
グリースⅠ	リチウムセッケン	鉱油	106.9 mm²/s
グリースⅡ		鉱油ジエステル	32.3 mm²/s
グリースⅢ		ジエステル	12.8 mm²/s

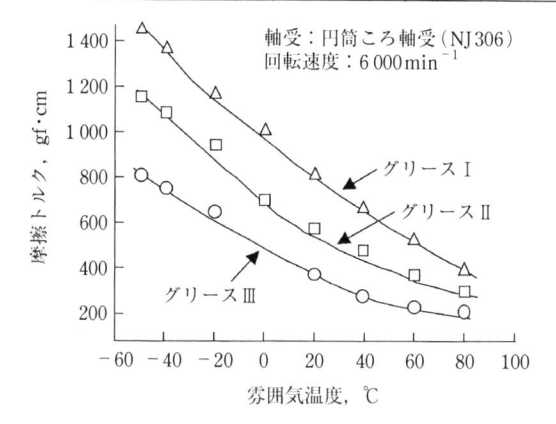

図 6.11 雰囲気温度に対する定常状態の摩擦トルク

油として，ジエステル，ポリオールエステル，ポリグリコール，シリコーン，ポリαオレフィンなどの合成油が挙げられる．雰囲気温度と摩擦トルクとの関係の一例を図 6.11 に示す．低粘度のジエステルを基油に用いると，低温での摩擦トルク上昇が小さくなる．ジエステル油は低温用グリースの基油として広く利用されている．

6.2.8 音響特性

転がり軸受の回転に伴う振動は音に変換され，大気中に放出される．軸受に起因する音や振動をまとめて軸受音響と呼ぶ．転がり軸受に発生する音響には，レース音，ごみ音（異物音），きず音，保持器音，きしり音などがある．音響に及ぼす要因としては，軸受の設計，加工精度，軌道面の表面粗さなどが挙げられるが，軸受の潤滑に用いられる潤滑油やグリースの影響も大きい[22,23]．

家庭用電気製品や事務機器の各種モータに使用されるグリース密封軸受では，厳しい音響特性を要求されるとともに，長期間にわたり低騒音を維持することが重要である．また，軸受の製品検査として，グリースを封入した後，音

響・振動測定が行われる場合が多く,低騒音を必要としない用途でも封入グリースには良好な音響特性が求められる.

転がり軸受のレース音は,回転によって転動体が軌道面を転がるために発生する音であり,転がり軸受の本質的な音響である.レース音の発生原因は,軌道面ならびに転動体の円周方向の凹凸によるため,油潤滑の場合,潤滑油の粘度が増加するに従って,油膜厚さ,振動減衰効果が増し,振動値が減少する傾向を示す.しかし,グリース潤滑では,増ちょう剤の種類や量により流動特性が変わり,軸受内の挙動が複雑なため,明確な傾向がみられない.

転がり軸受の異常音の中で,特にごみ音(異物音),保持器音,きしり音に対して,グリースが大きく影響する.これらの音響についてグリースとの関連を以下に述べる.

ごみ音は潤滑剤中の固形異物が軸受の転動体と軌道面の間を通過する時に発生するパルス的で非周期性の異常音であり,軸受外部からのごみの混入や軸受の洗浄が不十分な場合,軸受内部で摩耗粉が生じた場合などに発生する.固形異物としては,グリースの製造工程で混入する塵埃の他に,増ちょう剤の凝集物,固形の添加剤粒子などもある.小形モータ用軸受に多く用いられているリチウムセッケン,エステル系のグリースでは,製造時にろ過による異物の除去やクリーンな環境下での製造が行われ[24],音響性能が優れているものが多い.

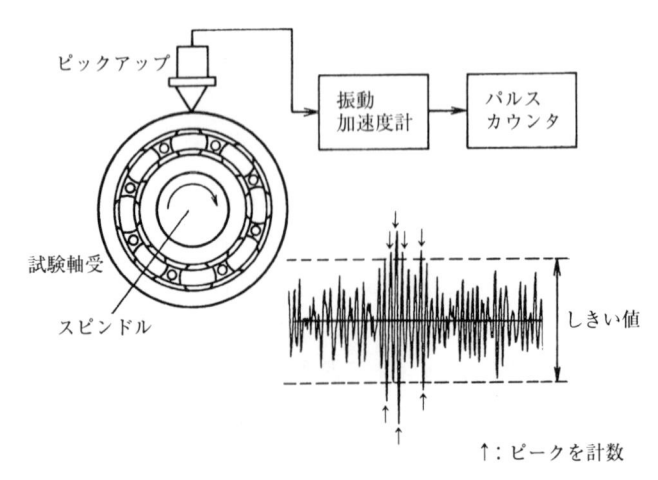

図 6.12 ごみ音測定方法の例〔出典:文献 26)〕

最近，高温用として多く使用されるようになったウレアグリースは，増ちょう剤粒子の凝集，不均一分散により音響特性が劣っていたが，組成の改良，ホモジナイザーやロールミル処理による微細化，均質化により，リチウムセッケングリースとほぼ同レベルの低騒音グリースが開発されている．

ごみ音はパルス的で不規則であるため，アンデロンメータなどの振動測定器や騒音計のメータ読み取りだけでは定量化が困難である．ごみ音測定法として，さまざまな方法が報告されており[25]，測定方法の一例を図6.12に示す[26]．この方法は，軸受から発生する振動を軸受外輪外径部に取り付けた加速度形ピックアップで検出し，振動加速度計で電気信号に変換した後，しきい値を越えたピークをパルスカウンターで計数するものである．また，定量的な評価はできな

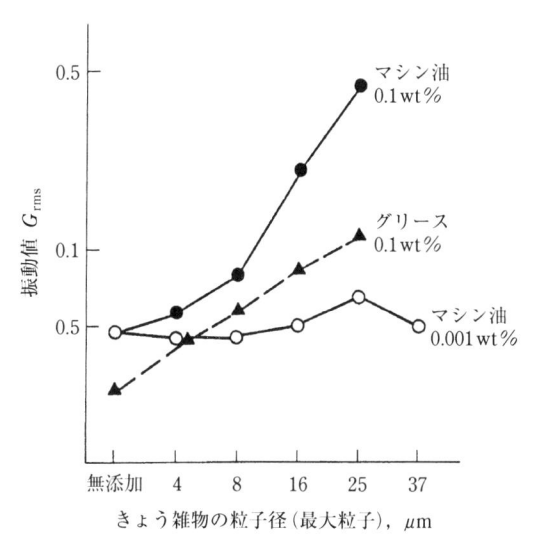

図6.13 きょう雑物の粒子サイズと振動値
〔出典：文献26)〕

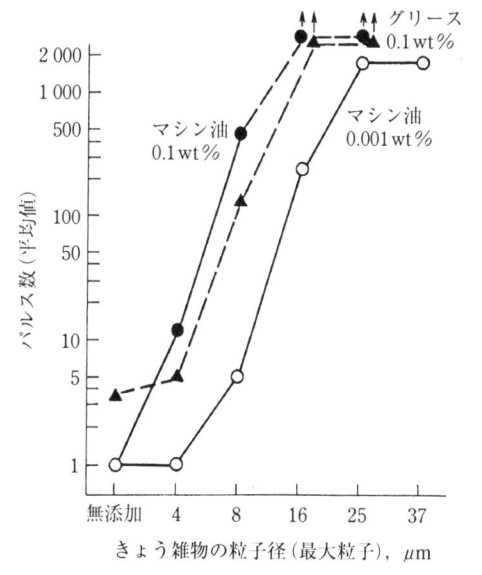

図6.14 きょう雑物の粒子サイズとパルス数
〔出典：文献26)〕

いが，聴感検査でもごみ音の判別は可能である．マシン油（ISO VG 10）およびリチウムセッケン・エステル系グリースに，きょう雑物として粒子径の異なる 5 種類のホワイトアランダム（Al_2O_3）を混合した試料を用いて，ごみ音に及ぼすきょう雑物の影響を調べた結果を図 6.13，6.14 に示す．これらの結果より，グリースは潤滑油よりきょう雑物の影響を受けにくく，きょう雑物は振動値よりパルス数へ影響が出やすい．また，きょう雑物の粒子径とパルス数の関係より，おおよそ 10 μm 以上の大きさの固形異物粒子がごみ音として検出される[26]．

保持器音ときしり音は，低温時に発生しやすい．保持器音は軸受の回転中に保持器が振動し，転動体と衝突する音であり，保持器の振動は案内面のすべり摩擦による自励振動と考えられている．低温時にはグリースのちょう度の低下や基油粘度の増加が起こり，流動性が減少する．また，離油性も低下し，潤滑部の油量不足により保持器音が発生しやすくなる．組成面では低粘度の合成油系基油を用いたグリースは保持器音が発生しにくい．きしり音は，大型の円筒ころ軸受に発生しやすいが，軸受の損傷に至ることはない．発生のメカニズムは明確になっていないが，柔らかく，低粘度基油グリースで発生しにくい．

6.2.9 さび止め性

転がり軸受の軌道面は極めて高精度に仕上げられており，軌道面にわずかでもさびが発生すると，異常音の発生源やはく離の起点となり，軸受寿命を低下させ，転がり軸受の致命的な欠陥になるので，グリースのさび止め性は重要である[27]．

水が軸受内部に浸入するような使用条件や，軸受内部で水分が凝縮するような湿度の高い環境では，さび発生の可能性があるのでさび止め性の優れたグリースを選定することが重要である．グリースの選定は各種の規格化されたさび止め試験法での評価結果に基づいて行われるが，実用に近い条件での軸受を用いた試験法が望ましい．これらの試験法としては，円すいころ軸受を用いた ASTM 試験法（ASTM D 1743，ASTM D 5969），複列自動調心玉軸受を用いた EMCOR 試験法（DIN 51802，ASTM D 6138）などがある．

Hunter らは，ASTM 試験法（ASTM D 1743，D 5969，D 6138）により増ち

ょう剤や添加剤のさび止め性への影響を調べ，同じタイプのリチウムセッケンでもさび止め性が異なり，さび止め剤（カルシウムスルホネート，カルボキシレートなど）の効果も増ちょう剤によって異なると報告している[28]．また，5％濃度の合成塩水を使用した試験では，静的試験（ASTM D 5969）と動的試験（ASTM D 6138）との結果によい相関があると述べている[28]．

鉄道車両や自動車の車軸軸受，自動車用オルタネータ軸受，水ポンプ軸受，鉄鋼圧延機用軸受等では，使用中に外部から水が浸入して軸受内部にさびが発生し，軸受が損傷することがある．その場合，さび止め性の優れたグリースを選定するとともに，軸受内部に水が浸入しないような密封構造にすることが重要である．運転中に軸受内部に水が入った場合，軸受の回転が停止すると，水分は毛細管現象によって転動体と軌道面および転動体と保持器の接触部分に溜まりやすい．また，これらの接触部では油膜厚さが薄いのでさびやすく，軌道面上に転動体ピッチ間隔でさびが発生する．

通常のさびとは異なる形態を示すものにワニスさびがある．1960年代半ばに，密閉型小形モータに組み込まれた軸受に音響異常を起こす問題が多発した．その後，原因究明が行われ，絶縁ワニスに起因するさびが音響異常の原因であることがわかった[29〜31]．現在，日本ではワニスさびによる事故の発生はみられなくなったが，グリースの成分が大きく影響したさびの事故例として，その概要を述べる．

ワニスさびにより音響異常を発生したモータは，密閉形モータがほとんどで，梅雨から夏にかけての高温多湿時期に保管されたものに多発した．さびはグリース塗布面，特に薄膜部やグリース非付着部との境界部に多く，グリースの劣化はなかった．ワニスさびが発生しはじめた時期は，速乾性ワニスへの変更による乾燥時間の短縮と，軸受封入グリースの鉱油系からエステル系への変更時期と一致した[31]．軸受内部のさびはモータ内部に面した側の軸受軌道部，保持器に多く発生し，グリースにはワニス臭がしていた．さびの特徴やワニスから発生するガスの分析および要因試験等から発錆機構が解明された．すなわち，ワニスから発生する酸性ガス（ギ酸が主成分との報告もある[30]）がエステル系グリースに吸収され，時間の経過とともに酸性度が増す．さらに酸成分と軸受内部で結露した水分によってエステルの加水分解が促進され，酸成分の濃

度が増し，発錆に至るということが判明した．ワニスさび対策として，無溶剤形ワニスの使用，乾燥時間の適正化や包装形態の改善等がなされた．また，ワニスさびを抑制する添加剤を配合することにより，エステル系グリースでもワニスさびの発生がなくなった．

6.2.10 転がり疲労寿命

軸受の回転により内輪・外輪および転動体が繰返し応力を受けると，材料の疲れによって内輪・外輪の転走面ならびに転動体表面にフレーキングと呼ばれるうろこ状の剥がれが発生する．このため音，振動，発熱が大きくなり使用に耐えられなくなり，さらに進行すると内輪・外輪，転動体の割れに発展する．これが，転がり疲労寿命であり，軸受寿命と呼ぶことが多い．転がり疲労には，最初のき裂が材料内部から発生する内部起点型と接触面あるいはその近傍から発生する表面起点型があり，後者の場合，潤滑の影響が大きいといわれている．

転がり軸受の多くがグリース潤滑で使用されているにもかかわらず，グリース潤滑の軸受では転がり疲労寿命が問題となることは少ない．これは，軸受が疲労損傷するような高荷重や高速条件では油潤滑が適用されることが多く，また，高温や軽荷重の使用環境では，疲労寿命よりグリース寿命で軸受が損傷に至ることが多いためである．しかし，最近ではグリース性能の著しい進歩とともにグリース潤滑の用途が拡がり，転がり疲労寿命が問題となる例も増えている．

日本学術振興会転り軸受寿命第126委員会では，長年にわたり油潤滑による転がり疲労寿命の研究を行っ

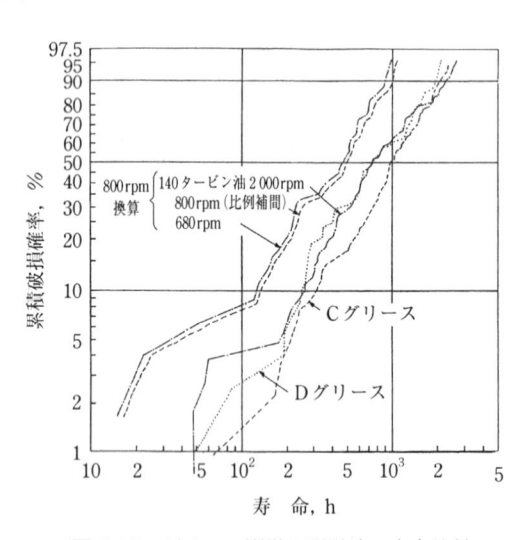

図6.15 グリース潤滑と潤滑油の寿命比較
〔出典：文献32）〕

てきた．グリース潤滑についても，粘度の異なるパラフィン系基油3種ならびにナフテン系基油1種と12-ヒドロキシステアリン酸リチウムを増ちょう剤とするグリースを用いて試験が行われた．図6.15に示すように，グリース潤滑と油潤滑の軸受寿命を比較すると，グリースによる軸受寿命は，その基油を潤滑油として使った場合に比べて約2倍であった[32]．一方，この試験に用いたパラフィン系基油の粘度範囲（37.8℃で34.5〜168 mm^2/s）では，基油粘度は軸受寿命にあまり大きな影響を及ぼさなかった[32]．また転がり疲労寿命は，固形異物や水分が軸受内へ混入すると低下する[33]．例えば，鉄鋼圧延機のロールネック軸受では，圧延条件の高速化，高荷重化により軸受の使用条件が厳しく，さらに軸受内に多量の水分，圧延油，スケールなどが混入し，軸受寿命が低下することがある．このため軸受のシールによる密封化[34,35]や異物に強い軸受材料・熱処理の適用により，軸受寿命の向上が図られている．このような用途のグリースには，水分が混入しても付着性，極圧性の低下が少なく，軟化，漏えいを生じにくく，さらにさび止め性がよいことが要求される．リチウムセッケン，ウレア化合物，カルシウムスルホネートコンプレックスなどを増ちょう剤とする鉱油系グリースが使用されている．

自動車用オルタネータは発電容量向上のため，高速化，さらには小型化が図られている．オルタネータにはグリース密封玉軸受が使用されているが，通常の疲労損傷形態とは異なり，白層（白色組織）と呼ばれる組織変化を伴い，軸受計算寿命の1/2以下の短時間ではく離を発生することがある．オルタネータ軸受外輪転走面のはく離の外観と金属組織写真を図6.16に示す[36]．このはく離形態はカーエアコン電磁クラッチやテンショナ軸受などにもみられる．オルタネー

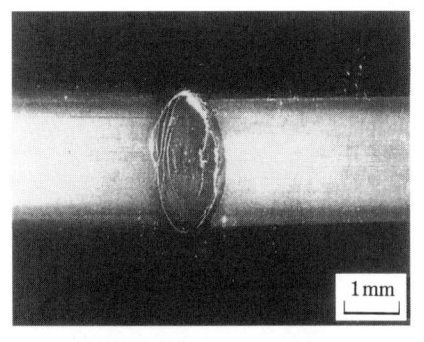

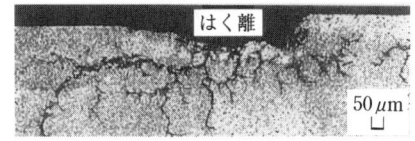

図6.16 オルタネータ軸受でのはく離の外観と金属組織写真〔出典：文献36)〕

タ軸受は最高回転速度 18000 min^{-1}，軸受温度が 130 ℃前後で使用される．また，ポリリブドベルトの採用により，ベルト張力の増加，ベルトの剛性増加による荷重増大，振動増大など運転条件が苛酷になっている．この早期はく離の原因究明が行われ，発生メカニズムの仮説として水素脆性説[37]，振動・曲げ応力説[38]，振動・衝撃負荷説[39] などが報告されている．水素脆性説は，過酷条件下で軸受軌道面と転動体（ボール）間の摩擦により油膜が破断し，金属新生面が発生することによりトライボケミカル反応が促進され，グリースの分解により発生した水素が脆性はく離を起こすというものである．これに対しては金属表面に添加剤被膜の形成能力があるグリースが効果的とされている．一方，振動・曲げ応力説は，過大荷重，振動，急加減速等の条件下での共振による負荷荷重の増加と軸受が変形することにより発生する曲げ応力との相乗作用によるものであり，振動ダンピング効果のあるグリースが効果的とされている．しかしながら，現実の現象はかなり複雑であり，車種，エンジンや使用環境によってはく離発生頻度に差が認められることから，二説の複合作用も報告されている．いずれの説も発生初期のメカニズムには不明な部分が多く，未だ全容を解明するには至っていないが，グリースの変更により大幅な改善効果が得られることは一致した見解である．

　組織変化を伴う早期はく離を防止するグリースとしては，高温，急加減速，高荷重状態に軸受がさらされても油膜が切れにくく，油膜維持性能に優れることが重要である．具体的手段として，基油の動粘度を高くする，増ちょう剤量を多くすること等が挙げられる．

　さらには，早期はく離を防止する添加剤も見出されている．例えば，亜硝酸ナトリウムや有機モリブデン系極圧剤などは，金属新生面が発生した場合，金属表面と反応して不働態化膜や添加剤膜を形成し，応力の緩和と水素脆性抑制に効果を示し，白層の生成を防止し，長寿命化を可能としている[40]．

　現在の早期はく離対策グリースとして最も一般的な組成は，主としてジアルキルジフェニルエーテル油を基油としたウレア系グリースに防錆剤，亜硝酸ナトリウムや有機モリブデン系極圧剤などのはく離防止に効果のある添加剤を添加したものとなっている．

6.2.11 フレッチング摩耗

フレッチング摩耗は,「接触する2固体間に生じる外的な振動を伴う接線方向の,一般には100μm以下の微小な往復すべりに起因した表面損傷」と定義される[41]. 転がり軸受では,軸受が停止時にラジアル,アキシアル,モーメントの繰返し荷重を受けると転動体と軌道面との接触部において微小往復滑りを生じ,接触面からグリースが排除され,酸化を伴う微小摩耗粉（α-Fe_2O_3）を発生する. 転がり軸受でのフレッチング摩耗の発生例としては,

(1) 自動車の貨車輸送時の自動車ホイール軸受軌道面（転動体と内外輪軌道面の接触部）
(2) 小型モータの製品輸送時の玉と内外輪軌道面の接触部
(3) 各種モータ,鉄道車両車軸軸受使用時の軸受はめあい面（ハウジングと軸受外輪接触部）

などが挙げられる.

転がり軸受の軌道部にフレッチング摩耗が生じると,音・振動の増大や早期はく離など軸受性能が低下する. このため,軸受の内部設計,材料・熱処理,組付け条件面からの対策がとられているが,軸受に封入するグリースによってもフレッチング摩耗の低減,防止が図られている.

フレッチング摩耗に及ぼすグ

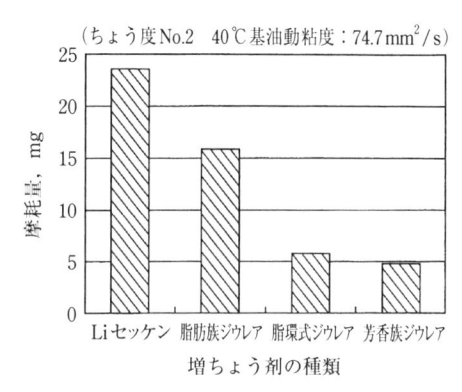

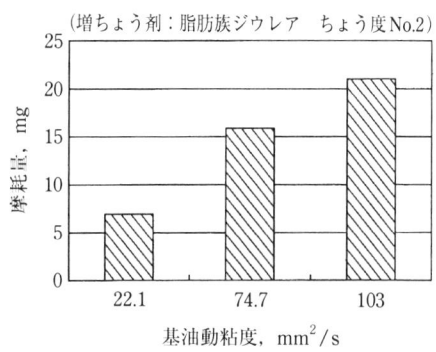

ASTMD 4170準拠
荷重：2 450N　　振動サイクル：25Hz
振動角：12°　　時間：22h

図6.17　フレッチング摩耗に及ぼす増ちょう剤,基油の影響〔出典：文献44〕

リースの成分や性状の影響については多くの報告があり，摩擦面へのグリースや分離した基油の入りやすさが影響し，それらの供給が十分にあればフレッチング摩耗は減少する[42,43]．このため，離油しやすいグリースの方が摩耗低減効果に優れる．グリースとしては，増ちょう剤量が少なく，

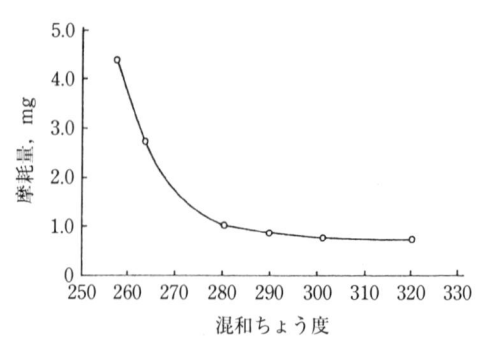

図6.18 フレッチング摩耗に及ぼす増ちょう剤の影響〔出典：文献45)〕

ちょう度が高く（軟らかく），基油の粘度が低く，ナフテン系よりもパラフィン系鉱油が好ましい．

　ウレア系増ちょう剤は金属セッケン系に比べ，摩擦面に付着しやすく，保護作用を示すため摩耗低減効果に優れる．Fafnir試験（ASTM D 4170）によりフレッチング摩耗に及ぼす増ちょう剤，基油動粘度の影響を調べた結果を図6.17に示す[44]．ウレア系はリチウムセッケン系よりも摩耗量が少なく，高粘度よりも低粘度基油の方が摩耗量は少ない．Fafnir試験でちょう度の影響を調べた結果を図6.18に示す[45]．摩耗量はちょう度により大きな影響を受け，混和ちょう度が260では3.5 mg程度であったが，ちょう度が高くなるにしたがって摩耗量は著しく減少し，280では1 mgとなった．添加剤についても効果が認められたという報告がある[43]．

6.2.12 発塵特性

　真空，クリーン環境下で使用される半導体や液晶製造装置などでは，転がり軸受からの発塵やアウトガスが製品品質を損なうため，低発塵性が要求される．このような分野で使用される転がり軸受では，通常の油やグリースによる潤滑が困難な場合が多く，Ag, Auイオンプレーティング膜やダイヤモンドライクカーボン（DLC）膜などを用いた固体潤滑，または低蒸気圧のパーフルオロポリエーテル（PFPE）油を用いたフッ素グリースによる潤滑が適している[46]．

発塵やアウトガスは，軸受回転時の油あるいはグリースの微粒子化や気化により生じる．発塵量は，光散乱方式のパーティクルカウンタを用いて0.1〜0.5 μmの粒子の個数を計測する方法が一般的である．グリース潤滑の玉軸受におけるグリースの組成と発塵特性については，増ちょう剤や基油粘度の影響が調査されている．低蒸気圧のPFPEグリースでも，グリースの劣化，分解が発塵

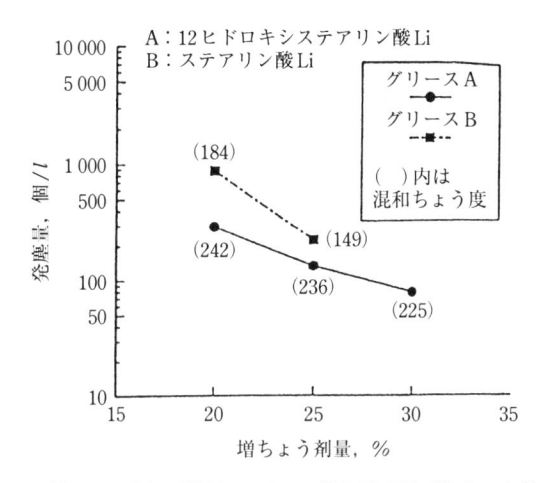

図6.19 増ちょう剤の種類およびその量と発塵量〔出典：文献48)〕

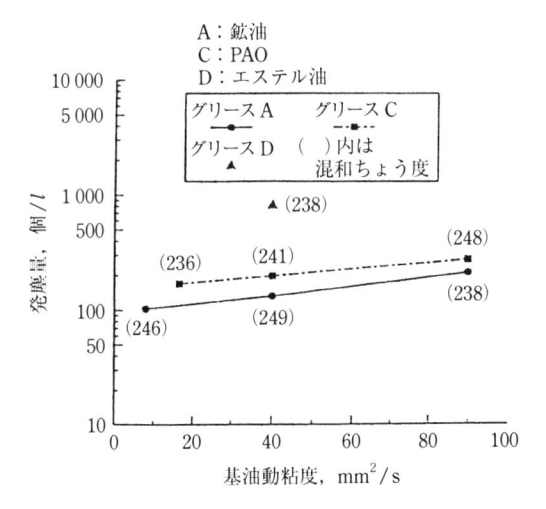

図6.20 基油の種類および動粘度と発塵量〔出典：文献48)〕

の原因になる場合があると報告されている[47]．一方，リチウムセッケングリースでは，図6.19に示すとおり増ちょう剤量の増加に伴いグリースは硬くなって発塵量は減少するが，増ちょう剤の種類の影響も大きい[48]．また，基油の種類と動粘度の影響を図6.20に示す[48]．鉱油，ポリαオレフィン（PAO）に比べ，エステル油を用いたグリースの発塵量が多い．鉱油およびPAOは動粘度の増加に伴い，発塵量はやや増加する傾向にある．グリース潤滑玉軸受からの発塵粒子は，それを捕集してFT-IR分析した結果，増ちょう剤の吸収が認められ，グリースそのものであった[48]．

真空環境下の低発塵グリースとしてはフッ素グリースが使用されているが，大気圧環境下の低発塵グリースとしては，最近ではちょう度をNLGI No.3からNo.4に調整したリチウムグリースやウレアグリースも，多く使用されている．

6.2.13 導電特性

複写機（PPC）やレーザプリンタ（LBP）の感光部や定着部では，ノイズによる画像品質の低下防止のため，装置のアース機構とともに導電性グリースを封入した転がり軸受が使用されるようになった[49]．

通常，グリースの基油成分は，電気絶縁性物質であり，転がり軸受では回転中に転動体と内輪および転動体と外輪軌道面間が油膜で分離され，内輪と外輪の間は通電しない．その間に導電性を付与するために，①内，外輪間に通電リング（ワイヤ）を接触させる[50]，②導電性グリースを封入するなどの方法が用いられている．

表6.1 各種グリース基油の体積抵抗率〔出典：文献51)〕

	A	B	C	D	E	F	G	H
基油の種類	パラフィン系鉱油		ナフテン系鉱油	ジエステル	ポリオールエステル	ポリαオレフィン	ポリグリコール	アルキルジフェニルエーテル
動粘度40℃, mm^2/s	39.65	100.3	160.4	11.60	29.80	30.52	117.8	97.02
体積抵抗率, $\Omega \cdot cm$	2.5×10^{14}	5.7×10^{14}	7.4×10^{13}	2.4×10^{12}	2.8×10^{13}	8.7×10^{15}	5.3×10^{9}	7.7×10^{14}

表6.2 各種グリースの体積抵抗率(いずれも No.2 グレード)〔出典:文献51)〕

	A	B	C	D	E	F
基油	パラフィン系鉱油				ポリグリコール	パーフルオロアルキルポリエーテル
動粘度40℃, mm^2/s	100.3				117.8	140.4
増ちょう剤	リチウムセッケン	脂肪族ジウレア	芳香族ジウレア	カーボンブラック	カーボンブラック	カーボンブラック
体積抵抗率, $\Omega \cdot cm$	6.5×10^{13}	3.2×10^{14}	2.8×10^{14}	1.8×10^4	1.3×10^4	3.7×10^3

導電性グリースは,グリースに銀や銅のような金属粉,グラファイト,カーボンブラックなどの導電性物質を配合したもので,なかでもカーボンブラックを用いたものが多い.その粒径は30〜70 nm 程度で,増ちょう剤としても使用される.物質の導電性を表す尺度としては,一般に単位体積($1 cm^3$)あたりの抵抗を示す体積抵抗率(単位:$\Omega \cdot cm$)が用いられる.潤滑油では,JIS C 2101 (電気絶縁油試験方法)で規定する体積抵抗率試験法で測定されるが,グリースでも本方法を準拠し測定できる.一方,グリースについては簡易電極により,体積抵抗率を測定した例も報告されており,その測定結果を表6.1, 6.2に示す[51].グリース基油の体積抵抗率は10^9〜10^{14} $\Omega \cdot cm$ 程度であり,大きな値を示すが,ポリアルキレングリコール(PAG)はその値が比較的低い.また,パラフィン系鉱油を基油とするリチウムセッケンやウレアグリースは10^{13}〜10^{14} $\Omega \cdot cm$ であり,基油の体積抵抗率と大きな差はない.一方,カーボンブラックを増ちょう剤とするグリースでは,基油の種類によらず10^3〜10^4 $\Omega \cdot cm$ に低下する.導電性グリースの明確な定義はないが,体積抵抗率は10^5 $\Omega \cdot cm$ 程度以下のものいう場合が多い.

カーボンブラック配合グリースを使用した転がり軸受の導電特性について調べた結果が報告されている[52〜55].内外輪間の電気抵抗値は,回転時間とともに上昇する傾向を示し,これは軸受の回転に伴いグリース中のカーボンブラックが,転がり接触面から排除されるためと考えられる.抵抗値の経時変化にはカーボンブラックの添加量や基油粘度の影響が大きい.

導電性グリースが多く使用されている複写機やプリンタなどの事務機器では,軸受周辺に多くの樹脂材料が使用されており,この材料への影響が少ないPAOを基油とするものが多い.また,複写機定着部ヒートローラ軸受は,軸受温度が200℃程度の高温となるためPFPEを基油に用いた導電性グリースが実用化されている.

6.2.14 高分子材料との適合性

転がり軸受には樹脂保持器やゴムシールなどが多く用いられており,また,軸受周辺にも多くの樹脂材料が使用されているため,グリースとこれら高分子材料との適合性が重要となる.

ゴムとグリースの適合性は,JIS K 6258（加硫ゴムの浸漬試験方法）に準じ,ダンベル状試験片を規定温度で規定時間グリース中に浸漬し,試験前後の引張強さ,伸び,硬さ,体積などの変化で評価するのが一般的である.樹脂との適合性もこれに準じた方法で評価される.また,グリースによる樹脂のひびや割れを図6.21に示すようなケミカルアタック試験で評価する場合もある[56].

合成系基油グリースの各種ゴム材料に対する体積変化率をゴム浸漬試験で調べた結果を図6.22に示す[57].エチレンプロピレンゴム（EPDM）には,ポリアルキレングリコール（PAG）グリースとフッ素グリースが,クロロプレンゴム（CR）には,エステル系を除くグリースが適している.これらのゴムに比べるとニトリル（NBR）,アクリル（ACM）,シリコーン（VQM）などのゴムは,グ

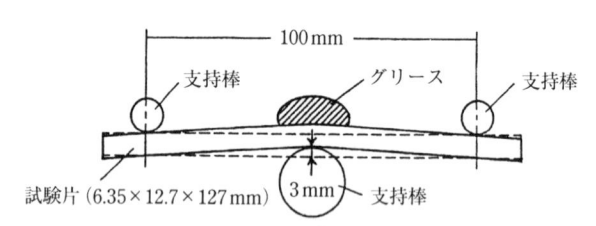

〈試験方法〉ASTM D 790に規定される試験片を変位3mmに曲げ応力を与えて固定する.この中央凸部に試験グリースを約0.7g塗布し,80℃で4時間放置した後,折れ・大きなひび割れ,くもりまたは微細なひび割れの発生の有無を確認する.

図6.21 ケミカルアタック試験概略図〔出典：文献56)〕

試験グリース

基油	エステル系	PAO	PAG	エーテル系	フッ素系
増ちょう剤	Liセッケン			ジウレア	PTFE
混和ちょう度	280	300	300	280	300

浸漬条件：100℃，70 h

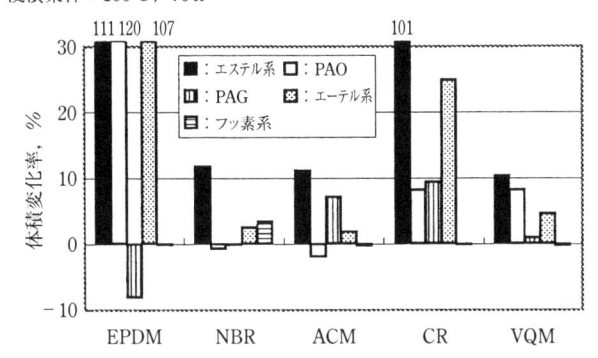

図 6.22　各種ゴム材のグリース浸漬試験結果〔出典：文献 57)〕

表 6.3　各種樹脂材料のケミカルアタック試験結果〔出典：文献 56)〕

グリース組成		ABS	PC	POM	PA	PBT	PPS	PEEK
増ちょう剤	基油							
リチウムセッケン	エステル	×	×	○	○	○	○	○
ウレア	エステル	×	△	○	○	○	○	○
リチウムセッケン	PAO	○	○	○	○	○	○	○
ウレア	PAO	○	○	○	○	○	○	○
ベントン	PAO	○	○	○	○	○	○	○
リチウムセッケン	PAG	×	△	○	○	○	○	○
ウレア	エーテル	○	○	○	○	○	○	○
PTFE	フッ素	○	○	○	○	○	○	○
カーボンブラック	PAO	○	○	○	○	○	○	○

○：変化なし，△：くもりまたは微細なひび割れの発生，×：折れまたは大きなひび割れの発生

リースの影響を受けにくい．これはゴムの耐油性と同様の結果であり，グリースのゴムとの適合性は基油の種類により大きく影響される．

各種グリースのケミカルアタック試験結果を表6.3に示す[56]．ポリアセタール(POM)，ポリアミド(PA)，ポリブチレンテレフタレート(PBT)，ポリフェニレンサルファイド(PPS)，ポリエーテルエーテルケトン(PEEK)ではほとんど変化がないが，アクリロニトリル・ブタジエン・スチレン共重合体(ABS)はエステル系やPAG系で折損する．ポリカーボネート(PC)はエステル系やPAG系で折損または曇りを生じる．これらの結果から，樹脂との適合性も，グリースの基油に大きく依存する．

PAOやフッ素系のグリースは樹脂への影響が小さく，適合性が良好である．このため樹脂との適合性が必要な用途では，価格面からPAOを基油としたグリースが広く用いられている．しかし，PAOにおいても低分子量(低粘度)成分を含有する場合は樹脂へ影響を与える場合があるため，使用する樹脂材や部品で評価することが重要である．

参考文献

1) A. Palmgren & B. Snare : Proceedings of The Conference on Lubrication and Wear, October 1967 in London, p. 454-458.
2) A. Harris : Product Engineering, **34**, 9 (1963) 89.
3) 畑沢鉄三・鏡 重次郎・川口尊久・直井貞司：グリース潤滑におけるスラスト円筒ころ軸受の摩擦特性(第1報), トライボロジスト, **43**, 9 (1998) 819.
4) 畑沢鉄三・鏡 重次郎・川口尊久・直井貞司：グリース潤滑におけるスラスト円筒ころ軸受の摩擦特性(第2報), トライボロジスト, **43**, 10 (1998) 904.
5) 転がり軸受マニュアル, (財)日本規格協会 (1999) 178.
6) 星野道男：ころがり軸受用潤滑剤, 潤滑, **32**, 5 (1987) 311.
7) 日本トライボロジー学会：トライボロジーハンドブック, 養賢堂 (2001) 146.
8) 中 道治：潤滑, 高温・高速ころがり軸受のグリース潤滑, **32**, 3 (1987) 165.
9) 中 道治・小泉秀樹・石原 滋・當摩剋也：グリース潤滑における高速玉軸受, NSK Technical Journal, 652 (1992) 22.
10) Fritz Wunsch : Grease Lubrication of High-Speed Hybrid Bearings, NLGI

Spokesman, **58**, 11 (1995) 434.
11) 向笠正弘：Koyo Engineering Journal, 160 (2001) 16.
12) 小宮広志：転がり軸受に使用されるグリースへの期待と要望，潤滑経済，436 (2002) 14.
13) 中島　聡・伊崎健太・田中伸治・P.M. Cann：鉄鋼連続鋳造機におけるグリース潤滑性能に関する検討，トライボロジー会議予稿集 仙台 (2002-10) 393.
14) 中島　聡・伊崎健太・田中伸治・竹村邦夫・木村康弘・渋谷善郎・P.M. Cann：鉄鋼連続鋳造用ウレアグリースの開発，トライボロジー会議予稿集 東京 (2003-5) 239.
15) 岡村征二：潤滑油の実用性能と評価・試験法，トライボロジスト，**39**, 10 (1994) 915.
16) E.R. Booser & A.E. Baker：Evaporation- A Factor in Ball Bearing Grease Life, NLGI Spokesman, **43**, 2 (1976) 60.
17) 鉱油系グリースの寿命とその劣化過程に関する研究会：鉱油系グリースの寿命とその劣化過程に関する共同研究，トライボロジスト，**37**, 8 (1992) 619.
18) 小松﨑茂樹：高温における潤滑グリースのレオロジー，日本レオロジー学会誌，5 (1977) 181-187.
19) 小松﨑茂樹：第48回トライボロジー先端講座，潤滑剤とトライボロジー (1993) 49.
20) 鈴木利郎，稲葉達弥：グリース寿命の評価法，日本潤滑学会第14期秋季研究発表会前刷 (1969) 6-1.
21) 小松﨑茂樹・上松豊翁・小林良男：大口径軸受におけるグリース性状変化，トライボロジー会議予稿集 東京 (1997-5) 364.
22) 小林政弘：ころがり軸受の音響に及ぼすグリースの影響，潤滑，**19**, 4 (1974) 306.
23) 中　道治：ころがり軸受の音響に及ぼす潤滑剤の影響，トライボロジスト，**35**, 5 (1990) 307.
24) 岡村征二：クリーン環境におけるグリース，トライボロジスト，**37**, 3 (1992) 225.
25) 例えば C.E. Ward & C.E. Littlefield：Practical Aspects of Grease Noise Testing, NLGI Spokesman, **58**, 5 (1994) 178.
26) H. Komiya：Effect of Contaminant in Lubricant on Noise of Ball Bearings, NLGI Spokesman, **56**, 5 (1992) 173.
27) 鈴木利郎・吉原明雄：グリース潤滑ころがり軸受の防せい，潤滑，**18**, 8 (1973) 638.

28) M.E. Hunter & R.F. Baker : The Effect of Rust Inhibitors on Grease Properties, NLGI Spokesman, **63**, 12 (2000) 14.
29) 安井啓剛：モータに組込後の軸受内部発錆について，Koyo Engineering Journal, 116 (1969) 1.
30) 外丸雅美・山本雅雄・鈴木利郎：全閉形モータ用玉軸受のワニスさびに関する研究，NSK Technical Journal, 647 (1987) 26.
31) 坂野富明・虫明慧悟：電気絶縁材料と玉軸受の防錆，防錆管理，**25**, 1 (1981) 1.
32) 日本学術振興会 転り軸受寿命126委員会：ころがり軸受寿命の研究，(1986) 56.
33) S. A. McCusker : Clean Grease Can Add New Life to Bearings, NLGI Spokesman, **55**, 5 (1991) 181.
34) 内田権一：圧延機ロールネック用四列円すいころ軸受の密封クリーン化，NSK Bearing Journal, 639 (1980) 19.
35) 秋山　稔：圧延機ロールネック軸受の潤滑上の問題点およびクリーン化について，潤滑，**26**, 9 (1981) 603.
36) 日本トライボロジー学会編：トライボロジー故障例とその対策，養賢堂 (2003) 100.
37) 玉田健治・前田喜久男・対馬全之：電装・補機用軸受にみられる新しいタイプのミクロ組織変化，NTN Technical Review, 61 (1992) 29.
38) 村上保夫・武村浩道・中　道治・小川隆司・桃野達信・岩本　章・石原　滋：オルタネータ用軸受疲労メカニズムの解明，NSK Technical Journal, 656 (1993) 1.
39) 柴田正道・後藤将夫・小熊規泰・三上　剛：エンジン・補機用軸受における転がり疲れによる新しいタイプのミクロ組織変化，Koyo Engineering Journal, 150 (1996) 16.
40) 小宮広志・中田竜二・吉崎浩二：有機金属系極圧添加剤を添加したグリースの転がり接触における表面膜形成,日本トライボロジー学会トライボロジー会議予稿集 仙台 (2002-10) 7.
41) 日本トライボロジー学会：トライボロジー辞典，養賢堂 (1995) 233.
42) 例えば R.T. Schlobohm : Formulating Greases to Minimize Fretting Corrosion, NLGI Spokesman, **45**, 10 (1982) 334.
43) H. Mishima, H. Kinoshita & M. Sekiya : Prevention of Fretting Corrosion to Wheel Bearings by Urea Grease, NLGI Spokesman, **53**, 11 (1990) 496.

44) 木村　浩：機能性潤滑剤としてのグリースの動向，潤滑経済，435 (2002) 2.
45) 三島　優：耐フレッチング・ホイール軸受用グリース，日石レビュー，30, 1 (1988) 23.
46) 三宅正二郎：クリーン環境用軸受，精密工学会誌，**57**, 4 (1991) 599.
47) 三宅正二郎・星谷邦夫・杉本岩雄：PFPEグリースで潤滑した転がり部品からの発塵特性，1990年度精密工学会秋季大会学術講演会講演論文集 (1990) 885.
48) 倉石　淳・中　道治・尾崎幸洋：グリース潤滑玉軸受の発塵特性，日本トライボロジー学会トライボロジー会議予稿集 名古屋 (1993-11) 239.
49) 中村浩之・正田　亨：事務機器用導電性軸受，NSK Technical Journal, 674 (2002) 24.
50) 光洋精工：通電軸受，Koyo Engineering Journal, 127 (1985) 62.
51) 遠藤敏明：通電場に使用される潤滑グリース，トライボロジスト，**41**, 7 (1996) 576.
52) 水谷敏幸・諸岡　淳・平田正和：導電性グリースを封入した軸受の導電特性，日本トライボロジー学会トライボロジー会議予稿集 東京 (2001-5) 249.
53) 傅寶功哲・中　道治・小川隆司：導電性グリース封入軸受の性能評価，日本トライボロジー学会トライボロジー会議予稿集 仙台 (2002-10) 385.
54) 傅寶功哲・中　道治：導電性グリース封入軸受の性能評価 (第2報)，日本トライボロジー学会トライボロジー会議予稿集 東京 (2003-5) 235.
55) 傅寶功哲・中谷真也・横内　敦：高温用導電性グリースの性能評価，日本トライボロジー学会トライボロジー会議予稿集 東京 (2004-5) 195.
56) 木村　浩：事務機用グリースの最新技術動向，トライボロジスト，**47**, 1 (2002) 40.
57) 氏家正城・八重樫康・木村　浩：樹脂材料・ゴム材料へ及ぼすグリースの影響について，日本トライボロジー学会トライボロジー会議予稿集 東京 (1999-5) 249.

151

第7章　グリース潤滑の適用例

7.1　自動車

7.1.1　ホイール軸受

　乗用車のホイール軸受には玉軸受が，バスやトラックなどの大型車には円すいころ軸受が多く使用されている．従来，これらの軸受には乗用車，大型車を問わず国内ではNLGI No.2～3のリチウムグリースが，欧米ではリチウムグリースやリチウム，バリウム等のコンプレックスグリースが使用されてきた．

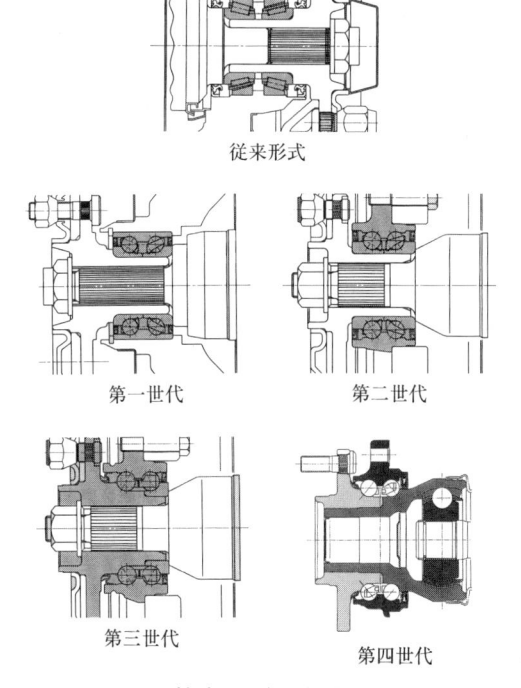

従来形式

第一世代　　　　　第二世代

第三世代　　　　　第四世代

図7.1　ホイール軸受の形式と変遷〔出典：文献1, 2)〕

しかし，乗用車のホイール軸受は，軸受周りの小型軽量化，軸受組込み工程の簡素化，メンテナンスフリー化等のメリットを背景に急速にユニット化され，そこに使用されるグリースも NLGI No.1～2の耐フレッチング性に優れるウレアグリースへと切り替わり現在に至っている．

内輪間座（スペーサ）によりすきまを調整する方式からすきま調整不要のハブユニット軸受（第一～第四世代）に至るまでの軸受の形式と変遷を図7.1[1,2]に，第三世代ハブユニット軸受の外観を図7.2に示す[1]．ホイール軸受のユニット化に伴い専用グリースが必要となった理由は，従来のリチウムグリースを封入したハブユニット軸受を組み込んだ完成車を貨物列車等で長距離輸送した際，輸送中の微振動により軸受転動面にフレッチングが発生するという問題を生じたことによる．したがってハブユニット軸受用グリースには，従来からホイール軸受用グリースに要求されてきた性能（高温長寿命，耐漏えい性，耐水性，さび止め性に優れる等）に加え，①耐フレッチング性に優れること，②メンテナンスフリーの立場や装着率の増大したディスクブレーキへの対応の面から従来以上に高温で長寿命なこと，が要求されウレアグリースが開発された．

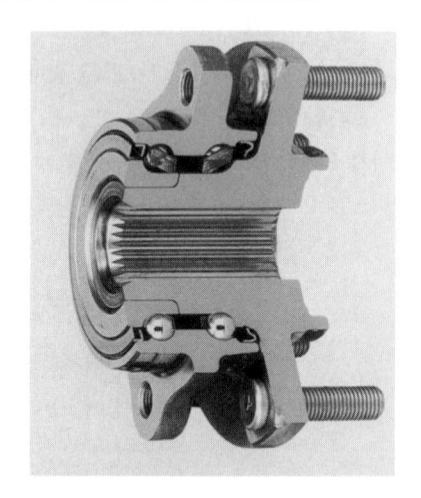

図7.2 第三世代ハブユニット軸受の外観〔出典：文献1）〕

ハブユニット軸受としてはハブあるいはナックルのいずれかを一体化した第二世代およびハブ，ナックルの両方を一体化した第三世代までがすでに実用化され普及している．等速ジョイントと一体化した第四世代は，ホイール軸受用グリースへの熱負荷を抑える目的から発熱を抑える構造の等速ジョイントとの組合せで実用化されているが，普及するまでには至っていない．

一方，大型車のホイール軸受は一部でユニット化の動きはあるもののハブにグリース溜りを有する方式が未だ主流であり，グリースも従来のリチウムグリースが使用されている．また，一部の厳しい使用条件下では二硫化モリブテ

ンや有機モリブデン等を配合したグリースが使用されるケースもある.

大型車のホイールハブには約400～1000 g/1輪のグリースが使用されるが,そのほとんどがハブのグリース溜りに充てんされる.グリース溜りへの充てんがなかったり非常に少ない場合には,さびの発生や潤滑上のトラブルにより軸受寿命が通常の1/3程度にまで低下するとの報告もある[3].

大型車のホイール軸受における問題点として,軸受内のグリースがせん断やギヤ油の浸入により軟化流失し,焼付きにつながるケース,グリース溜り内のグリースが軟化流動し,ブレーキ系に流出するケース等が挙げられる.グリース溜り内のグリースの軟化流動は熱とタイヤからの振動による微小せん断によると考えられており,図7.3に示す過程での進行が報告されている[4].

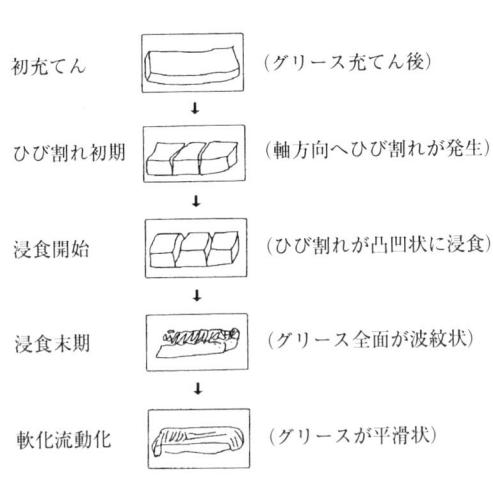

初充てん		(グリース充てん後)
ひび割れ初期		(軸方向へひび割れが発生)
浸食開始		(ひび割れが凸凹状に浸食)
浸食末期		(グリース全面が波紋状)
軟化流動化		(グリースが平滑状)

図7.3 ハブ内のグリースの変化〔出典:文献4)〕

軸受内のグリースの軟化は,回転速度165 min^{-1}の加熱ロール安定度試験等で評価されるのに対し,グリース溜り内のグリースの軟化流動は10 min^{-1}の低速加熱ロール安定度試験と相関がある.グリース溜り内で軟化流動しやすいグリースは低速ロール安定度試験において不混和ちょう度が大きくなる傾向があり,グリースの降伏値やセッケン含有量が影響を及ぼすと報告されている[3].

7.1.2 エンジン補機,電装品軸受

自動車のエンジン周辺には数多くのエンジン補機部品や電装品が配置されており,エンジンの駆動力がベルトによって伝達される.補機にはタイミングベルトテンショナ,冷却ファン用フルードカップリング,水ポンプ等があり,電装品にはオルタネータ,カーエアコン用コンプレッサ等がある.これらの機器

の外観・構造を図7.4～7.8に示す[5～8]．また，表7.1にこれらに使用される軸受および条件を，表7.2に使用グリースの代表例を示す．大部分はグリース密封玉軸受が使用されている．

近年，自動車は省燃費化，省スペース化が進み，エンジン補機，電装品の小型・軽量化が加速している．その結果として，小型・薄肉の軸受が採用される傾向にある．また，静粛性の要求からエンジンルームの密閉化が進み，これによる高温化とも相まって，軸受は高温，高速，高荷重条件という極めて厳しい環境にさらされる．使用されるグリースにも高度な性能が要求され，特に耐焼付き性，耐はく離性，さび止め性，低温音響特性が重視される．

1980年頃まで，エンジン補機，電装品軸受のグリースとしては鉱油系の金属セッケングリースやウレアグリースが主に使用されていた．しかし，用途ごとに異

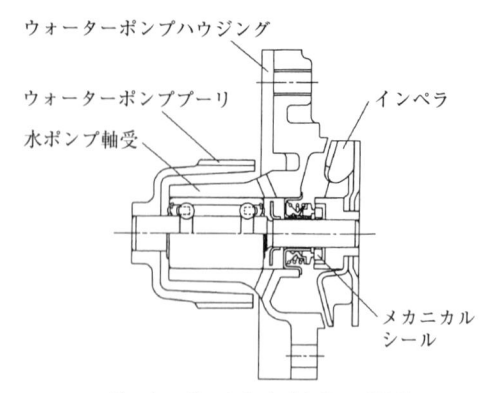

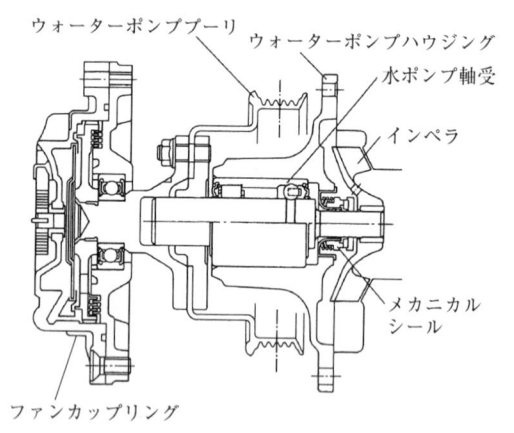

図7.4 冷却ファン用フルードカップリング，水ポンプ軸受使用例〔出典：文献5)〕

図7.5 水ポンプ軸受外観〔出典：文献5)〕

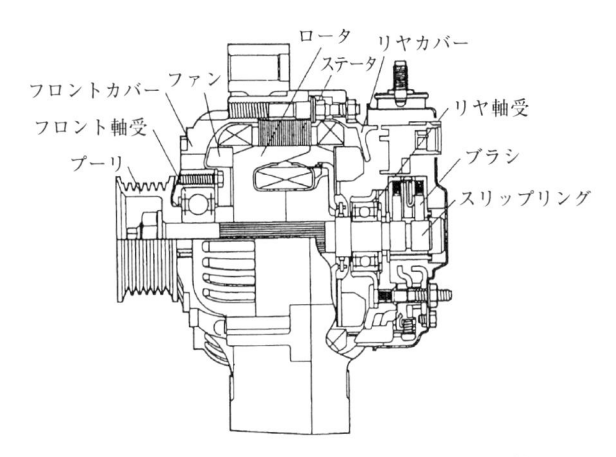

図 7.6 高速型オルタネータの構造〔出典：文献 6)〕

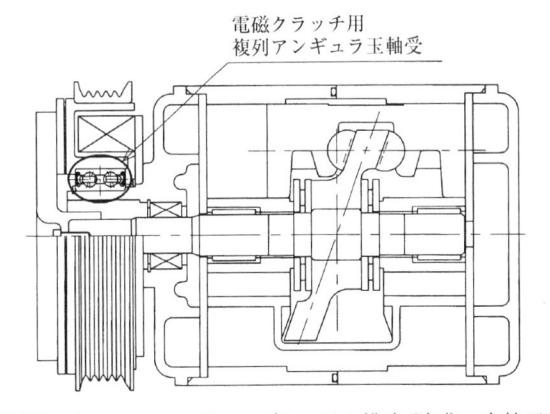

図 7.7 カーエアコン用コンプレッサの構造〔出典：文献 7)〕

なった性能が高いレベルで要求されるようになり，従来のグリースではそれらの要求を満足することができなくなった．このため，用途ごとに要求性能に合致する最適なグリースが必要となってきた．

オルタネータ，カーエアコン用電磁クラッチ，アイドラプーリ，水ポンプ，テンショナ等の軸受には焼付き寿命と低温性能を両立させるため，合成油を基油とし，増ちょう剤には耐熱性に優れたウレアグリースが開発された．現在では，基油としてポリオールエステル油，ポリαオレフィン，ジアルキルジフェ

図7.8　カーエアコン用コンプレッサ電磁クラッチ軸受外観〔出典：文献8)〕

表7.1　自動車エンジン補機・電装品用軸受と使用条件例

	部品名	軸受	内径, mm	回転方式	最高回転速度, min^{-1}	最高温度, ℃
補機	冷却ファン用フルードカップリング	単列深溝玉軸受	20程度	内輪	5000 (相対回転速度)	150～200
	タイミングベルト用テンショナ	単列深溝玉軸受	25～30	外輪	5000～8000	130
	水ポンプ	水ポンプ軸受 (玉, ころ)	—	内輪	7000	120
電装品	オルタネータ	単列深溝玉軸受	8～17	内輪	18000	130
	カーエアコン用電磁クラッチ	複列アンギュラ玉軸受	30～40	外輪	7000～12000	130
	アイドラプーリ	単列深溝玉軸受	12～20	外輪	10000～20000	130

ニルエーテル油をそれぞれ単独あるいは混合して使用し，ウレアも脂肪族，脂環式，芳香族と様々な構造をもったウレアが使用されており，用途や要求性能に応じて使い分けられている．

　これとは別に冷却ファン用フルードカップリング軸受のように使用温度が200℃を超える場合，高粘度シリコーン油のリチウムセッケングリース，高粘度フルオロシリコーン油のポリテトラフルオロエチレン(PTFE)グリース，あるいは高粘度フッ素油のPTFEグリースが使用される例もある．

　一方，1980年代中頃からVベルトに代わりVリブドベルトが採用され，従

表7.2 使用グリースの代表例

部品名	冷却用フルードカップリング（ファンカップリング）		水ポンプ		タイミングベルト用テンショナ オルタネータ カーエアコン用電磁クラッチ アイドラプーリ	
グリース記号	A	B	C	D	E	F
増ちょう剤	PTFE	PTFE	リチウムセッケン	ウレア	ウレア	ウレア
基油	フルオロシリコーン	フッ素油	鉱油	ポリαオレフィン	エステル	アルキルジフェニルエーテル
基油動粘度 mm^2/s (40℃)	160	160	130	100〜150	30	100
ちょう度 NLGI No.	2	2	3	2	2	2〜3

来より高い荷重が軸受にかかるようになった．この頃からオルタネータ，電磁クラッチ，アイドラプーリ等の軸受において計算寿命よりもはるかに短い時間で，それまで経験したことがない特有のはく離が発生するようになった．このはく離は従来のものとは形態が異なり，内部に白色組織がみられ，組織変化を伴うという特徴を有しており，軸受の固定輪（オルタネータ用軸受は外輪，電磁クラッチ・アイドラプーリは内輪）に発生する（詳細は6章6.2.10参照）．

このはく離は，グリースの変更により大幅な改善効果が得られている．現在の早期はく離対策グリースとして最も一般的な組成は，主としてジアルキルジフェニルエーテル油を基油としたウレア系グリースに，はく離防止に効果のある添加剤を添加したものとなっている．

エンジン補機，電装品軸受には使用温度180℃以上，回転速度20000 min^{-1}を超える要求もある．この要求を満足するには，グリースの更なる高性能化が必須である．耐熱性の観点からフッ素系グリースも一部では使用されているが，自動車部品には低価格も重要な要求項目であるため，さらに現在，比較的価格が安くかつ耐熱性の高い基油の探索，開発が進められている．

7.1.3 モータ軸受

自動車には，エンジンやカークーラコンプレッサなどの冷却のための電動ファンモータ，電子制御スロットル弁開閉駆動のためのモータ，ワイパモータ，ミラーモータなど大小様々なモータが使用されている．

電動ファンモータは，エンジンルームに設置されるため130℃以上の高温で使用されるだけでなく，カーボンブラシ摩耗粉が軸受中に侵入しやすく，潤滑不良により焼付きを生じやすい．このような環境下でも焼付きを生じにくいポリαオレフィンを基油に用いたウレアグリースが多く使用されている．電子制御スロットル弁

図7.9 電子制御スロットル弁開閉駆動用モータ

開閉駆動用モータ（図7.9）は，低温時にグリースのかくはん抵抗が増大すると作動不良を起こし，装置が十分な機能を果たせなくなる．このため軸受サイズは可能な限り小さく，グリース封入量を寿命に支障ない範囲で少なくする必要がある．また，これらの装置はエンジンルーム内に設置されるため高温焼付き性に優れることも同時に要求される．低温流動性と高温安定性に優れた直鎖状フッ素化油 PTFE グリースが多く使用されている．

ワイパモータやミラーモータ等のボディ系モータは，大衆車では約30個，高級車では約60個が使用されている．図7.10に主なボディー系モータの搭載位置と適用モータを示す[9]．最近では100個を越えるモータを使用している場合もあり，その用途はますます多様化すると考えられる．

ボディ系モータへの要求性能は用途によって異なるが，低騒音，小型・軽量，高応答・高分解能，低価格が共通した性能である．ミラー用，ドアロック用，オートエアコン用，パワーウインドウ用等のモータの軸受には含油すべり軸受

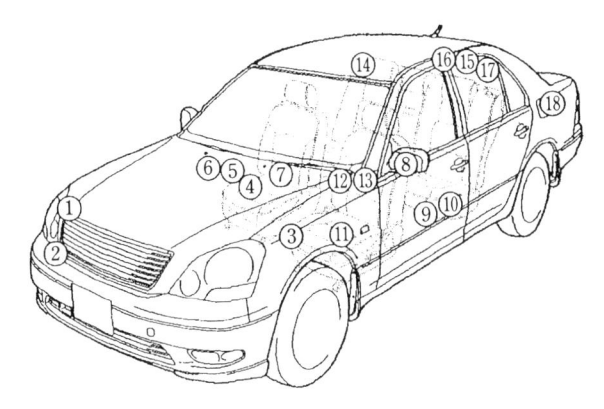

① リトラクタライト用，② ヘッドライトクリーナ用，　③ ウォッシャ用，
④ フロントワイパ用，　⑤ ブロワ用，　　　　　　　　⑥ サーボモータ，
⑦ オートエアコン用，　⑧ ミラー用，　　　　　　　　⑨ パワーウインドウ用，
⑩ ドアロック用，　⑪ パワーシート用（スライド），⑫ パワーシート用（上下），
⑬ パワーシート用（リクライニング），　　　　　　　⑭ サンルーフ用，
⑮ 電動カーテン用，　⑯ 空気清浄機用，　　　　　　　⑰ リヤワイパ用，
⑱ 電動アンテナ用

図 7.10　ボディ系モータの搭載位置と適用モータ〔出典：文献 9）〕

が多く使用されている．転がり軸受が使用される場合，比較的穏やかな使用条件では鉱油系のリチウムセッケングリースが採用されている．低温から高温まで広温度範囲での良好な作動性が要求される条件では，基油にジエステル油やポリオールエステル油を用いた NLGI No.2 のナトリウムテレフタラメートやリチウムセッケンのグリースが使用されている．使用条件が厳しい場合には，7.1.2 で述べたエンジン補機，電装品軸受用グリースが使用される場合もある．

　これらのほかに，エンジンスタータ用モータやステアリングのアシスト機構を補助する電動パワーステアリングモータがある．これらのグリースには－40～120℃で使用可能であり，低摩擦トルクが要求される．低温起動性および高温焼付き寿命を同時に達成させるため，エステル系リチウムセッケングリースや合成油系ウレアグリースが使用されている．

　今後，モータは従来のような機能だけでなく，ハイブリット車，電気自動車，燃料電池車では駆動用として欠かせないものであり，自動車の主役になりつつある．

7.1.4 等速ジョイント

等速ジョイント（Constant Velocity Joint，以下 CVJ と略す）は，入力軸と出力軸がどのような角度（作動角）をとって回転しても滑らかにトルクを伝達することができる機械要素であり，自動車の駆動系や産業機械の回転部に多く用いられている．

（1） CVJの種類とグリースへの要求性能

自動車における CVJ の適用例を図 7.11 に示す[10]．自動車に用いられる CVJ はその機能に応じて固定式としゅう動式の2種類に分けられ，いずれも駆動軸（ドライブシャフト），推進軸（プロペラシャフト）に使用される．代表的な CVJ の構造と特徴を表 7.3 に示す．CVJ には，耐久性，NVH 特性，ブーツ材料との適合性等が必要であり，グリースがこれらに与える影響は大きい．

（a）耐久性

エンジンの高出力化や CVJ 自体の小型化により，CVJ の使用条件は厳しさを増しており[11]，グリースは更なる高性能を要求されている．CVJ では，内外輪の軌道面上で転動体（ボールやローラ）がすべりと転がりを伴いながら往復運動を行う．特にホイール側に取り付けられる固定式は，タイヤの転蛇のため作動角が大きい設計を取ることからすべり率が大きくなり，耐久性が問題にな

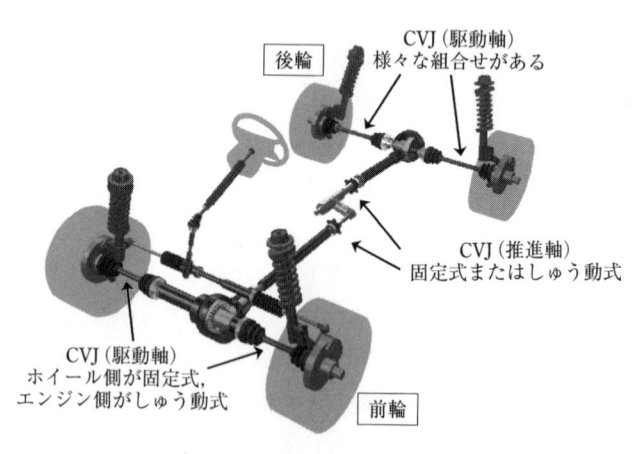

図 7.11　CVJ の適用例（4 WD）〔出典：文献 10〕

表7.3 代表的なCVJの構造と特徴

固定式 (軸方向のスライド不可)	しゅう動式 (軸方向のスライド可)	
BJ (ボールフィックスジョイント)	DOJ (ダブルオフセットジョイント)	TJ (トリポートジョイント)
6または8個のボールでトルクを伝達する 最大作動角47°	6または8個のボールでトルクを伝達する 最大作動角25°	3個のローラでトルクを伝達する 最大作動角23°

りやすい．CVJの耐久性は内外輪軌道面と転動体接触部のフレーキングや摩耗に支配される場合がほとんどで，焼付きが支配的な場合は稀である．

（b）NVH（Noise, Vibration, Harshness，騒音・振動・乗り心地）特性

車両の乗り心地と騒音の観点から，NVH，いわゆる振動特性の向上が要求される．車両の振動と関連しているCVJ特性を表7.4に示す．ハンドルを切ったまま発進すると異常音が発生する場合があり，固定式CVJでの内部部品の摩擦によるスティックスリップが原因と考えられている．またしゅう動式CVJでは，トルクを伝達しながらスライドすると摩擦部に起因する抵抗が発生する．その抵抗が小さいTJ系ではほとんど問題にならないが，抵抗の大きい

表7.4 車両の振動とCVJ特性との関連

振動の種類	CVJ種別	CVJ特性	有効な対策
高角転舵時の異音	固定式CVJ	スティックスリップ性	CVJの内部機構の見直し 摩擦抵抗の低減
アイドリング振動 (A/T車)	しゅう動式CVJ	スライド抵抗	CVJ内の機構改良 グリースの低摩擦化
加速時の横揺れ		誘起スラスト3次成分	グリースの低摩擦化
高速時のこもり音・ビート音		誘起スラスト6次成分 誘起スラスト8次成分	グリースの低摩擦化

DOJなどでは問題になることがある[12]．さらに，しゅう動式CVJで作動角をとりながらトルクを伝達するとき，内部の摩擦力に起因する周期的な軸方向成分の起振力を生じ，これを誘起スラスト力や強制力と呼んでいる[12]．各しゅう動式CVJのトルク伝達部品（ボールまたはローラ）の数の回転次数（例えばTJ系ではローラが3個あるので回転3次）が増大し，自動車の他部品と共振を起こしてNVHを悪化させる場合がある．このようなNVH特性に対し，グリースの摩擦特性が大きく影響する．

（c）ブーツ材料との適合性

CVJはブーツと呼ばれる蛇腹型のクロロプレンゴム（CR）ゴムや熱可塑性ポリエステル系エラストマー（TPEE）などで密封されており，グリースはCVJ内部およびブーツ内部に充てんされる．ブーツは常に屈曲を伴い回転する上に，エンジン等の熱やオゾンの影響により劣化を受けやすい．これらの要因に加え，グリース成分がブーツ材料の劣化を促進させる場合があるので注意が必要である．

（２）グリースの技術動向

駆動軸へ適用するCVJにおいては，固定式は主として耐久性を重視し，しゅう動式はNVH特性を重視するとともに耐久性も考慮したグリースが使用されている．推進軸に適用されるCVJは高速で使用されるので，耐久性とともにCVJ自身の温度上昇を抑制するグリースが使用されている．

CVJに封入されるグリースは，接触部への流入性，ブーツ側へのグリースの偏り防止やブーツが破損した場合におけるグリースの流出防止等を考慮し，一般的にNLGI No.1～2が用いられる．ちょう度により振動特性が変わる例[13]も報告されており，軟らかいグリースが選択される場合がある．また，推進軸に使用される場合，ちょう度は温度上昇にも影響を及ぼす．

日本においては1980年代まではリチウムグリースが主流であったが，1990年代以降，ウレアグリースの使用量が増加しており，現在では半数以上を占めるまでになっている．これはウレアグリースが耐熱性に優れ，耐フレーキング性を向上させるだけでなく，NVH特性も向上させるためである．また，ウレアの種類もこれらの耐フレーキング性やNVH特性に影響を及ぼす[13]．

CVJに封入されるグリース量は，軸受と比較して格段に多いため，コストを

考慮してほとんどが鉱油系グリースである．鉱油の粘度や種類（パラフィン系，ナフテン系など）は，ブーツ材との相性を考慮して選択されている[14]．

耐久性を重視する固定式CVJでは，耐フレーキング性や耐摩耗性を向上させるために，S系，P系添加剤や，MoS_2に代表される固体潤滑剤などが添加されている．また近年では，hBN（六方晶窒化ホウ素）や有機系のMCA（メラミンシアヌレート）も使われるようになった．なお以前は低コストで優れた極圧性能を示すPb系添加剤が多用されていたが，環境問題・有害物質の排除という観点から，Pb系添加剤を含まないグリースに置き換わっている．

しゅう動式CVJではNVH特性の向上が重要であり，低摩擦係数を示すグリースが用いられている．近年では，有機Mo化合物やZnDTPに代表される添加剤が多用されているが，これらの添加剤は，S系，P系添加剤との相乗作用を示す場合が多い．このため添加剤の組合せ（例えば，MoDTCとMoDTPや，有機Mo化合物とZnDTP）や添加量の最適化が行われている．最近，有機Mo化合物とCaスルホネートの組合せが低摩擦を示すという報告がある[15]．

添加剤の種類によってはブーツ材料との相性が悪く，ブーツ材料の劣化を促進させる要因になることがある．また添加剤とブーツ材料との相性はCRとTPEEとで異なる場合も多いので，注意を要する．

7.2 鉄　道

鉄道車両用グリースは，図7.12[16]に示す軸受，歯車装置等の走行関係部分に使用されることから，安全性確保のために慎重な評価が要求される．また車両のメンテナンスに配慮して，そのメンテナンス期間の整数倍の寿命をもつような耐久性が必要とされる．この他，最近では車両の高速化や機器の軽量化への対応として，更なるグリースの高性能化も図られている．

7.2.1 車軸軸受

車軸軸受には，グリース潤滑と油潤滑がある．グリース潤滑されている軸受は，車両によって軸受の寸法，形式が異なるが，開放型つば付き円筒ころ軸受，密封型つば付き円筒ころ軸受，密封型円すいころ軸受の3タイプがある．これらに使用されるグリースには，耐摩耗性，耐水性，酸化安定性などの性能が要

求される．性能・性状目標値の一例を表7.5に示す．グリースの選定においては，表7.6に示すような実物の軸受を用いた台上評価試験が実施される．さらに実際の車両を用いて総合評価兼耐久性確認試験（現車試験）が実施され，問題のないことが確認された後，車軸軸受用グリースとして採用される[17]．

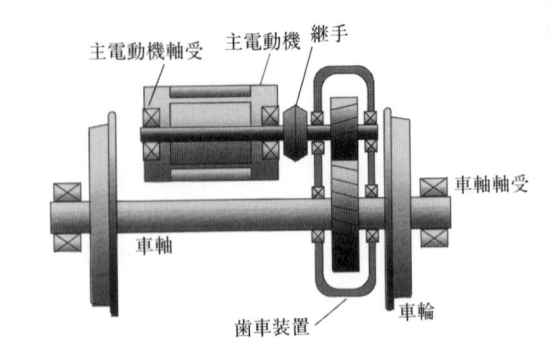

図7.12　電車の走行関係部分の一例
〔出典：文献16)〕

現在の在来線車両の車軸軸受用グリースは，車種または軸受の種類によりいくつかの種類が使い分けられている．開放型つば付き円筒ころ軸受には極圧剤や耐摩耗剤を含むリチウムグリース（NLGI No.2）が主に用いられている．し

表7.5　車軸車軸用グリースの性能・性状目標値の一例

	試験項目	仕様
組成	基油種類	精製鉱油または合成油もしくは鉱油＋合成油
	増ちょう剤種類	ウレア系
	その他成分（添加剤等）	酸化防止剤，極圧添加剤を添加する
	その他	PL法に基づく警告表示が必要な物質は使用しない
性状・性能	ちょう度　(25℃)	NLGI No.2
	耐摩耗性（シェル四球試験機） (392 N, 1200 min^{-1}，1 h) 摩耗痕径，mm	0.5以下
	耐荷重能（シェル四球試験機） (1800min^{-1}，10 s) 融着荷重，N	2450以下
	機械的安定性（シェルロール試験機） (常温，6 h) ちょう度変化値 (80℃，6 h) ちょう度変化値 (混水10％，常温，6 h) ちょう度変化値	＋40以内 ＋40以内 －20～＋40以内

表7.6 車軸軸受用グリースの実物大軸受による台上評価試験条件の一例

試験条件	条件設定の例
試験荷重 　ラジアル荷重 (F_r)	$F_r = f_r \cdot (G-w)/2$ 　f_r：ラジアル荷重係数， 　　　　使用最高速度が　120 km/h まで　：1.4 　　　　　　　〃　　　　120〜160 km/h：1.5 　　　　　　　〃　　　　200〜　　　　：1.7 　G：軸重（レール上） 　w：輪軸重量
アキシアル荷重 (F_a)	$F_a = f_a \cdot F_r$，f_a：アキシアル荷重係数 = 0.3， 　ただし，試験中5秒間付加後25秒間休止を繰り返す
軸受部の風冷	列車走行風に相当する冷却風を軸受部に加える
回転速度	車両の最高速度に相当する回転速度
試験時間	最高速度で車軸軸受の検査周期走行距離を走行する時間

かしグリースの種類を統合したいとの観点から，後述の主電動機軸受用のリチウムグリース（NLGI No.2）が使用されることもある．密封形つば付き円筒ころ軸受，密封形円すいころ軸受には，アメリカ鉄道協会（AAR）によって標準化されているリチウム・カルシウム混合グリース（NLGI No.1 と No.2 の中間のちょう度）が多く用いられている．

　一方，新幹線の車軸軸受には開業以来油浴潤滑方式が採用されていたが，フランスTGVのように高速車両にもグリース潤滑が採用されている場合もある．日本でも500系新幹線以降，グリース潤滑が採用された．新幹線車軸用密封形円すいころ軸受の構造と外観を図7.13，図7.14に示す[18]．グリース潤滑の採用にあたり，高速走行に伴う軸受温度上昇を考慮して，半合成基油のリチウムグリースが多く使用されてようになってきた．

　在来線，新幹線を問わず，車

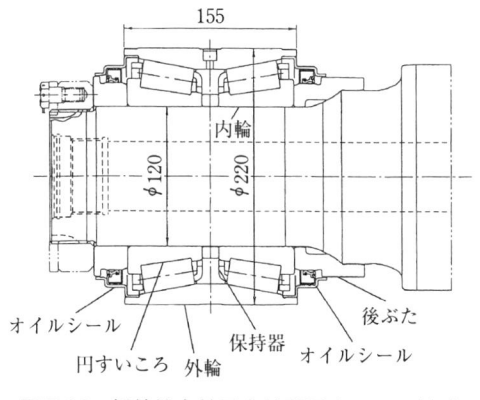

図7.13　新幹線車軸用密封形円すいころ軸受の構造〔出典：文献18)〕

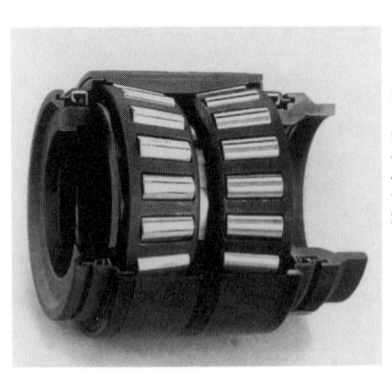

図7.14 新幹線車軸用密封形円すいころ軸受の外観〔出典：文献18)〕

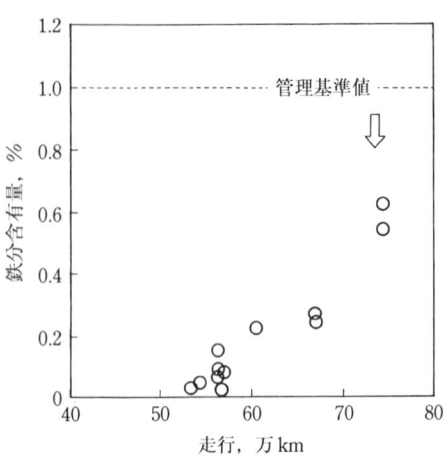

図7.15 車軸軸受グリースの走行距離による鉄分含有量の変化〔出典：文献20)〕

軸軸受など走行に関連する部分で用いられるグリースは，予防保全の観点から車両の決められた分解検査時に余裕をもって交換されてきた．しかし，技術の発展に伴ってグリースの耐久性が一段と向上し，従来の交換周期を上回る期間・走行距離にわたって使用できるようになった．安全性に関する検討（現車試験）により，在来線電車の走行距離による分解検査周期は，法令上40万km

表7.7 車両用グリースの管理基準値〔出典：文献20)〕

管理項目	管理基準値		
部位	車軸	主電動機	電動発電機
ちょう度	100〜400	150〜350	
鉄分含有量, %	1.0以下	0.5以下	
銅分含有量, %	0.3以下	0.3以下	
水分, %	5以下		
酸価, %	5以下		
油分離率, %	30以下		
滴点, ℃	±20以内		

酸価はオレイン酸酸価

以内から60万km以内へと延長された．60万km分解検査周期を採用するにあたり，最大約75万km走行した車軸軸受のグリース分析が行われた[19,20]．車両用グリースに関しては，グリース交換の必要性を判定するための管理項目と管理基準値が鉄道総合技術研究所により表7.7のように定められている[20]．図7.15は在来線車両の車軸軸受用グリース中の走行距離による鉄分含有量の変化である[20]．最大約75万km走行までグリース交換をせずに走行した車両から採取されたグリースの分析調査結果では，いずれの管理項目についても管理基準値を超過しなかった．

7.2.2 主電動機軸受

主電動機とは，電車や電気機関車に搭載されている動力用の電動機のことである．主電動機軸の回転は歯車装置を介して輪軸に伝えられる構造となっている．主電動機と軸受部の構造を図7.16[21]に，新幹線用主電動機の外観を図7.

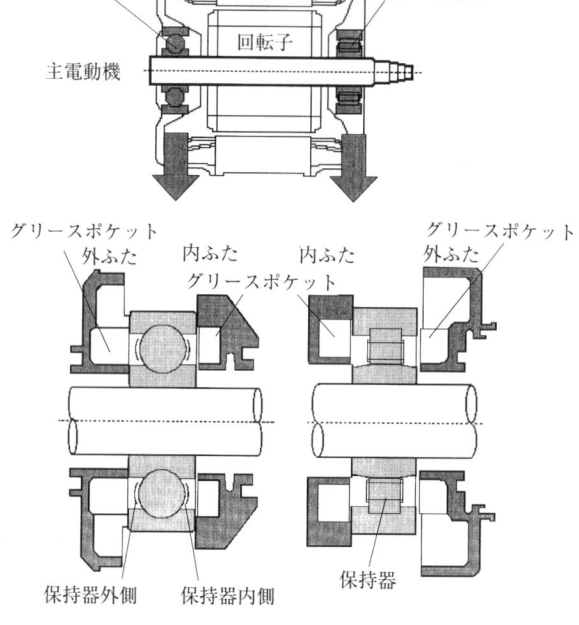

図7.16 主電動機と軸受部の構造〔出典：文献21)〕

17に示す．主電動機用軸受としては円筒ころ軸受と深溝玉軸受が使用されており，そこに適用されるグリースには高温・高速回転下での耐久性が重視される．

従来より，主電動機軸受用グリースにはリチウムグリース（NLGI No.2）が用いられてきた．1990年代からは，高速回転の誘導電動機が採用され始め，発熱が大きくなったため，耐熱性を向上させたリチウムコンプレックスグリース（NLGI No.2）が用いられるようになった．さらに，主電動機の分解検査の周期を延ばすため，近年，一部の私鉄では合成油系グリースも使用されている[22]．

図7.17 新幹線用主電動機の外観

以上のようなグリース自体の耐久性向上のみならず，軸受装置内に充てんしたグリースを最大限有効に活用することも重要である．その基礎検討として，グリースポケットの形状に注目し，グリースの挙動を調べる研究が行われている[21,23]（4.2.7参照）．

グリースの耐久性向上により，劣化の支配因子が変化していることを示唆するデータも得られている．例えば新幹線に導入された誘導電動機軸受から採取したグリースの分析では，酸化劣化よりも油分離が早期に生じている[24]．

7.2.3 分岐器

列車の進行方向を変える分岐器の作動不良は，定時運行を損なうことになる．分岐器は，可動レールである「トングレール」が，枕木に固定された鋼板の「床板」上をしゅう動することで転換され，これを常に円滑に行うには，しゅう動部の潤滑の維持が重要である．そこで床板に油やグリースが塗布される場合があるが，塗られた油類による周辺環境の汚染が懸念されるため，分岐器用潤滑剤として，生分解性グリースが注目されている．

表 7.8 分岐器用生分解性グリースの組成と性状

項目	汎用	厳寒期用
基油	ナタネ油	
増ちょう剤	12-ヒドロキシステアリン酸 カルシウムセッケン	
添加剤	増粘剤 (ポリメタクリレート) 酸化防止剤 (アミン系/フェノール系) 極圧剤 (硫黄-リン系)	
外観	淡黄色粘ちょう状	淡黄色粘ちょう状
不混和ちょう度 (25℃)	360	420
〃　　　 (−20℃)	238	246
ちょう度差	122	174
流出残存率, %*	89	57

* 傾けた鋼板に塗布した試料グリースのうち,上から20分間水を流した結果残った割合

分岐器用グリースの一例を表7.8に示す.分岐器での使用にあたっては,降雨・降雪や,分岐器上の雪や氷を除去するためのスプリンクラーの水によっても容易に流されない耐水性が必要である.また,常温,低温の両方での塗布作業性も要求される.厳冬期にポイントの転換に要する力の推移を測定した結果,NLGI No.0の汎用タイプグリースは,従来使用のゲル状潤滑剤と比較して,潤滑効果を長く維持できることが確かめられている[25].

7.3　電機・情報機器

電機・情報機器として.産業機械用モータ(誘導電動機),エアコンディショナ(エアコン)ファンモータ,クリーナモータ,冷却ファンモータ,複写機,HDD(ハードディスクドライブ)に使用されているグリースを紹介する.

7.3.1　産業機械用モータ(誘導電動機)軸受

産業機械用モータには,軸受内径約120 mmを境として,それより大きなモータでは円筒ころ軸受と深溝玉軸受が多く採用され,モータが大きくなるに従い油潤滑が増加している.一方,それより小さなモータでは,2個の深溝玉

軸受が使用されることが多く，グリースで潤滑されている．誘導電動機は交流モータの一種であり，近年，インバータ化が進んでいる．メンテナンスフリーで20,000時間以上の長寿命が求められるが，100℃以下の温度で使用されることが多く，現在では最も一般的なリチウムセッケングリースが使用されている．4極以上のモータには，鉱油またはエステル系のリチウムグリースが，回転速度の速い2極モータには，エステル系のリチウムグリースが多く使用されている．

7.3.2 エアコンファンモータ軸受

エアコンのファンモータには種々のモータが使用され，室内機用と室外機用に大別される．特に室内機用のファンモータには低騒音性への要求が厳しい．モータの小型化，軽量化，高温での使用，樹脂モールド化，交流モータから直流モータへの移行などにより，モータの変化に対応した長寿命（音響寿命），省電力（低トルク性），低騒音性，さび止め性，耐フレッチング性などを有する高性能，高効率化グリースが求められる．エアコンは夜間には騒音を低減するため，極低速回転で使用されることもある．極低速回転はグリースによる油膜形成が悪くなり，玉や軌道面にキズや摩耗を生じやすく軸受音の増加の原因となることもある．また輸送中の振動により，軸受軌道面にフレッチング摩耗によるきず音を発生したこともあり，グリースによる改善が求められたこともあった．

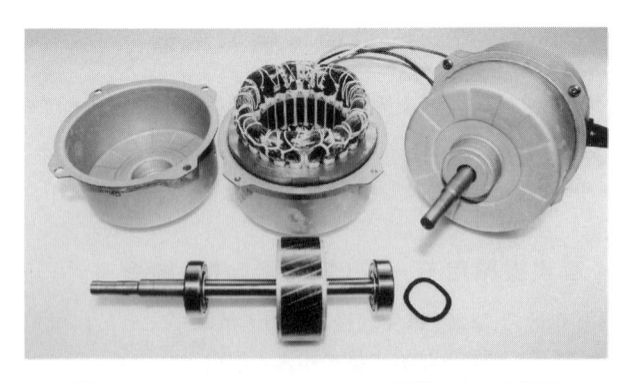

図7.18 エアコンファンモータの外観および分解図

図 7.19　音響寿命試験〔出典：文献 26)〕

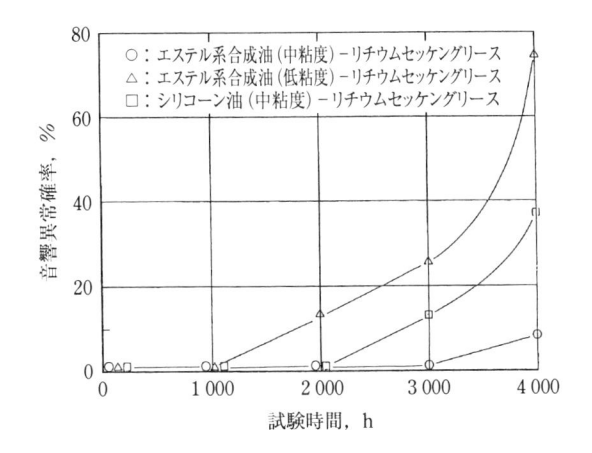

試験条件　試験軸受：608ZZ（$\phi 8 \times \phi 22 \times 7$）
雰囲気温度：100℃，内輪回転速度：5 600 min^{-1}，荷重：アキシアル 3 kgf，グリース封入量：0.16 g，試験軸受個数：各16個，測定時間：0～4 000時間

図 7.18 にエアコンファンモータの外観および分解図を示す．多く使用されている軸受は内径 8～15 mm の深溝玉軸受である．回転速度は 300～3 000 min^{-1} 程度で，要求寿命は 25 000 時間～30 000 時間である．

グリースに要求される低トルク性能は基油粘度に，低騒音性能はグリースの製造工程（冷却工程，仕上げ工程など）に依存し，さび止め性，耐フレッチング性は添加剤に影響される．現在，エステル系リチウムグリース（グリース A，ちょう度：NLGI No. 2～3）が最も多く使用されている．また，使用温度の上昇（80～90℃→115℃位）に対応して，基油粘度を 25～30 mm^2/s から 50～55 mm^2/s へ変更したエステル，エーテル系リチウムグリース（グリース B，ちょう度：NLGI No. 3）が耐熱仕様として用いられている．音響寿命試験結果を図 7.19 に示す[26)]．これらのグリースは低温特性も良好であるため，広温度範囲で使用可能な汎用モータ用軸受グリースとしても広く用いられている．それらのグリースの比較例と代表性状の一例を表 7.9，表 7.10 にそれぞれ示す．

表7.9 モータ軸受用グリースの比較例

	グリース A	グリース B
増ちょう剤	リチウムセッケン	リチウムセッケン
基油	エステル系合成油	エステル系合成油 エーテル系合成油
添加剤	酸化防止剤, 防錆剤など	
使用温度範囲, ℃ (音響寿命考慮)	$-40 \sim +90$	$-30 \sim +120$
ちょう度 NLGI No.	2～3	3

表7.10 モータ軸受用グリースの代表性状

項目		グリース A	グリース B	試験方法
外 観		淡褐色 なめらか	淡褐色 なめらか	目視
混和ちょう度 (25℃)		249	237	JIS K2220の7
滴点, ℃		190	195	JIS K2220の8
銅板腐食 (100℃, 24 h)		合格	合格	JIS K2220の9
蒸発量 (99℃, 22 h), mass %		0.24	0.11	JIS K2220の10
離油度 (100℃, 24 h), mass %		0.9	0.7	JIS K2220の11
酸化安定度 (99℃, 100 h), kPa		25	15	JIS K2220の12
きょう雑物, 個/ cm³	10 μm 以上	167	133	JIS K2220の13
	25 μm 以上	33	67	
	75 μm 以上	0	0	
混和安定度 (10万回)		290	298	JIS K2220の15
水洗耐水度 (38℃, 1 h), mass %		0.9	1.6	JIS K2220の16
低温トルク (-40℃), mN・m	起動トルク	140	380	JIS K2220の18
	回転トルク	29	190	
軸受防錆 (52℃, 48 h)　Rating		1	1	ASTM D 1743
音響特性		良好	良好	―

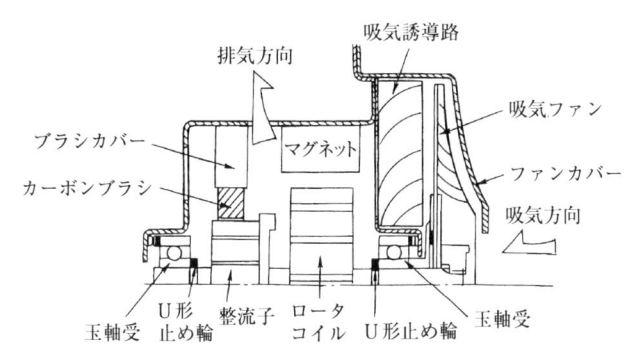

図 7.20 クリーナモータの構造〔出典：文献 28)〕

7.3.3 クリーナモータ軸受

掃除機（クリーナ）は，小型で消費電力が小さく吸引力の強いものが好まれるため，クリーナモータは，家電機器用モータの中でも特に高温・高速化への

表 7.11 クリーナモータ軸受用グリースの代表性状

グリース		従来品	現用品
外観		緑色バター状	淡黄色バター状
基油		鉱油	PAO
増ちょう剤		ウレア	ウレア
基油動粘度，mm^2/s	(40℃) (100℃)	95 11	48 8.0
混和ちょう度 (25℃)		262	225
混和安定度		344	327
滴点，℃		249	260以上
蒸発量 (99℃, 22 h), mass%		0.36	0.3
酸化安定度 (99℃, 100 h), kPa		20	15
離油度 (100℃, 24 h), mass%		1.2	0.6
低温トルク，mN・m	(−20℃) 起動トルク 回転トルク	270 30	120 30
	(−30℃) 起動トルク 回転トルク	— —	40

要求が強く,40 000 min^{-1}以上の高速回転で使用される機種もある.最近は,60 000 min^{-1}の機種も検討されている[27].クリーナモータの構造例を図7.20に示す[28].一般に内径8 mmの深溝玉軸受が使用され,低トルクかつ高温・高速回転において耐焼付き性に優れていることが要求されている.これらの要求を満足するため,従来は40℃の動粘度が約100 mm^2/sの鉱油系ポリウレアグリースが主として使用されてきたが,高速回転,低トルク性能への対応のため,現在では約50 mm^2/sのポリαオレフィンを基油としたウレアグリースが多く用いられている.それらのグリースの性状比較を表7.11に示す.

今後,ますます吸引力増大のため軸受の高温・高速化が進み,消費電力を低減させるために更なる低トルク化が要求される.これらに対応するためには,低粘度基油で焼付き寿命に優れたグリースが必要となる.

7.3.4 冷却ファンモータ軸受

冷却ファンモータが使用されている代表的な機器は,パソコン,複写機,プリンタ,プロジェクタ,オーディオ機器などである.冷却ファンの外観とそこに用いられる軸受を図7.21に示す.

電機・情報機器の内部で発生する熱の放熱・冷却目的で使用されるファンモー

図7.21 冷却ファンと軸受の外観

タは送風用ファンとモータが一体化構造となったものであり、一般のモータに比較してモータ自体の温度上昇が比較的低いのが特徴である.

　ファンモータの寿命は、一般的には、使用される軸受の性能により決定される.この用途に多く使用されている玉軸受の寿命は、荷重が比較的小さく使用グリースの性能に大きく依存している.ファンモータの軸受に使用されるグリースの要求性能としては、長寿命、低騒音、省電力（低電流値）などが挙げられる.ファンモータ自体の温度上昇は低いものの、モータが使用される雰囲気温度が高いため、高温でも使用可能な長寿命グリースが求められている.

　ファンモータの主な騒音は、空気中で発生するわずかな圧力差が周囲の空気を振動させることにより発生するため、ファン、ハウジングの形状など構造上の工夫がなされている.一方、軸受部から発生する振動、騒音も問題となるため、音響特性の良好な低騒音グリースが使用されている.

　ファンモータは出力が小さいため、低粘度基油の低トルクグリースが多く使用されている.OA機器などモバイル系で用いられるモータでは特に重要である.

　表7.12に使用グリースの代表例の性状を示す.軸受は、内径3～5 mmの寸法のものが多く使用され、回転速度は2 000～8 000 min^{-1}程度である.使用温度は80～90℃位であり、エステル系合成油を基油としたリチウムグリースが多く使用されている.

表7.12　ファンモータ軸受用グリースの代表性状

項　　目	グリース A
増ちょう剤	リチウムセッケン
基油	エステル系合成油
基油動粘度　（40℃）, mm^2/s	26
混和ちょう度（25℃）	249
滴点,℃	190
音響特性	良好

　OA機器、情報機器などでは小型化、高速化とともに、ICチップ使用量の増加に伴い、ハウジング内の温度上昇が問題となってきている.このような使用温度の上昇（100～120℃）に伴い、耐熱性が良好で音響特性の良好なウレアグリースが求められている.

7.3.5 複写機軸受

PPC複写機やレーザプリンタには，図7.22[28]に示すような感光部，給紙部，転写部および定着部に種々の玉軸受が使用されている．感光部や転写部では，樹脂との適合性に優れ，漏れたグリースがトナーと混合しても凝固しにくいグリースが求められる．給紙部や転写部では，紙を汚さないことが必須条件であり，漏れにくいグリースが求められる．定着部のヒートローラ用玉軸受は，軸に挿入されたヒータにより200℃を超えるような高温となる場合もある．またそれらの軸受には，画質の向上や電磁波による周辺への影響を小さくするため導電性が求められている．

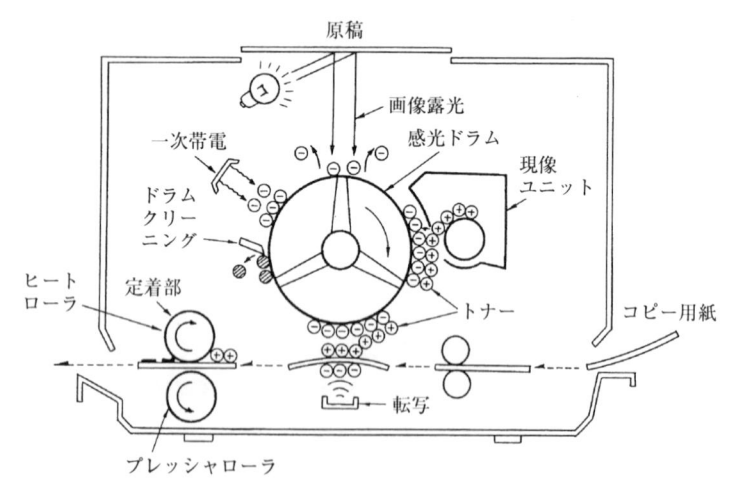

トナーは，ポリスチレンのような樹脂が使用されていることが多く，エステル基油のグリースは，トナーを凝固させる．このため感光部や転写部の軸受には，トナーへの影響の少ないシリコーン油やポリαオレフィンを基油に用いたグリースが使用されている．200℃以上の高温環境で長時間使用できるグリースとしては，フッ素系グリース以外にはない．ヒートローラ用軸受は100～200 min^{-1}程度の低速回転で使用されるため，フッ素系の中では低価格の高粘度分岐型PFPE基油のグリースが選定されて使用されている．それらのグリー

図7.22　PPC複写機の構造例〔出典：文献28)〕

スの性状例を表7.13に示す。導電性を付与する方法として、カーボンブラックが使用されることが多い。使用時間の経過とともに、導電性の低下することが課題であり、カーボンブラックの選定など様々な工夫がなされている。

表7.13 ヒートロール軸受用フッ素系グリースの代表性状

項　目	グリースA
増ちょう剤	PTFE
基油	分岐型フッ素油
基油動粘度 (40℃), mm^2/s	500
混和ちょう度	283
蒸発量 (99℃, 22h), mass%	0.0
離油度 (100℃, 24h), mass%	0.1
酸化安定度 (99℃, 100h), kPa	0

7.3.6 HDD軸受

コンピュータは、年々小型化、大容量化とともにアクセススピードが向上し、低価格化が図られている。このためハードディスクドライブ(HDD)も、小型化、高密度化が進行している。HDDのスピンドルモータには、以前はグリース潤滑による玉軸受が使用されていたが、高速化への対応や良好な音響性能への要求のため、現在では油潤滑による流体軸受が使用されるようになった。しかしアクチュエータ用のピボット軸受には、現在もグリース潤滑による玉軸受が使用されている。スピンドルモータの軸受は、後述するようにグリースにとって難しい多くの技術課題があったため、今後の参考としてスピンドル軸受用グリースについても紹介する。

　HDDの記録密度向上のため、トラック幅やビット幅は小さくなり、ディスクと磁気ヘッドとのすきまも狭くなってきている。したがってディスク空間への微粒子によるトラブルを避けるため、その侵入を抑制することが重要となっている。微粒子によるディスク表面の汚染はコンピュータの機能を阻害する。

　HDDの小型化、高記録密度化を達成するために、グリースには、低トルク性、低NRRO(回転むらを発生させにくいこと)、低騒音性、音響長寿命、耐フレッチング性、低揮発・発塵性が要求された。低トルク性と音響長寿命、低揮発・発塵性との両者を満たす組成の選定が困難な課題であった。先に述べたようにHDDでは軸受の回転により生じる微粒子や揮発成分の蒸発(アウトガス)が問題となる。これらはグリース基油成分あるいは添加剤の一部であり、例えば低分子量の炭化水素が問題となった。また、さびや腐食の原因となる塩素、

表 7.14 HDD 軸受用グリースの組成と性状

項　目	グリース A	グリース C	グリース D
増ちょう剤	リチウムセッケン	リチウムセッケン	ジウレア
基　油	ポリオールエステル	炭酸エステル	PAO, 鉱油
基油動粘度 (40℃), mm^2/s	26.5	17.8	53
ちょう度 (NLGI No.)	2〜3	3〜4	2〜3
特　徴	低トルク性 低騒音性	低トルク性 低飛散性 低騒音性 耐フレッチング性	トルク安定性 低騒音性 低飛散性
用　途	スピンドルモータ	スピンドルモータ	アクチュエータ

硫黄化合物，帯電しやすい有機シリコーン化合物なども使用を避ける必要があった．

　グリースにこれらの特性を付与するためには，低粘度で酸化・熱安定性，低揮発性に優れた基油の選定，異物の混入がなく，増ちょう剤を均一に分散させた製造方法の改善，耐フレッチング性の改良などの適切な添加剤の選定が重要課題であった．

図 7.23　HDD の外観と軸受〔出典：文献 29)〕

スピンドルモータには，内径3～6 mmの深溝玉軸受が使用され，回転速度は5400～7200 min^{-1}が主流であるが，10 000～15 000 min^{-1}の高速回転で使用されている機種もある．軸受温度は70～100℃程度であり，10 000時間以上の耐久性が要求される．アクチュエータは磁気ヘッドの位置決め機構で，小型HDDでは，ロータリ方式が多く採用されている．軸受は微小角度での揺動回転（0～25°，0.02～500 min^{-1}程度）で使用され，超低速から高速域まで良好なトルク安定性が要求される．スピンドルモータ用グリースと同様に低蒸発性，低飛散性，低騒音性などの特性が必要である．

HDDのスピンドルモータ用軸受およびアクチュエータ用軸受に使用されているグリースの組成と性状を表7.14に示す．また図7.23にHDDの外観を示す[29]．

転がり軸受は一般的に回転時間の経過とともに，玉や軌道面の粗さやウエービネスの増加によって振動値が増大する．図7.24に示すように，増ちょう剤の種類によって，振動増加率が異なるという結果が得られている．ウレアやアルミニウムコンプレックスセッケンを増ちょう剤に用いた高温用のグリースよりも，リチウムグリースの振動増加率が低く，良好な音響寿命を示した[30]．このため，音響性能が重要視され，100℃前後の雰囲気温度下で使用されるHDD

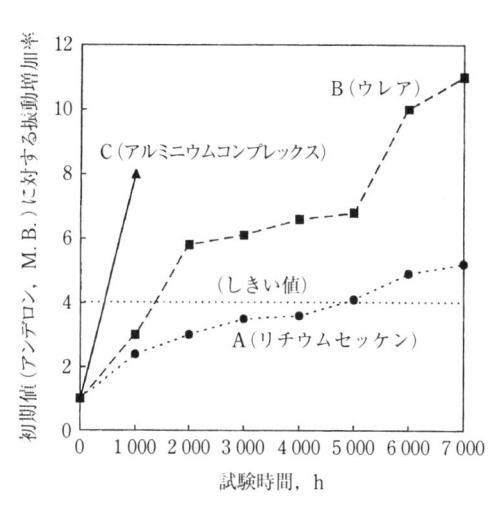

図7.24 増ちょう剤のタイプと音響寿命〔出典：文献30)〕

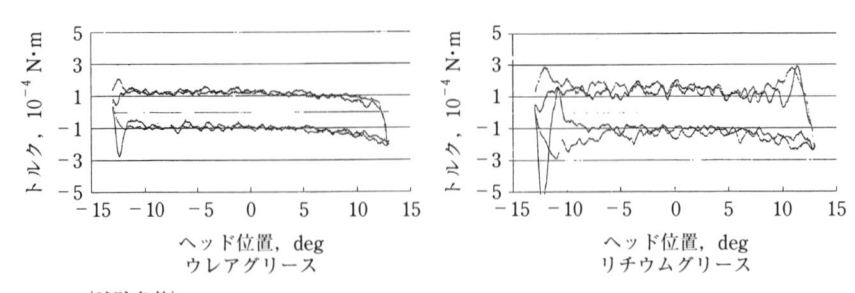

〈試験条件〉
試験軸受：φ12.7mm×φ7.938mm×3.967mm　揺動角度：26deg　往復所要時間：20min

図 7.25 動摩擦トルク測定結果〔出典：文献 31)〕

スピンドル軸受にはリチウムグリースが主流となっていた．一方，アクチュエータ軸受には，図 7.25 に示すような動摩擦トルクの小さなウレアグリースが多く使用されている[31]．

電機・情報機器産業の急速な発展に伴い，モータの小型・軽量化，高速化，省電力化がさらに進み，グリースに対する要求性能も，ますます厳しくなっている．広温度範囲で使用可能な低粘度基油の選定，低騒音性の優れた高性能ウレアグリースの開発などが期待されている．また，各国の化学物質規制や PRTR（環境汚染物質排出・移動登録）への対応，電機・情報機器部品のリサイクルなど環境適合性に配慮した原料の選択もグリース特性の維持・向上とともに必要となってきている．

7.4 鉄鋼設備

鉄鋼の製造工程と主な設備は ① 製銑（焼結設備，高炉），② 製鋼（転炉，連続鋳造），③ 圧延（熱間圧延機，冷間圧延機），④ 精整（連続焼鈍設備，溶融亜鉛めっき設備等）で構成される．製鉄各工程と軸受に対する環境条件を図 7.26 に示す[32]．鉄鋼設備に用いられる軸受は単に高荷重だけでなく，ダスト，スケール，水および熱といった極悪環境下で使用される．

【環境条件】

〈温度領域〉	～1 400℃	1 500～1 600℃	～1 000℃	R.T.～200℃	R.T.～1 000℃	R.T.～500℃
〈雰囲気〉	ダスト	水・ダスト・スケール	水・スケール	水・圧延油	(油)	めっき液

【製造工程】

原料　焼結・コークス　高炉　転炉　連続鋳造　　熱間圧延　　冷間圧延　連続焼鈍　表面処理

図 7.26　製鉄各工程と軸受に対する環境条件〔出典：文献 32)〕

7.4.1 圧延機ロールネック軸受

圧延機を大別すると熱間圧延機と冷間圧延機があり，それぞれに粗圧延機と仕上圧延機がある．熱間圧延機の外観を図 7.27 に示す．いずれも四列円すいころ軸受が使用されている．すべての圧延機に圧延鋼板やロール，ロールチョック（軸受箱）自体の冷却を目的に多量の冷却水が用いられる．このため，ワークロールのロールネック軸受は水侵入環境に曝されることから，耐水性（含水時のせん断安定性，潤滑性，さび止め性を重視）に優れたグリースが使用されている．また，グリースの使用量削減とメンテナンスフリーを目的として

図 7.27　熱間圧延機〔出典：新日鐵化学資料〕

ロールネック軸受の密封化が進んでいる[33]．密封形ロールネック軸受の外観を図7.28に示す[34]．仕上圧延機のロールネック軸受に使用されるグリースは特殊品が多いが，その中でもペアクロスミルやクラスターミルのような高PV（面圧×すべり速度）条件下の軸受には，耐水性に優れ含水時の極圧性の低下の少ないグリースが密封されて使用されている[35,36]．

図7.28 密封形ロールネック軸受
〔出典：文献34〕

　グリースが潤滑する部位は，軸受転走面および軸受とロールネックとのはめあい部であり，潤滑不良が生じると軸受転走面ではスミアリングが発生し，はめあい部ではロールと軸受とのかじりによる脱着不良が生じる．圧延機は，使用中にグリースを給脂できないことが多いので，グリースは圧延中に安定した性能を維持する必要がある．特に，軸受の脱着不良が発生すると高価なロールを失うことになることから，はめあい部の潤滑性能の向上は重要である．軸受の寿命は一般的に圧延トン数200万トン，軸受洗浄周期は圧延トン数50万トンである．

　粗圧延機では汎用の耐水グリースが多く使用されているが，水がより多量にかかり，高速・高荷重で稼働する仕上圧延機では耐水性等を強化した特殊グリースが使用されている[32,37,38]．耐水性の中でも，特に潤滑性と含水せん断安定性が重要である．潤滑性については，軸受内輪つば部ところ頭部のすべり摩耗を抑制することが重要となり，含水せん断安定性については，含水時の軟化による漏えいの少ないことが重要である．グリースの含水せん断安定性の評価として，常温下および含水条件下におけるロール安定度試験が使用されることが多い．また，ふく射熱の影響も考慮する必要があり，グリースには耐熱性も要求される．

　表7.15に，圧延機ロールネック軸受に一般的に用いられているグリースの

表7.15 圧延機ロールネック軸受用グリースの代表性状

項目	A	B	C	D	E	F
タイプ	汎用型耐水	汎用型耐水	汎用型耐水	超耐水	超耐水高PV適用	超耐水高PV適用
増ちょう剤	ジウレア	リチウムセッケン	アルミニウムコンプレックス	ジウレア	カルシウムスルホネートコンプレックス	リチウムコンプレックス
基油	鉱油	鉱油	鉱油	鉱油	鉱油	鉱油
基油動粘度（40℃），mm^2/s	132	149	123	132	113	177
ちょう度，（NLGI No.）	1	1	1	0	1	1〜2の中間
滴点，℃	262	190	245	260	>260	216
高速四球 焼付き荷重，N	—	2452	—	—	4903	3923
圧延機適用箇所	粗	粗	粗	仕上げ	仕上げ	仕上げ（密封）

代表性状を示す．給脂タイプのロールネック軸受には，汎用のリチウムグリースやアルミニウムコンプレックスグリースが使用されており，高速回転や高荷重で使用される密封形のロールネック軸受には，リチウムコンプレックスやウレアを増ちょう剤に用いた極圧，耐水グリースが多く使用されている．これらのグリースの採用により，メンテナンスコストが削減できたとの報告もある[38]．また最近では，さび止め性や耐水性を考慮して，カルシウムスルホネートコンプレックスグリースも使用されるようになってきた．

7.4.2 連続鋳造設備ロール軸受

溶鋼を鋳型に注ぎ連続的にスラブ・ブルーム・ビレットなどの鋼片を製造する設備が連続鋳造設備（図7.29）である[39]．連続鋳造設備ロール軸受は，自動調心ころ軸受が多く採用されており，極低速回転で使用され，大きな曲げ反力を支えている．図7.30に密封形連続鋳造設備ロール軸受の外観を示す[40]．搬送する鋳片が高温であることから，多量の冷却水に曝される．連続鋳造設備ロール軸受には，熱，水，荷重に耐えるグリースが必要である．

国内においては，ジウレアグリースやアルミニウムコンプレックスグリース

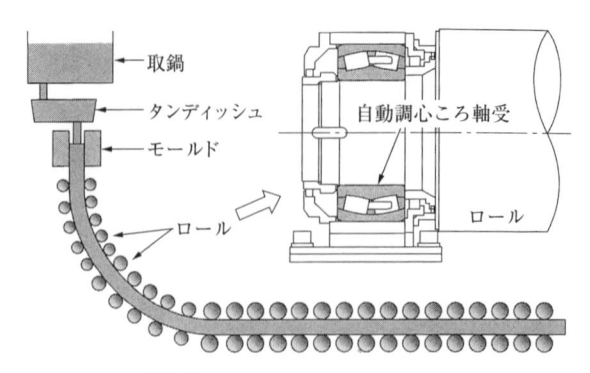

図 7.29　連続鋳造設備とロール軸受〔出典：文献 39）〕

が使用されてきた．表 7.16 にこれらのグリースの代表性状を示す．最近では，耐熱，耐水の面からジウレアグリースが主流となっている．海外においては，リチウムグリースやリチウムコンプレックスグリースが使用されている．

　グリースは軸受に集中給脂方式で供給される．ロールネック側には，ラビリンスシールやリングが設けられ，グリースを過剰に供給して排出させ，ダストや水の混入を防ぐ構造が一般的に採用されてきた．最近では，軸受内に空気を供給，加圧し，水や異物の混入を防止するとともに，グリースの使用量を低減する方法も検討されている．

図 7.30　密封形連続鋳造設備ロール軸受〔出典：文献 40）〕

　集中給脂の配管内においては，圧送性，グリースの閉塞現象を防ぐ耐プラギング性，耐熱性，銅配管への腐食防止性などが必要とされる．軸受内においては，耐熱性，耐水性，さび止め性，耐摩耗性，耐はく離性などが重要である．基油は，厚い油膜を確保するために 40 ℃で 150〜500 mm^2/s の範囲の高粘度パラフィン系鉱油が，増ちょう剤は脂肪族系ジウレアが多く使用されている．極圧剤は，プラッギングの原因となる場合があり，あまり使用されていない．

表7.16 連続鍛造設備ロール軸受用グリースの代表性状

項目	A	B	C	D
タイプ	汎用型耐水	汎用型耐水	汎用型耐水	汎用型耐水
増ちょう剤	ジウレア	ジウレア	ジウレア	アルミニウムコンプレックス
基油	鉱油	鉱油	鉱油	鉱油
基油動粘度 (40℃), mm^2/s	415	148	320	123
ちょう度, (NLGI No.)	0	1	1	1
滴点, ℃	280	265	241	245
水との関係	吸水型	吸水型	吸水型	撥水型

冷却水として使用する工業用水の水質が異なるため，さび止め性に特に留意する必要がある．さびの原因となる遊離水の生成を防ぐため，水を細かく分散できる添加剤の選定が重要である．このときグリース中に大きな水泡が存在すると，さびを生じやすいだけでなく部分的に金属接触が発生し，スミアリングなどの損傷を引き起こすことがある．

集中給脂装置の分配弁や配管は，できるだけ輻射熱の影響を受けない場所に設置しなければならない．特に分配弁を輻射熱の影響を受けやすいロールの側に設置するとグリース供給不良（プラッギング）の原因となり，軸受焼損につながるので注意が必要である．ロール側の軸受シールには背面合わせのダブルシール（面接触）を，反ロール側シールにはダストシール（ダブルリップシール）を採用するのが好ましい．

連続鋳造設備ロール軸受においては，オイルエア化も少しずつ進んでいる．一方，グリース使用量削減がよりいっそう可能な高性能を有するグリースの出現が望まれている．

7.4.3 焼結設備パレット台車軸受

鉄鉱石等の配合原料を焼結する設備に用いられるパレット台車の構造を図7.31に示す[33]．パレット台車の車輪軸受は，焼結処理中に高温に曝される[32,37,38]．さらに粉状のものを含む鉱石類を外気吸引しながら焼結する過程

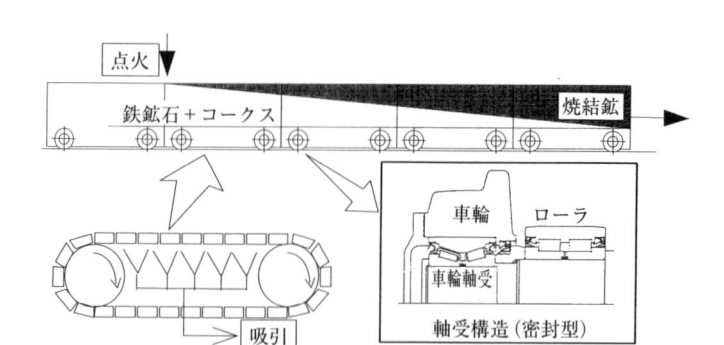

図7.31 焼結設備パレット台車の構造〔出典：文献33)〕

で，軸受には粉塵が混入しやすいため，専用の密封軸受が使用されている．軸受は1基の焼結設備で数百個にのぼり，給脂をしながら2～4年間使用されている．回転速度は4 min^{-1}，荷重は1個当たり約3トンである．1個の車輪でもロックすると台車が蛇行し設備全体が停止する可能性もあるため，軸受にはいっそうの長寿命化・信頼性向上が望まれている．

パレット台車軸受は，部分的に高温に曝される場所があることから，高温時の油膜を厚く確保できる高粘度合成油を基油に用いたウレアグリースが使用されている．表7.17に焼結設備パレット台車軸受グリースの代表性状を示す．

今後も悪環境対応軸受の開発と長寿命グリースの開発によって，さらに寿命は延長するものと予想される．

表7.17 焼結設備パレット台車軸受用グリースの代表性状

項目	A	B	C	D
増ちょう剤	トリウレア	ジウレア	リチウムセッケン	アルミニウムコンプレックス
基油	エステル	鉱油	鉱油	鉱油
基油動粘度 (40℃)，mm^2/s	200	420	110	140
ちょう度，(NLGI No.)	2	2	2	1
滴点，℃	282	>300	190	258
その他	－	グラファイト	－	－

7.5 産業機械

7.5.1 工作機械主軸軸受

工作機械主軸軸受には，Si_3N_4 製セラミック球を使用したアンギュラ玉軸受や円筒ころ軸受が使用されている．図 7.32 に工作機軸受の配列例を示す[41]．

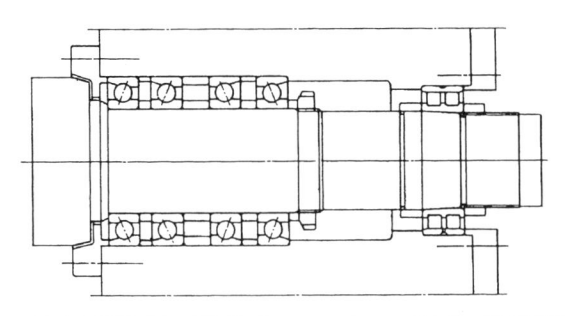

図 7.32 工作機械主軸軸受配列例（組合せアンギュラ玉軸受＋複列円筒ころ軸受）
〔出典：文献 41)〕

工作機械主軸軸受の潤滑方法には，グリース潤滑のほかに，オイルエア潤滑，オイルミスト潤滑，ジェット潤滑などがあり，要求機能に合わせて適切な潤滑方法が選択されている．高速運転では冷却効果の大きいオイルエア潤滑などが使用されている．しかし，グリース潤滑では，軸受周辺設備を小型・簡素化でき，オイルミストが発生しない，潤滑剤量が少ないなど環境にも優しい潤滑方法である．したがって最近では高速回転設備でもグリース潤滑の採用が増加している．

表 7.18 に，工作機械主軸軸受に一般的に用いられているグリースの組成，性状を示す．温度上昇が大きいと主軸の寸法変化に起因する加工精度の低下を生じるため，高速回転時にも温度上昇の小さいグリースが要求される．従来はバリウムコンプレックスセッケンを増ちょう剤とし，ジエステルと鉱油との混合基油（動粘度 40 ℃で 20 mm^2/s）とした混和ちょう度が NLGI No.2 のグリースが広く使用されてきた．最近では，軸受の長寿命化等を目的として，より耐久性に優れたウレアグリースも使用されるようになってきた．

表7.18 工作機械主軸軸受用グリースの代表性状

項目	A	B
増ちょう剤	バリウムコンプレックス	ウレア
基油	ジエステル油+鉱油	ジエステル油+ポリαオレフィン
基油動粘度 (40℃), mm^2/s	20	22
ちょう度, (NLGI No.)	2	2
滴点, ℃	>200	>220
使用温度範囲, ℃	-60～+130	-50～+120
用途	主軸用に最も広く使用されている	耐久性に優れる

 高速回転ではかくはんによる発熱が大きくなるため,充てん量を一般の軸受に比べて少なめにするのが普通であり,主軸軸受でのグリース充てん量は,軸受形式,回転速度によって異なるが,軸受空間容積の10～15％である.なお,従来はグリースを充てんする時には,清浄な洗浄油でさび止め剤を除去し,十分乾燥した後に注射器等で適量を軸受内部に均等に注入していたが,最近では洗浄工程が省略される場合もある.

 グリース潤滑における許容回転速度は,軸受の形式・大きさ等により異なるが,高速用アンギュラ玉軸受を使用する場合には,$d_m n$値で従来は60万程度が目安であったが,最近では,$d_m n$値で140万を超える超高速運転が可能となっている[42～44].

 $d_m n$値で100万を超えるグリース潤滑の工作機械は,発熱の少ない軸受設計,耐焼付き性,耐摩耗性に優れた軌道輪材料の採用,基油分離の少ないグリースの採用によって達成できた.$d_m n$値で140万に近い超高速回転では,グリース溜まりの設置や一定間隔でのグリースの供給などの工夫がなされている.

7.5.2 建設・農業機械軸受

(1) 建設機械

 建設・農業機械は自然環境中で使用され,自動車と比べて走行距離は短いも

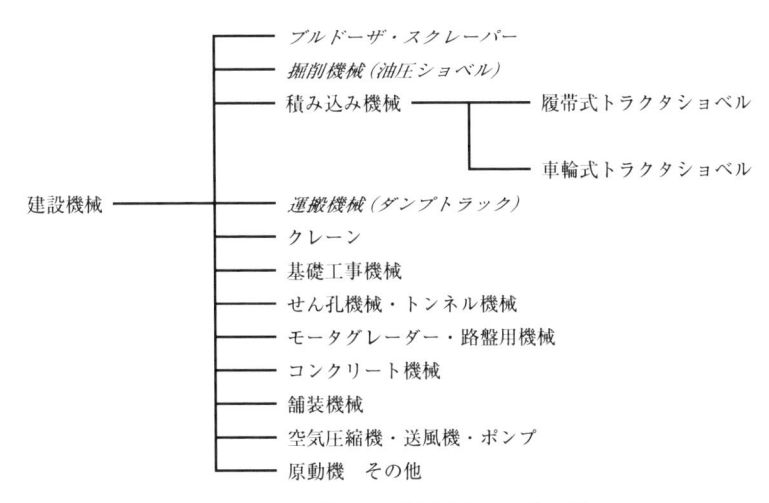

```
建設機械 ─┬─ ブルドーザ・スクレーパー
          ├─ 掘削機械 (油圧ショベル)
          ├─ 積み込み機械 ─┬─ 履帯式トラクタショベル
          │                └─ 車輪式トラクタショベル
          ├─ 運搬機械 (ダンプトラック)
          ├─ クレーン
          ├─ 基礎工事機械
          ├─ せん孔機械・トンネル機械
          ├─ モータグレーダー・路盤用機械
          ├─ コンクリート機械
          ├─ 舗装機械
          ├─ 空気圧縮機・送風機・ポンプ
          └─ 原動機　その他
```

図 7.33　建設機械の分類〔出典：文献 45)〕

のの，非常に過酷な条件下で使用されている．日本建設機械化協会が示している建設機械の大分類を図 7.33 に示す[45]．さまざまな建設機械があるが，ここでは主流を占めるブルドーザ，油圧ショベル，ダンプトラックを取上げる．建設機械の潤滑条件は主に低速・高荷重であり，油膜が極めて形成しにくい条件である．このような潤滑条件の中で，転がり軸受やすべり軸受にグリース潤滑が採用されている．これらの軸受には，いずれもエンジンからの熱や車体に加わる衝撃・振動がそのまま潤滑部位に伝達する場合が多く，乗用車とはかなり異なった使用環境にある．

　転がり軸受は比較的低荷重・高速の潤滑条件となる箇所が多いが，大半は作動油や潤滑油にて潤滑されており，グリースが用いられる部位は少ない．

　建設機械用グリースの使用箇所と要求性能を表 7.19 に示す．

　エンジンの冷却ファンには多くの軸受が用いられており，グリースには耐熱性とせん断安定性が要求される．ウオータポンプには玉軸受ところ軸受が使用されており，グリースには耐熱性と耐水性が要求される．エンジンからの動力をユニバーサルジョイントに伝達すると同時に衝撃を吸収するパワーライン機構のダンパにも玉軸受が使用されている．この箇所はエンジンからの熱や振動を受けやすく，耐熱性，せん断安定性とともに耐フレッング性が要求される．

表 7.19　建設機械用グリースの使用箇所と必要性能

項目		エンジンまわり		パワーライン			足まわり
		ファンテンションプーリ	ウォータポンプ	ダンパ	プロペラシャフト	スイングサークル	ホイールハブ
機種	ブルドーザ	●	●	●	—	—	—
	油圧シャベル	●	●	—	—	●	—
	ダンプトラック	●	●	●	●	—	●
グリースの必要性能	耐熱性	◎	◎	◎	○	—	◎
	耐水性	—	◎	—	—	○	—
	せん断安定性	○	○	◎	◎	○	◎
	極圧性	—	—	—	—	○	○
	付着性	—	—	—	—	○	—
	防錆性	—	◎	—	—	○	—
	圧送性	—	—	—	—	○	—
	耐フレッチング性	—	—	◎	◎	◎	—
	耐ダスト性	○	○	—	○	○	—
	外観	—	—	—	○	—	—

●：転がり軸受使用箇所，◎：特に優れた性能が必要，
○：優れた性能が必要，—：一般的な性能で可

　パワーラインのプロペラシャフトにはユニバーサルジョイントが多く用いられ，中でもフックス式ジョイントが多い．十字軸とヨークの接合部は 4 個の軸受を介して動力を伝達するが，潤滑条件が揺動かつ高負荷のために，ころ軸受やニードル軸受が一般に用いられている．このジョイントは，車体下部に配置されダスト混入の可能性が高く，ダスト存在下での優れた潤滑性が要求される．最近では等速ジョイントに使用される低摩擦グリースが数多く使用されている．

　旋回輪軸受（slewing bearing）は，ころ軸受とギヤ部との組合せにより車体を滑らかに旋回させる軸受であり，グリースの充てん量は非常に多い．ギヤ部の潤滑と兼用することから潤滑性に優れる他に，振動を受けやすい部位にあるため耐フレッチング性に優れるグリースが求められる．これらには極圧リチウ

表 7.20　建設機械用グリースの性状

項目 \ グリース名	試験方法	汎用極圧	MoS2系	ホイールハブ用	高温	耐水・極圧	非黒色系
増ちょう剤	—	リチウムセッケン	リチウムセッケン	リチウムコンプレックス	ジウレア	カルシウムスルホネートコンプレックス	リチウムコンプレックス
外観	目視	褐色	黒色	褐色	褐色	褐色	淡褐色
混和ちょう度	JIS K 2220	280	305	280	300	325	280
滴点, ℃	JIS K 2220	198	190	>260	>260	252	>260
ロール安定度 (10 min^{-1}, 130℃, 72 h)	ASTM D1831 準拠	>440	>440	315	353	323	293
水洗耐水度 (38℃, 1 h), mass%	JIS K 2220	1.2	3.6	3.5	2.2	0.6	2.5
軸受防錆 (52℃, 48 h)	ASTM D1743	#1	#1	#1	#1	#1	#1
軸受寿命 (125℃) h	旧 ASTM D1741	300	300	1250	>1500	800	>1000
耐フレッチング性　摩耗量, mg　摩耗深さ, μm	ASTM D4170 準拠	10.1　17.2	61.3　41.7	25.3　22.5	5.2　11.3	35.2　28.5	5.9　13.7

ムグリースが使用されている.

　足回りのホイールハブは円すいころ軸受2個を組み合わせて使用され,ハブのグリース溜りに多くのグリースが充てんされていた.しかし,ホイールハブの軽量化・長寿命化の要求が増加し,ユニット軸受が採用されるようになった.この箇所にも乗用車で培われた技術が多く採用されている.いずれの場合もタイヤからの振動による微小せん断や,ディスクブレーキからの摩擦熱を受けても軟化漏えいしないようせん断安定性や耐ダスト性に優れたグリースが要求される.

　しゅう動部には面接触もしくは線接触にて荷重を分散させることが可能なすべり軸受(ピン/ブシュ)やギヤ/スプラインが多く用いられている.これらに

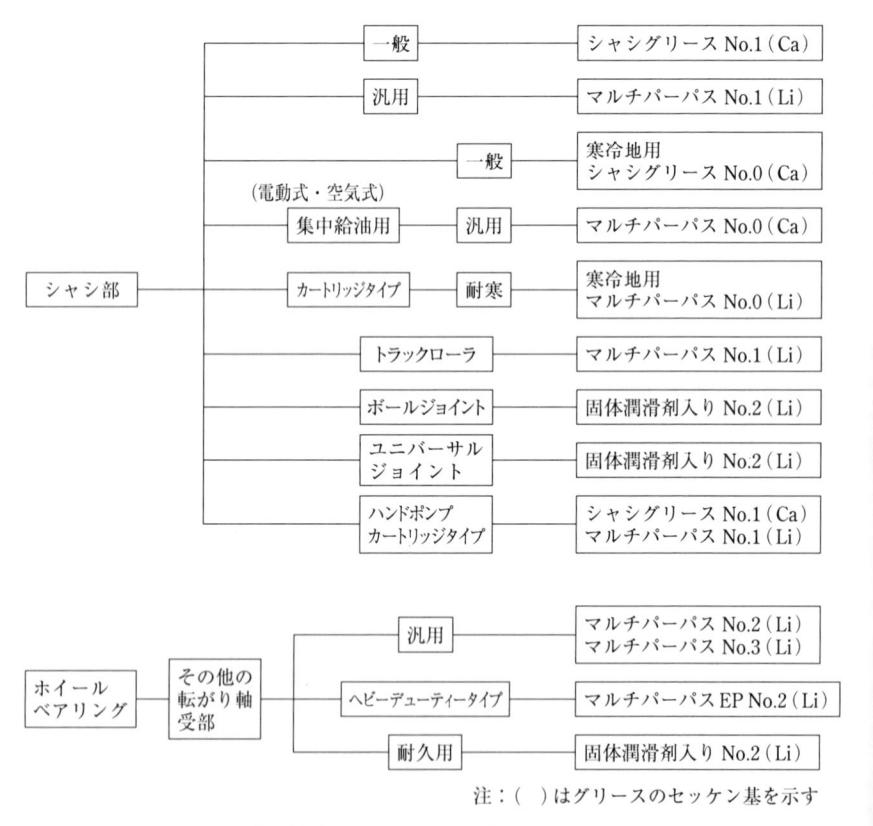

シャシ部			
		一般	シャシグリース No.1 (Ca)
		汎用	マルチパーパス No.1 (Li)
	集中給油用 (電動式・空気式)	一般	寒冷地用 シャシグリース No.0 (Ca)
		汎用	マルチパーパス No.0 (Ca)
	カートリッジタイプ	耐寒	寒冷地用 マルチパーパス No.0 (Li)
	トラックローラ		マルチパーパス No.1 (Li)
	ボールジョイント		固体潤滑剤入り No.2 (Li)
	ユニバーサルジョイント		固体潤滑剤入り No.2 (Li)
	ハンドポンプ カートリッジタイプ		シャシグリース No.1 (Ca) マルチパーパス No.1 (Li)

ホイールベアリング	その他の転がり軸受部		
		汎用	マルチパーパス No.2 (Li) マルチパーパス No.3 (Li)
		ヘビーデューティータイプ	マルチパーパス EP No.2 (Li)
		耐久用	固体潤滑剤入り No.2 (Li)

注:( )はグリースのセッケン基を示す

図 7.34　建設機械用グリースの体系図〔出典:文献 45)〕

は極圧リチウムグリースや二硫化モリブデン添加グリースが使用されている. 耐水性向上や長寿命化のために, 最近ではカルシウムスルホネートコンプレックスグリースやリチウムコンプレックスグリースも実用化されている. 特に欧米では, カルシウムスルホネートコンプレックスグリースの実用化例が多い.

建設機械では用途によるグリースの使い分けは難しく, 転がり軸受とすべり軸受とで兼用されることが多く, これらの用途に使用されているグリースの性状を表 7.20 に示す. これ以外にも二硫化モリブデンやグラファイトを多量に添加したグリースやベントングリースが使用されることがある.

最近では地球環境保護の観点から生分解性に優れたグリースが, 掘削機や杭打ち機械等のグリースとして実用化されている. メンテナンスフリー化および補給作業の簡素化や補給期間の延長を目指した対応が積極的に図られており, ウレアグリースやリチウムコンプレックスグリース, カルシウムスルホネートコンプレックスグリース等が採用されている. また, 建設機械のカラフル塗装化やクレーンブームの白色塗装化に対応するため, 従来の二硫化モリブデンやグラファイト等の黒色系のグリースに代わって非黒色系グリースも使用されている[46].

建設機械用グリースの体系図を図 7.34 に示す[45]. 使用箇所や使用環境によって多くのグリースが実用化されている. 軸受メーカーがグリースを充てんする密封軸受には所定のグリースが充てんされるが, 建設機械の使用時には追加給脂されることが多い. このとき給脂グリースを建設現場等で使い分けることは煩雑であるので, 転がり軸受には低温性, 機械的安定性, せん断安定性などの多くの性能に優れたマルチパーパスグリースを使用する場合が多い.

(2) 農業機械

トラクタ等の農業機械には, カルシウム系のシャシーグリースが使用されていたが, 最近では使用環境の苛酷化・メンテナンスフリー化により, リチウムグリースが使用されている. トラクタのグリース交換基準例を表 7.21 に示す[47]. グリース補給間隔は, 例えば「50 h ごとに補給すること」などが一般的であるが, 代かき作業や田植えなどのように耐水性が必要な場合には, 特にグリースの補給が大切と報告されている[47]. また, このような環境ではグリースの生分解性も重要な性質である. 農業機械用生分解性グリースの一例を表 7.22

表 7.21 トラクタのグリース交換基準例 〔出典：文献 47）〕

適用 給脂部位	給脂箇所	給脂量	交換時間
タイロッド	2	適量	始業点検 50 h ごとに交換
ドラッグリング	2	適量	適量
ブレーキペダル	1	適量	適量
クラッチペダル	1	適量	適量

表 7.22 農業機械用一般極圧グリースと生分解性グリースの性状比較

グリース名 項目	試験方法	一般用極圧 グリース	農業機械用 エコグリース
増ちょう剤	—	リチウムセッケン	カルシウムセッケン
基油	—	鉱油	ナタネ油
混和ちょう度	JIS K 2220	280	280
滴点，℃	JIS K 2220	190	145
焼付き荷重，N	ASTM D 2596	＞2000	＞3000
軸受防錆 (52℃, 48 h)	ASTM D 1743	♯1	♯1
生分解度，％	CEC 法	＞40	＞95

に示す[48]．一般の極圧グリースに比べると，極圧性も生分解性にも優れていることがわかる．最近では「植物を枯死させない作動油」という名称の特許も登録されており[49]，これらを応用したグリースの開発が農業機械用途には期待される．

7.5.3 製紙機械軸受

（1）抄紙機

古くから紙の製法は，「植物の細胞を均一な分布状態に配列させること」である．したがって，紙の製造工程はパルプ化工程で植物の細胞を分離し，次いで抄紙工程で均一な分布状態に配列させ，仕上げ工程で製品化するものである．抄紙機は調整された原料パルプを網の上に流し込み，紙の薄いシートを形成す

るワイヤパート，プレスロールにシートを通し脱水するプレスパート，プレスパートで脱水した紙を高温に温められたドライヤロールに通し乾燥させるドライヤパートから成る．これらの各部の軸受は，油潤滑が主流であるが，グリース潤滑が採用されている箇所もある[50～52]．

　以下にこれらの機械設備用グリースについて述べる．抄紙機には，自動調心ころ軸受が多く使用されている．ワイヤパートの各種ロールは抄紙工程中，白水と呼ばれる酸性水がかかりやすく，グリースには白水が混入しても軟化しにくい耐水性，極めて高いさび止め性が必要である．特に機械の停止時にさびが発生しないことが求められる．プレスパートの各種ロールもワイヤパートほどの白水の混入はないが，同様の耐水性，さび止め性が必要であり，さらに高圧がかかることから耐荷重性も求められる．一方ドライヤパートでは温度条件が100℃以上の高温となることから耐熱性が求められる．これらのグリースは定期的な給脂や集中給脂により供給されている．ドライヤパートに使用するグリースは，耐熱性が必要なほか，高温環境下での集中給脂用配管内での耐プラッギング性も必要である．また最終工程に近い部分では，製品を汚損しないようにグリースが軸受から漏れないことが重要であり，このためせん断安定性や軸受のシール材料に悪影響しないことも要求される．

　ウェットパート（ワイヤパートとプレスパートの総称）には，高いさび止め性を有するグリースが使用され，ドライヤパートには耐熱性，集中給脂性に優れたリチウムグリース，耐熱性のリチウムコンプレックスグリース，ウレアグリース，カルシウムスルホネートコンプレックスグリース等が幅広く使用されている．

（2）コルゲータマシン

　段ボール製造装置のコルゲータマシンには，段ボールの中紙（段付き紙）と外紙のプレス糊付けをするシングルフェーサと呼ばれる機械があり，このロール軸受もグリース潤滑である[53～56]．図7.35にシングルフェーサの機構例を示す[57]．ここに使用されるロールは，中にプレス糊付けのための高温の水蒸気が通されており，ロールの表面温度は200～250℃になる．以前はオイル潤滑されていたが，オイル漏れによる製品の汚損から，メンテナンス作業が頻繁なことが問題となり，1990年頃から200℃以上の耐熱性に優れたフッ素系グリース

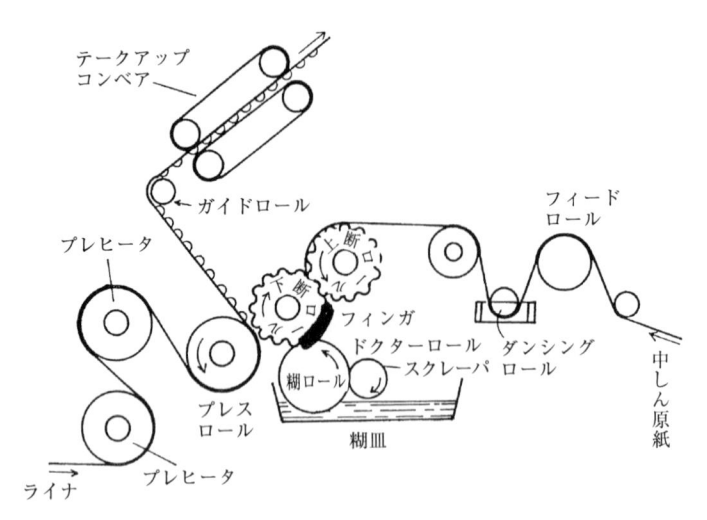

図 7.35　シングルフェーサの機構〔出典：文献 57)〕

表 7.23　コルゲータマシン用フッ素系グリースの代表性状

項　目	試験法	グリース A
外観	目視	白色粘ちょう状
増ちょう剤		PTPE
基油		PFPE
基油動粘度 (40℃), mm^2/s	JIS K 2283	400
混和ちょう度 (25℃)	JIS K 2220 の 7	271
離油度 (200℃, 24 h), mass %	JIS K 2220 の 11 準拠	6.1
チムケン式耐荷重性能 (塗布法), kg	JIS K 2220 の 20 準拠	6.80
軸受潤滑寿命 (210℃), h	ASTM D 1741 準拠	600
EMCOR 防錆	ASTM D 6138	0

が使用されメンテナンスフリー化された．

　コルゲータマシンで使用実績のあるフッ素系グリースの性状を表 7.23 に示す．増ちょう剤に PTFE，基油にパーフルオロアルキルポリエーテル（PFPE）を用いた高温下での潤滑を可能したグリースである．

製紙機械装置はますます大型化し高速化の方向にある．大型の抄紙機は全長数100 m，幅10 m，抄紙速度2 000 m/min（時速120 km）である．このような高速域では，グリース潤滑から油潤滑へ移行する傾向にある．

7.5.4 産業用ロボット

1920年チェコスロバキアの作家チャペックの戯曲で，はじめて人造人間にロボットという言葉が，人間に代わって働くという意味で用いられた．産業用では1962年に米国で実用化され，その6年後に国産化され，以来日本での産業用ロボットの稼働台数は世界で最も多く，これらは自動車や電機，情報機器の製造業などで使用されている．

産業用ロボットの機構は，三次元の位置決めを行う機構，人間の手に相当し

表7.24 減速機用グリース性状表〔出典：文献61）〕

項目			モリブデン配合グリース
増ちょう剤			リチウムセッケン
基油			ポリαオレフィン＋鉱油
基油動粘度40℃, mm^2/s			32.1
外観			黄色粘ちょう状
混和ちょう度 (25℃)			415
滴点, ℃			193
銅板腐食 (100℃, 24 h)			合格
蒸発量 (99℃, 22 h), mass%			0.82
酸化安定度 (99℃, 100 h), kPa			20
混和安定度			410
低温トルク, mN・m	(−30℃)	起動	110
		回転	20
	(−40℃)	起動	350
		回転	51
高速四球試験耐荷重性能, N		LNSL	1236
		WP	3089
		LWI	569

対象物の自由度を拘束する把持機構，人間の足に相当する移動機構の三つが挙げられる．これらを支える重要部品は，アクチュエータ，制御装置，センサ，減速機である．この減速機は，高回転速度でトルクの小さい電動モータの力を，低速かつ高トルク化する役割をもち，さらにロボット関節部の小型軽量化のために必要とされている．オイル潤滑，グリース潤滑が一般的である．減速機には，遊星歯車減速機，ハーモニックドライブ減速機（波動歯車減速装置）[58,59]，サイクロ減速機（内接式遊星歯車減速装置），RV減速機（遊星作動歯車減速装置）[60]，ボール減速機等があり，それぞれ独自の構造をもち，減速比，起動効率などに特徴がある．

　減速機の構造により，潤滑機構が異なり，さらに部位により要求性能も違うため，グリースは，それらの減速機に適したものが選定されている．グリースの例を表7.24に示す[61]．リチウムセッケンを増ちょう剤として，基油に精製鉱油とポリαオレフィンを混合使用し有機モリブデンを配合したグリースであり，ちょう度グレードはNLGI No.00である．減速機の複雑な部位にグリースがよく流入し，かつ耐摩耗性，低温性に優れたものが実用化されている．さらに半導体製造設備ではクリーン環境で使用されることが多く，減速機からの潤滑剤の漏れや発塵を防ぐことが必要である．

7.6 その他の適用例

7.6.1 歯　車

　グリース潤滑されている歯車の例としてギヤードモータが挙げられる．平行型，直行型等のタイプにより異なるが，通常数kW以下の中・小型機でグリース潤滑が，それ以上の大型機では油潤滑が採用されている．ギヤードモータの構造例を図7.36[62]に示す．

　近年，歯車には小形化，高トルク化，長寿命化の要求が強くなり，このためギヤ部の面圧，しゅう動速度が高くなり，歯面温度が上昇する傾向にある．

　ギヤードモータは，一般に，起動・停止を繰り返しながら，長期間使用されるので，一定期間停止後，円滑に起動することが求められる．低温から高温に

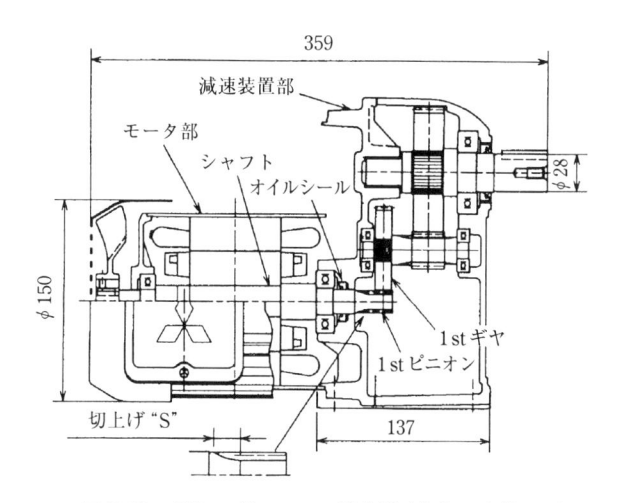

図 7.36 ギヤードモータの構造例〔出典：文献 62)〕

表 7.25 ギヤードモータ用潤滑剤の一例〔出典：文献 63)〕

項目		グリース A	グリース B	ギヤ油
増ちょう剤		ウレア	リチウムセッケン	−
基油	タイプ	鉱油	鉱油	鉱油
	動粘度，(40℃)	200	133	154
	mm^2/s (100℃)	17.6	14	14.7
極圧剤		S-P	S-P	S-P
ちょう度（NLGI No.）		000	0	−
使用温度範囲，℃		−20〜150	−20〜120	−

至るまで，幅広い温度で使用され，低温では，グリースの粘度増加による効率低下，高温では油膜切れによる短寿命化が問題となる．ギヤ同士の叩き，しゅう動による騒音が発生するので，極圧性が高く，かつスティックスリップを起こさないものが求められる．また，歯車全体をグリースに浸した状態で使用することが多く，金属腐食を起こさず，硬くならないグリースが必要である．表 7.25 にギヤードモータ用潤滑剤の一例を示す[63]．

グリースの場合ギヤボックス内でチャンネリングを起こすことなく流動する

ことが重要であり，通常 NLGI0〜000 の軟らかいグリースが使用される．従来は極圧剤を配合した鉱油系リチウムグリースが一般的であったが，近年は耐熱性に優れるウレアグリースが使用されるようになっている．

一方，極小型のギヤードモータでは，よりよい制御性を求めて歯車のバックラッシュの少ない高精度のものが求められており，より耐摩耗性に優れたグリースが必要である．その他に，環境意識の高まりから，重金属等の有害物質を含まないことも求められており，添加剤の組成にも注意を要する．

7.6.2 ボールねじ

ボールねじは，ねじ軸とボール循環機能をもったナット部から構成されている．回転運動を直線運動へ変換させる送り駆動系を構成する代表的な機械要素であり，摩擦損失が少なく，優れた耐久性を有するといった利点がある．1930年代後半に米国 GM 社の自動車用ステアリングギヤに実用化され，1950年代からの NC 工作機械の開発に伴い，著しい成長を遂げてきた．現在では，工作機械ばかりでなく，半導体，液晶，ロボット等のメカトロニクス分野や射出成型機，さらには宇宙，航空機，原子力等の特殊環境分野でも幅広く用いられている[64]．

ボールねじの潤滑方法は，保守管理や経済面からグリースを使用する場合が多いが，洗浄や冷却を必要とする特殊な機械では油が使用される場合もある．汎用的なボールねじには，鉱油系リチウムグリースが使用されているが，高速用途や低温用途では，合成油系リチウムグリースが使用されている．しかし，多様化するニーズに対応するため，ボールねじの高機能化に適したグリースが使用されている．

近年，工作機械は，生産性の向上や難削材への対応のため，高速化，精密位置決め性能が求められ，耐摩耗性の低トルクグリースが要求されている．工作機械用ボールねじの例を図 7.37 に示す[65]．

半導体や液晶パネル製造装置にはクリーンな環境が要求され，ボールねじの回転に伴って生ずる発塵（潤滑剤の微粒子）の低減が求められている．この発塵量はグリースの種類によって大きく異なり，ボールねじの回転速度が2倍になると約10倍になったという報告もある[64]．真空用のフッ素グリースは蒸発量

7.6 その他の適用例　201

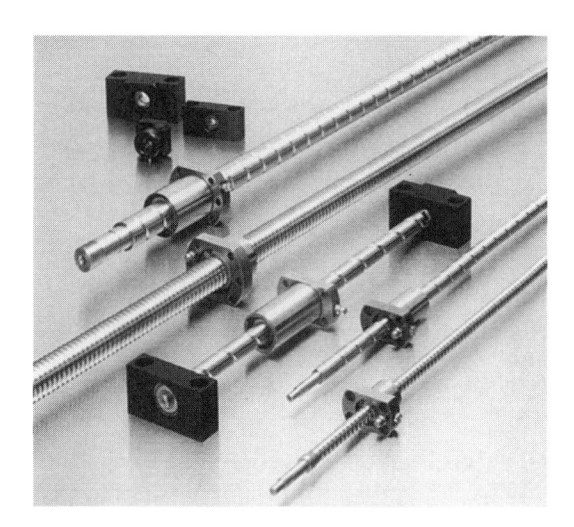

図 7.37　工作機械用ボールねじ〔出典：文献 65)〕

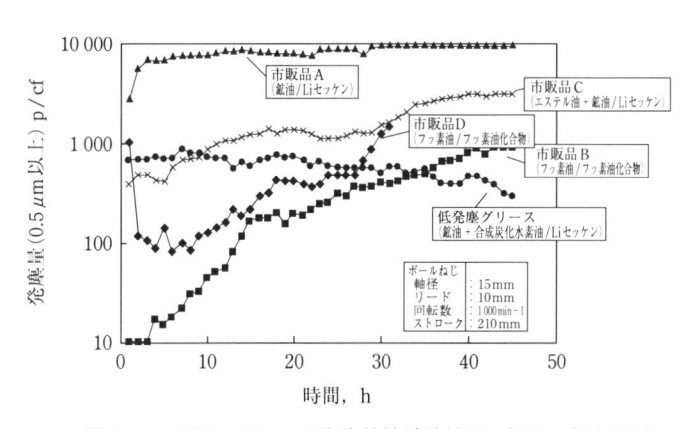

図 7.38　グリースによる発塵特性試験結果〔出典：文献 64)〕

が少ないということで，クリーン環境用途にも利用されてきたが，摩擦トルクが大きい，耐摩耗性，さび止め性に劣るなどの問題点がある．そのためにフッ素系以外の低発塵性に優れたグリースが必要となった．

　各種グリースによる発塵特性試験結果を図 7.38 に示す[64)]．グリース封入直後の発塵量の変化はグリースによってさまざまであるが，定常状態になると鉱油およびポリαオレフィンのリチウムグリースが最も低発塵性を示し，かつ発

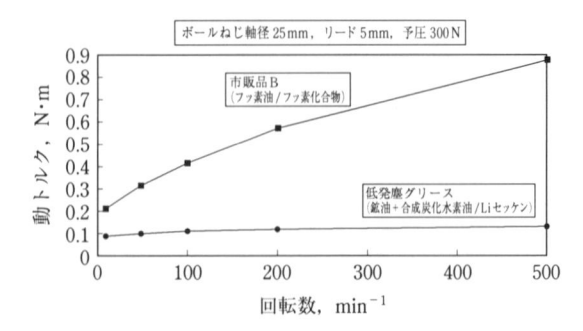

図7.39　低発塵グリースとフッ素系グリースの動トルク特性〔出典：文献64)〕

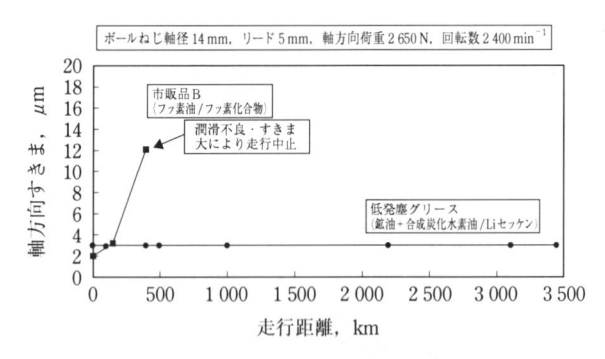

図7.40　低発塵グリースとフッ素系グリースの摩耗耐久性〔出典：文献64)〕

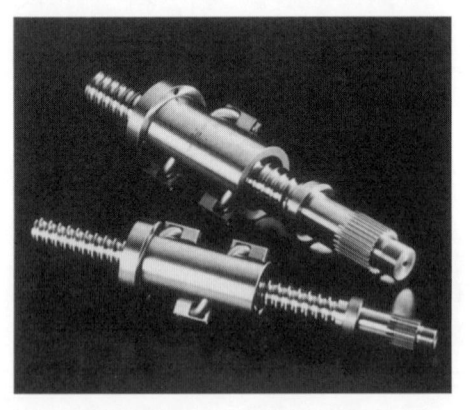

図7.41　射出成型機用ボールねじ〔出典：文献64)〕

塵量が安定している．また，本グリースとフッ素系グリースとの比較試験結果として，摩擦トルク特性を図7.39に，耐摩耗性評価結果を図7.40に示す[64]．これらの結果でも低発塵グリースが良好なことが確認された．

従来，油圧などを使用していた射出成形機，プレス機などにボールねじが使用されることが多くなってきた．このような高荷重駆動用途では，短ストローク，高荷重で繰返し往復駆動されることから，厳しい使用環境にある．潤滑不良を防止するためには極圧性に優れたグリースの給脂が必要である．射出成形機用高荷重駆動ボールねじの例を図7.41に示す[64]．

7.6.3 チェーン

チェーンは動力伝達，搬送の手段として二輪車やコンベヤ等さまざまな産業分野の機械，装置に使用されている．その材質としてはスチール製のものが多く，その潤滑を円滑に行うためにコンパウンドが多く使用されるが，グリースや油が使用されることもある．

チェーンには多くの種類があるので，一例として多く使用されているローラチェーンについて説明する．構成部品はピン，ブシュ，ローラ，内外プレートからなり，

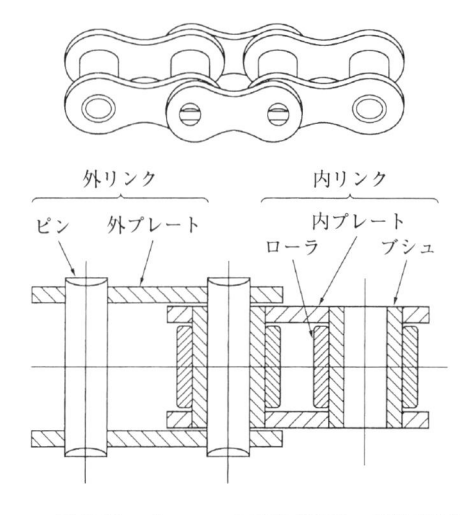

図7.42 チェーンの構造〔出典：文献66)〕

内プレートにはブシュが2個固定されており，ブシュにローラがはめ込まれている．一方，外プレートにはピンが2本固定されており，ピンをブシュに通し内外のプレートを交互につないだ構造となっている．ローラチェーンの構造の概略を図7.42に示す[66]．

チェーンは通常2個のスプロケットに環状に巻き掛けして使用される．その場合チェーンは，スプロケットとのかみ合わせ部では一定角度内での屈曲を繰り返し，スプロケット間では一定方向の張力を受ける．その張力はピン外面

とブシュ内面の接触部分に掛かる．このピン外面とブシュ内面との摩耗が進行することにより，チェーンが伸び，スプロケットとのかみ合わせにずれを生じたり，屈曲時の滑らかさが失われたりする．その結果，装置全体の振動や異常音の発生につながる．チェーン用潤滑剤はピン外面とブシュ内面の摩耗を低減し，チェーンの寿命を延ばすことを目的に使用される．耐摩耗性を維持するためにはピン－ブシュ間に封入しやすいこと，流出しにくいことが必要となる．これら以外にも，さび止め性や潤滑剤を塗布した後の色相や粘着性などチェーンの仕上りについても要求される場合がある．

チェーン用潤滑剤のコンパウンドは，ワックス，基油，ポリマーから構成され，必要に応じて酸化防止剤，さび止め剤，固体潤滑剤などが添加されることもある．コンパウンドは，リチウムセッケンやウレア化合物のようないわゆる増ちょう剤が配合されていないため，温度によって固体から液体に，液体から固体に変わる性質をもつ．この性質のため，ピン－ブシュ間に封入しやすく，円滑な潤滑状態を維持できる．

チェーンへの充てん方法としては，加熱して液状にした潤滑剤にチェーンを浸漬する方法と，溶剤に希釈にした潤滑剤に常温でチェーンを浸漬する方法とがある．後者は，潤滑剤の濃度管理や浸漬後の乾燥工程が必要であるが，加熱する必要がないため，変色が少なく，塗布後のチェーン外観の仕上がりが良いといった特徴がある．また，メンテナンス時にはスプレータイプのチェーン用潤滑剤が用いられることもある．

7.6.4 自動車用接点

自動車用接点（スイッチ）には，接点部の接触を安定させ，摩耗を抑制するためにグリースが塗布されている．接点用グリースはしゅう動接点に使用される場合が多く，銀を材料とした微小電流用と銅を材料とした大電流用（パワー用ともいう）とに大別される．銀は最も低い電気抵抗を示し，表面に通電性を阻害するような厚い酸化膜を作らないため通電性に優れる．しかし硫化されやすい等の欠点がある．接点用グリースに対する主な要求性能を以下に示す．

- 接点の摩耗を抑制すること．
- 電気絶縁性であること．

- 接点の接続時に通電性があること．
- 接点材料（銅・銀）を腐食しないこと．
- 接点の樹脂材料を侵さないこと．

（1）微小電流用接点

微小電流用接点は家電用が主流であったが，自動車にも電気・電子部品の増加に伴い用途が急速に広がってきている．今後，自動車のIT化が進むにつれて，車内LANが取り入れられる方向にあり[67]，さらに用途の拡大も予測される．この微小電流用接点では，通電性の確保が最も必要な特性である．従来の5〜40℃の家電用の温度領域から，−40〜100℃近傍までの，より広温度範囲での通電の安定性が求められてきている．

接点に塗布されたグリースは，絶縁物であるため被膜抵抗となる[68]．特に低温条件下では通電性が不安定となり，接点が接続の状態でも電流が流れなくなる現象（チャタリングと呼ぶ）が発生する．低温チャタリング試験機の概略を図7.43に，供試油の性状を表7.26に，−30℃でのチャタリング試験結果を図7.44に示す[70]．ここで，グラフの縦軸は，電圧計の読みであり，5Vは未通電状態でチャタリングの発生を示している．2種の油の流動点が−50℃以下であるにもかかわらず，図7.44からは，動粘度が高いオイル2のチャタリング発生が顕著になり，200ms以上のチャタリングの発生が見られた．このように粘度が高くなると，チャタリングが発生しやすくなり，通電性が低下することがわかる．グリースを塗布した

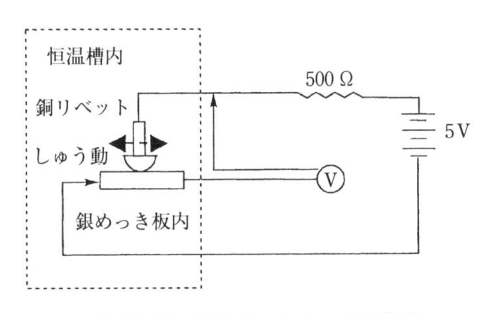

図7.43　低温チャタリング試験機
〔出典：文献70）〕

表7.26　供試油の性状

		オイル1	オイル2
タイプ		ポリαオレフィン	
動粘度，mm^2/s	40℃	17.5	47.6
	100℃	4.00	7.94
粘度指数		126	138
流動点，℃		<−65	−55

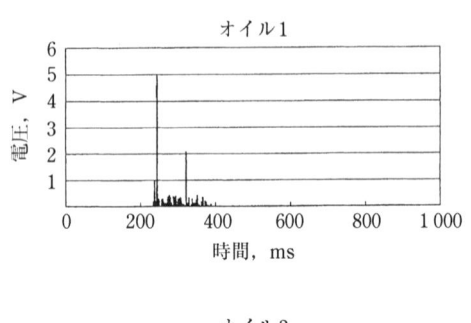

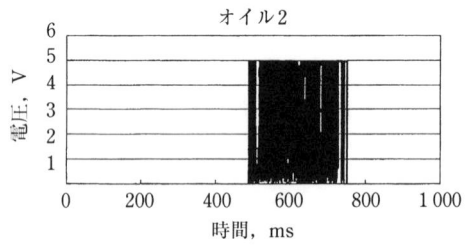

図 7.44　低温チャタリング試験結果（－30℃）〔出典：文献 70)〕

接点での通電メカニズムは，金属接触箇所と非常に薄い油膜を介しての通電，いわゆる薄膜接触通電といわれている[69]．

微小電流用接点グリースとしては，適度な膜厚となるポリαオレフィンを基油とし，摩耗と腐食を抑制する添加剤の配合されたグリースが使用されている．

(2) 大電流用接点

ヘッドライト用スイッチのような大電流用接点には，前述の要求性能の他に耐アーク性が求められる．アークによる劣化として，絶縁劣化と電圧降下とがある．前者では，グリースが炭化，さらに絶縁性が低下し切断時でも電流が流れる．後者では，接点表面の酸化やグリース由来の炭化物の接点表面への付着により通電特性が低下する．

各種グリースの耐アーク性試験結果によれば，基油での比較では，フッ素油 PFPE が最も絶縁劣化しにくく，次にポリグリコールの寿命が長い．PFPE が長寿命なのは，耐熱性に優れ，炭化しにくいことが原因と考えられる．ポリグリコールの場合は，炭化する前に蒸発してしまうためと考えられる．また，シリ

コーン油に関しては，電圧降下によって寿命となる．これは，シリコーン油が他の油と異なり，アークにより生成するシリカが絶縁物質であるため絶縁劣化は生じないが，端子間に堆積して電圧降下を生じたものと考えられる[70]．

大電流接点用グリースとしては，適度な膜厚となる基油粘度のフッ素系グリースが多く使用されている．

7.6.5 情報機器用接点

携帯電話の着信通知に利用されている振動モータには小形・軽量・低コストの要求が強く，金属接点をもったブラシ付きモータが使用されている．振動モータのしゅう動接点は特殊な摩擦面をもち，グリースには潤滑性以外に，駆動時のロスが少ないこと，電気絶縁性がよいこと，接点（Ag, Cu）を腐食しないこと，黒色劣化物を作らないこと，接点の樹脂材料を侵さないことなどが求められる．振動モータの多くは，バッテリで駆動され，モータ効率が直接バッテリ寿命に影響するため，しゅう動ロスを低減することと同時に，粘性によるロスが少ないことが必要である．そのため，しゅう動接点部には軟らかいグリースが用いられる．

グリースには絶縁性が求められるが，同時に，接点部では確実な通電性を確保する必要がある．このため，低粘度基油で，絶縁性の被膜を作らない添加剤が使用されている．

接点には主に電気抵抗が低い銀や銅の合金が用いられる．この表面が酸化，腐食して電気抵抗が増加すると起動不能等の障害を発生するため，実使用時には腐食性の塩素や硫黄が遊離しない添加剤が使用される．一方，銀やパラジウムなどの貴金属が接点に使用される場合には，その触媒作用によりグリース成分の黒色劣化物を形成しやすい．この黒色劣化物は特に低電圧での整流特性に影響を与えるので，劣化しにくいポリαオレフィンを基油にしたグリースが用いられる．また，接点を保持，絶縁するために，樹脂材料が用いられるが，この樹脂に悪影響のない基油，添加剤を選定する必要がある．

その他，携帯電話のヒンジ部には低温特性，揺動特性を必要とされることから特殊なフッ素グリースが使用されている．

参考文献

1) 日本精工 カタログ No.4102 2005, 23.
2) NTN Technical Review, No.72 (2004) 88.
3) 新倉正美：潤滑, **25**, 8 (1980) 505.
4) 関矢　誠・荒井　孝：日石レビュー, **38**, 2 (1996) 81.
5) 小宮広志：軸受設計, **44**, 10 (2000) 70.
6) 小宮広志：設計工学, **35**, 6 (2000) 194.
7) 東　一夫：不二越技報, **55**, 2 (1999) 43.
8) 日本精工 カタログ No.4102 2005, 32.
9) 堀　洋一・寺谷達夫・正木良三：モータ実用ポケットブック　自動車用モータ技術, 日刊工業新聞社 (2003) 95.
10) NTN カタログ No.5601-II/JE, NTN (2000).
11) 池田　武：自動車用等速ジョイントの変遷と最近の技術, NTN Technical Review, No.70 (2002) 8.
12) 小原美香：自動車用等速ジョイントに使用されるグリースへの期待と要望, 潤滑経済, 6, (2002) 21.
13) 小倉尚宏：自動車用グリースの最新技術動向, トライボロジスト, **47**, 1 (2002) 28.
14) 今井淳一：等速ジョイント用グリース, Petrotech, **22**, 3 (1999) 170.
15) 柿崎充弘・岡庭隆志・石井仁士：日本トライボロジー学会トライボロジー会議予稿集, 東京 1998-5 (1998) 38.
16) 曽根康友・鈴木政治：鉄道用グリースの最新技術動向, トライボロジスト, **47**, 1 (2002) 34.
17) 応用機械工学編集部編：鉄道車両と設計技術, 大河出版, 167.
18) 大山忠夫：新幹線の高速化とトライボロジー, KOYO Engineering, Journal No.154 (1998) 29.
19) 鈴木政治・細谷哲也：在来線電車用車軸軸受グリースの実用寿命, トライボロジー会議予稿集 東京 (1997-5) 367.
20) 鈴木政治　他：電車走り装置用潤滑剤の劣化評価, 鉄道総研報告, 11, 9 (1997) 25.

21) 日比野澄子・鈴木政治：グリース基油の移動を考慮したグリースポケット構造の提案，トライボロジスト，**50**，1 (2005) 39.
22) 藤澤利之：西武鉄道の新型通勤電車20000系，JREA，**43**，5 (2000) 51.
23) 日比野澄子 他：誘導電動機のころがり軸受におけるグリースの潤滑挙動，鉄道総研報告，**15**，7 (2001) 29.
24) 岡庭隆志・大沢久幸：鉄道車両主電動機軸受用グリースの劣化過程について，トライボロジー会議予稿集 東京 (1997-5) 370.
25) 曽根康友・鈴木政治：分岐器床板用生分解性潤滑剤，新線路，**60**，12 (2002) 32.
26) 中 道治：ころがり軸受の音響に及ぼす潤滑剤の影響，トライボロジスト，**35**，5 (1990) 307.
27) 中 道治：NSKにおける潤滑グリースの研究開発，NSK Technical Journal, 667 (1999) 23.
28) 光洋精工編：新版 転がり軸受，工業調査会 (1995) 139.
29) 向笠正弘：ハードディスクドライブ (HDD) 用転がり軸受，KOYO Engineering Journal, 160 (2001) 16.
30) 山本雅雄・白石恵美子・山本篤弘・中 道治：潤滑グリースの軸受音響寿命性能，日本トライボロジー学会トライボロジー会議予稿集 東京 (1997-5) 355.
31) 中 道治：クリーン化に貢献する商品，技術，NSK Technical Journal, 672 (2001) 46.
32) 四阿佳昭：製鉄プロセスの悪環境下における軸受長寿命化，トライボロジー研究会第9回講演会前刷 (1998) 25.
33) 小出淳夫：グリースの耐水性に対するニーズと製品開発動向，潤滑経済，**308**，2 (1992) 30.
34) 日本精工：鉄鋼圧延機用長寿命ロールネック軸受，NSK Technical Journal, 678 (2005) 43.
35) 竹内 澄：グリース，トライボロジスト，**38**，2 (1993) 181.
36) 小山内俊彦：環境に配慮した軸受用グリースの開発，日本鉄鋼協会生産技術部門第63回設備技術部会資料 (2000).
37) 河野一之・藤井彰・村井誠・長野克己：過酷環境下におけるグリース潤滑，トライボロジー会議予稿集 東京 (1997-5) (1997) 373.

38) 長野克己・四阿佳昭：鉄鋼産業用グリースの最新技術動向，トライボロジスト，**47**, 1 (2002) 22.
39) 大平隆昌：鉄鋼設備における軸受の技術動向，NSK Technical Journal, 678 (2005) 14.
40) 日本精工 カタログ 連続鋳造設備ロール用転がり軸受 (1997) 8.
41) NTN カタログ 工作機械用精密転がり軸受，CAT.No. 840 (1997).
42) 多湖浩史：工作機械分野におけるニーズと転がり軸受の対応技術，月刊トライボロジー，2001.4 (2001) 58.
43) 瀧内博志：工作機械分野における転がり軸受の環境対応技術，月刊トライボロジー，2002.2 (2002) 24.
44) 小杉　太："環境対応型"転がり軸受＝人，地球に優しい工作機械用 ULTAGE (アルテージ) 軸受＝，油空圧技術，2002.10 (2002) 60.
45) 日本グリース協会編：グリース産業史 (1986) 86.
46) Satoshi Okawa et al. : Non‒Black Heavy Load Multi‒Purpose Grease for Construction Machine, SAE Technical Paper 961106.
47) 前田昭博：農業機械における潤滑管理，潤滑通信，12 (1989) 25.
48) ホクレン販売促進資料．
59) 特許登録第3453061号 (平成15年7月18日)．
50) 編集部：紙・パルプの製造設備と潤滑，潤滑通信，10 (1977) 16.
51) 清水健一：工業用グリースの最新技術動向，トライボロジスト，**47**, 1 (2002) 15.
52) 澁谷善郎：製紙機械用潤滑グリースの技術動向，月刊トライボロジー，10 (2002) 54.
53) 遠藤敏明：温度に対して特性をもったグリースの使用方法，潤滑経済，2 (1991) 58.
54) 丸和物産：フッ素系合成潤滑油の特性とその使用事例，潤滑経済，10 (1997) 16.
55) 黒木喜久雄：段ボール業界におけるフッ素系潤滑剤，潤滑経済，12 (2000) 29.
56) 大貫裕次：グリースに使われる合成潤滑油，潤滑経済，11 (2001) 24.
57) 牧田　茂：段ボール実務知識 第6版，日刊板紙段ボール新聞社 (1994) 423.
58) 丸山　顕：ハーモニックドライブの最新技術動向，月刊トライボロジー，190, 6 (2003) 28.
59) 鈴木眞憲：波動歯車減速機ハーモニックドライブ，機械設計，**42**, 8 (1998) 64.

60) 古川敏夫・竹内謙一：K-H-V「RV-Eタイプ」減速機, 機械設計, **42**, 8 (1998) 96.
61) 清水健一：工業用グリースの最新技術動向, トライボロジスト, **47**, 1 (2002) 15.
62) K. Fukunaga, S. Inoue, M. Yonekura & I. Sakuragi : Direct Dry Hobbing hardened Material, Proceedings of DETC'03 / PTG-48070 (2003).
63) K. Fukunaga : Boundary of Grease and Oil for Gearmotor, Proceedings of the International Tribology Conference Nagasaki, 2000 (2000) 1891.
64) 二宮瑞穂・宮口和男：ボールねじの最近の技術動向, NSK Technical Journal, 664 (1997) 1.
65) 高速静音ボールねじ「コンパクトFAシリーズ」, NSK Technical Journal, 679 (2005) 48.
66) 日本トライボロジー学会：トライボロジーハンドブック, 養賢堂 (2001) 254.
67) 例えば, 中津川義規・小又 力：車両用ネットワーク技術の現状と動向, 自動車技術, **55**, 2 (2001) 36.
68) スイッチ最新技術'85年版, スイッチ最新技術'85年版編集委員会（編）, 総合技術出版 (1984).
69) 山口 歩：ロータリースイッチの考察, 無線と実験, **80**, 3, Jan. (1993) 130.
70) 柴山 淳・木村 浩：精密機械用グリースの動向, トライボロジスト, **49**, 8 (2004) 638.

第8章 グリースの環境調和・安全性への対応

8.1 グリース成分の安全性と関連法規制

化学物質の「安全性」とは，表8.1に示すような人の健康に障害を及ぼしたり，自然環境システムを破壊したりする危険有害性の程度の問題である．

本節ではグリース等の化学工業製品の安全性がどのような観点で評価され，主にその製造販売者がどのような点に注意すべきかを法規制中心に述べる．

表8.1 化学物質の危険有害性の主な指標

人への危険有害性	発がん性，変異原性，毒性，腐食性，刺激性，感作性，生殖毒性，内分泌かく乱　など
自然環境への危険有害性	生態毒性（水生生物への毒性や成長阻害），難分解性，オゾン層破壊，地球温暖化　など
物理化学的危険性	爆発性，発火性，反応性，可燃性，引火性，酸化性，金属腐食性　など

8.1.1 新規化学物質届出制度（化学物質の事前審査制度）

ある国で製造・使用実績のない化学物質（新規化学物質）をその国内で製造または輸入する場合に，当局へ事前に届出して物質の危険有害性審査を受けることを事業者に義務づける制度が，新規化学物質届出制度である．

同制度を設けている国でグリースを製造（または輸入）し販売する場合，その基油，添加剤，または増ちょう剤のいずれかが新規化学物質に当たる場合には，当該物質の事前審査終了後でなければそのグリースの製造や輸入は許されない．更に，審査の結果によっては製造や輸入の量，用途等が制限される可能性もある．

（1）化学物質の審査及び製造等の規制に関する法律（化審法）（日本）

事前審査制度を世界で最初に導入したのは日本の化審法である．国内で実用例の知られていない物質をグリースに使用する際には，初めにわが国で新規か

表 8.2 代表的な化学物質規制と対象物質

法律名	物質分類	規制概要
化審法	第一種特定化学物質	製造・輸入の許可制（事実上禁止） 特定用途外での使用禁止 政令指定製品の輸入禁止
	第二種特定化学物質	製造・輸入予定／実績の数量等の届出 製造／輸入予定量等の変更命令 表示義務
	第一種監視化学物質	製造・輸入実績数量等の届出
	第二種監視化学物質	
	第三種監視化学物質	
PRTR 法	第一種指定化学物質	PRTR 届出対象 MSDS 交付義務対象
	第二種指定化学物質	MSDS 交付義務対象
労安法 57 条　名称等の表示	（表示物質対象物質）	容器・包装等への物質名等の表示義務
労安法 57 条　名称等の通知	通知対象物	MSDS 交付義務
特定化学物質障害予防規則	特定化学物質	製造，使用等の厳しい管理 暴露防止措置や作業環境の測定など
有機溶剤中毒予防規則	有機溶剤 （第 1, 2, 3 種）	製造，使用等（有機溶剤業務）の管理 暴露防止措置や作業環境の測定など
労安法 28 条　技術上の指針	変異原性	作業環境管理等
毒物劇物取締法	毒物・劇物	製造・輸入・販売は登録制
EU 理事会指令 67/548/EEC[*1]	危険な物質	表示，有害性通知（MSDS）
米国危険有害性周知基準[*2]	危険有害化学品	MSDS 交付義務
EU 理事会指令（76/769/EEC）[*5]	付属書 I 物質	上市・使用の制限

*1 「危険な物質の分類，包装，表示に関する EU 理事会指令 67/548/EEC」
*2 「危険有害性周知基準（HCS : Hazard Communication Standard）」
*3 OSHA : Occupational Safety and Health Administration
*4 ACGIH : 米国産業衛生専門家会議
*5 「EU 危険な物質および調剤の上市と使用の制限に関する理事会指令（76/769/EEC）」

8.1 グリース成分の安全性と関連法規制　215

(2006年6月現在)〔出典：文献 1～3, 8, 9)〕

根拠となる危険有害性	備考
難分解性　かつ　高蓄積性 人への長期毒性 または 高次捕食動物への毒性	ポリ塩化ビフェニル (PCB) など15物質
難分解性で，高蓄積性なし 人への長期毒性 または 生活環境動植物への毒性 被害の恐れが認められる環境残留	トリクロロエチレンなど23種類
難分解性かつ高蓄積性	第一種監視　テトラフェニルスズなど25物質
難分解性で，高蓄積性なし．人への長期毒性疑い	第二種監視　約850物質
難分解性で，高蓄積性なし．動植物への毒性あり	第三種監視　未指定
発がん性，変異原性，経口慢性毒性， 吸入慢性毒性，許容濃度勧告物質，生殖／発生毒性，感作性，生態毒性，オゾン層破壊物質	354物質 (政令別表第1) (発がん性特定第一種は12物質) 81物質 (政令別表第2)
強い毒性や発がん性等	危険物，製造許可可物質，健康障害を生じる恐れのある物質 (政令　別表第1，別表第3，および第18条)
主として許容濃度勧告対象物質	631物質 (政令別表9)
発がん性物質，重篤な中毒症状や皮膚炎を起こす	第一類物質は製造に許可が必要
人体への有害性の明らかな有機溶剤 (中毒を発症させる)	
変異原性	
主として急性毒性	法毒物27種類，法劇物93種類，および政令指定の毒劇物 ＊バリウム化合物は政令指定「劇物」
毒性，発がん性，生殖毒性，感作性，刺激性，腐食性 (爆発性，引火性) など	
発がん性，腐食性，猛毒性，刺激性，感作性など	OSHA[*3] 29 CFR Part 1910 Subpart Z ACGIH[*4] 許容濃度勧告物質など
毒性，発がん性，生殖毒性　など	

既存かの確認が必要である．新規の場合に審査を受け，難分解性や対ヒト毒性等の有害性が認められると，表8.2に示すように当該物質の製造等が規制される[1〜3]．なお，既存物質であっても注意が必要なのは政府が実施する「既存化学物質安全点検」の結果で，この点検の結果によっては既存でも製造制限等の新たな規制があり得る[2]．例えば，2, 4, 6-トリ-t-ブチルフェノール（TTBP）は政府の点検で有害性が認められたことから第一種特定化学物質に指定され，2001年より国内での製造，使用が禁止となった[4]．当時，潤滑油添加剤としてTTBP含有品が使用されていたため業界では添加剤切替え等の対応が必要となった．

（2）諸外国の新規化学物質届出制度

製品販売先や製造拠点のグローバル化が進み，他国規制の把握も重要である．他国の新規化学物質届出制度の代表例として米国と欧州（EU）の規制概要を表8.3に示すが，その他にカナダ，スイス，オーストラリア，ニュージーランド，韓国，フィリピン，中国に同様の規制があり（2006年6月現在）[5〜7]，類似の制度でも国ごとに要求データの種類や審査の所要日数等が異なる．また，図8.1に示すようにある国の既存物質が他国では新規となるケースも多く，注意

表8.3 外国の事前審査制度

	米国	欧州（EU）	日本
法律名	有害物質規制法（TSCA）	危険な物質の分類，包装表示に関する理事会指令（67/548/EEC）	化審法
物質リスト*	TSCAインベントリー （既存物質リスト）	EINECS （固定の既存物質リスト） ELINCS （新規届出物質リスト）	既存化学物質名簿 白告示物質 （新規届出物質リスト）
製造等の禁止・制限	有害な化学物質等規制 重要新規利用規則	上市と使用の制限に関する理事会指令	特定化学物質 監視物質
新規届出時の要求データ	物質のアイデンティティ，物化性状 その他届出者の所有データ	物質のアイデンティティ，物化性状，毒性試験，変異原制試験，生態影響試験等多種の試験データ	生分解性，蓄積性，濃縮性，人への毒性 生態毒性

＊リストに基づき「既存」と「新規」を区別する

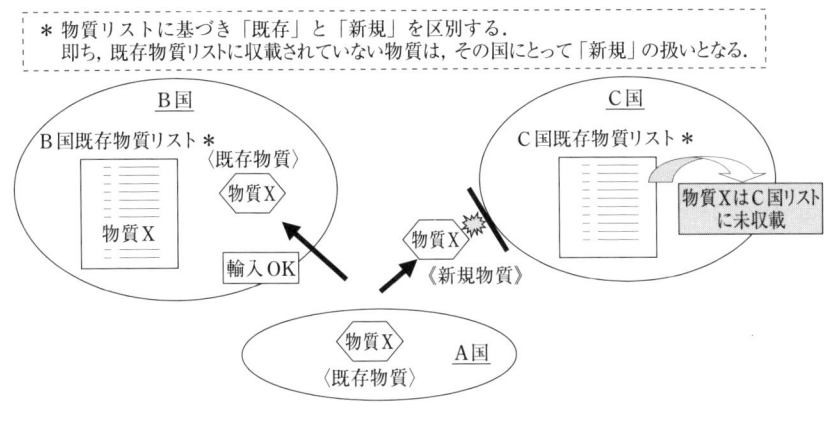

図8.1 新規物質と既存物質の考え方

が必要である．

なお欧州では，既存物質も含めた原則すべての製造・輸入化学物質について，危険有害性およびリスクの評価を行い届出（登録）することを事業者に義務づける新しい法制度（REACH）が2008年頃の導入目標で準備されている．

8.1.2 PRTR（Pollutant Release and Transfer Register）制度

PRTRとは，有害物質の環境中への排出量と廃棄物としての移動量を事業者に届出させデータを公開する制度で，日本では1999年に「特定化学物質の環境への排出量の把握等及び管理の改善の促進に関する法律（PRTR法）」として法制化された．この法では対象物質の選定根拠として表8.2に示すように多くの有害性が取り上げられていることが注目される[8,9]．この制度は米国，英国，オランダ，カナダなど諸外国でも法制化されている．

8.1.3 化学工業製品の危険有害性に関する情報提供

使用者に製品の危険有害性や取扱い注意等を示すことは製品提供者の社会的責務である．

（1）製品への表示による情報提供

化学工業製品につき危険有害性情報の容器・包装等への表示を義務づける国

内法には,化審法,労働安全衛生法(労安法),毒物及び劇物取締法等がある.化審法では「第二種特定化学物質」,労安法では「第57条表示物質」が表示義務の対象とされており,それらの物質は発がん性を有するなど,いずれも有害性の高い物質である[10].

グリースが毒物や劇物に該当することは通常ないが,表示義務を負う物質を規定量以上含有していないかどうかを原材料面から確認しておく必要がある.よく整備された表示制度の一つに欧州の「危険な物質の分類,包装,表示に関する理事会指令67/548/EEC」が挙げられる.本指令では表示義務対象を「危険な物質」としてリストアップしている.表示例を表8.4に示す[11].

表8.4 EU危険な物質に対する表示内容の例　　〔出典:文献11)〕

鉛化合物(Lead compound)　　Pb>25%の場合

分類(記号)	表示とその意味(R:リスク警句,S:安全警句)
毒(T):生殖毒性　カテゴリー1 有害性(Xn) 環境危険性(N)	R61:胎児に有害である恐れがある R20/22:吸入するとおよび飲み込むと有害性 R33:蓄積影響の危険性 R62:受胎能力を害するリスクの可能性 R50/53:水生生物に猛毒性.水生環境中で長期の悪影響を及ぼす恐れがある
	S53:ばく露を避けること,使用前に個別の説明書を入手すること S45:事故の場合または気分が悪いときは直ちに医師の診断をうけること S60:この物質および容器は有害廃棄物として廃棄されなければならない S61:環境への放出をさけること,個別の説明書/MSDSを参照すること
(シンボルマーク)	T　　　　　　N

(注意)この表はラベルの様式ではない.

(2) 製品安全データシート（MSDS）による情報提供

日本ではPRTR法の指定化学物質を1％以上（発がん性物質の場合0.1％以上）含有するか，労安法に定める「通知対象物」を1％以上含有する製品，または毒劇物についてMSDS（Material Safety Data Sheet）の交付が義務づけられている[12,13]．

労安法の目的は労働者の健康障害防止であり，作業環境での許容濃度が勧告されている物質を中心に通知対象物が選定された．また，先進諸外国でもMSDS関係法が整備されているため，海外販売にあたっては現地法に則ったMSDSの用意が必要になる．例えば米国の「危険有害性周知基準（HCS：Hazard Communication Standard）」では表8.2に示すように情報提供を義務づける「危険有害化学品」をリストアップするとともに，MSDSに関する詳細な規則を定めている．

(3) GHS導入の動き

化学物質の危険有害性の分類基準や注意喚起表示の内容を国際的に調和させようとする動きがGHS（The Globally Harmonized System of Classification and Labeling of Chemicals）である．GHSは国連の勧告であり，今後OECD加盟国等を中心に各国で法制化等によるGHS表示の導入が進められる予定である[23]．日本では労安法改正により2006年12月より特定の物質について導入される．

8.1.4 グリースの代表的な成分の規制状況

グリースに使用される物質の中にも種々の規制の対象となっているものがある．代表例を表8.5に示すとともに，その他に注意すべき次項をいくつか挙げる．

(1) 基　油

基油には鉱油系と合成油系（PAO，ジエステル，PAGなど）がある．鉱油についてはミスト吸入による人体影響を懸念して許容濃度が勧告されており，労安法の通知対象物にも指定されている．また，未精製かもしくは精製度が低く多環芳香族炭化水素（PCA）の含有量が高い鉱油は発がん性とされている．一方，合成系基油の危険有害性はその構造によって異なり，個別の評価や情報収

220　第8章　グリースの環境調和・安全性への対応

表8.5　グリースの代表的な成分の規制状況（2006年6月現在）　　［出典：文献 8, 9, 13, 16〜19, 22］

成分	PRTR法 指定化学物質	米国 PRTR (TRI物質 注1)	労安法 57条 表示物質	労安法 57条 通知対象物	厚生労働大臣 指定物質	EU指令 (67/548/EEC) 危険な物質リスト	米国 HCS 危険有害化学品	許容濃度の勧告 日本産業衛生学会 (2005年度) ACGIH (2005) 注2	備考
鉱油	―	―	―	「鉱油」として該当	―	発がん性の場合は該当	Mineral Oil として	日本産業衛生学会 ACGIH	未精製や軽度精製の場合は発がん性
BHT (DBPC)	―	―	―	該当	―	―	該当	ACGIH	
バリウム化合物 (Baスルフォネート等)	バリウム化合物として（水溶性のみ）	バリウム化合物として	―	バリウム化合物として（水溶性のみ）	―	Barium salts として	バリウム化合物（水溶性と硫酸バリウムのみ）	ACGIH（水溶性と硫酸バリウムのみ）	
亜鉛化合物 (ZnDTP等)	亜鉛化合物として（水溶性のみ）	亜鉛化合物として	―	塩化亜鉛、酸化亜鉛、ステアリン酸亜鉛のみ該当	―	塩化亜鉛ほか数種類のみ該当	塩化亜鉛ほか数種類のみ該当	塩化亜鉛ほか数種類のみ日本産業衛生学会、ACGIHで勧告	
モリブデン化合物 (MoDTP, MoS2等)	モリブデン化合物として	Molybdenum trioxide 対象	―	モリブデン化合物として	―	Molybdenum trioxide ほか1物質のみ	モリブデン化合物として	ACGIH	
鉛化合物	鉛化合物として	鉛化合物として	四アルキル鉛、厚生労働大臣指定物質	鉛化合物として	―	鉛化合物として	鉛化合物として	日本産業衛生学会 ACGIH	EU 廃車指令 (ELV指令)、EURoSH指令
NaNO$_2$	―	―	―	該当	―	該当	―	―	
トリクレジルフォスフェート (TCP)	―	―	―	―	―	該当 (o-, p-TCP)	―	―	海洋汚染物質 国連分類：有害性物質

―：該当しない
＊1 Toxics Release Inventory
＊2 American Conference of Governmental Industrial Hygienists：米国産業衛生専門家会議

集が必要である．例えば，二塩基酸エステル類の一部はPRTR法の対象物質であり，内分泌かく乱作用の疑いを理由に環境省の優先評価対象になっているものもある[8,14]．また，フタル酸ビス（2-エチルヘキシル）（DOP）およびフタル酸ジ-n-ブチル（DBP）は生殖毒性を理由に2003年EUで「上市と使用の制限物質」に指定された[15]．

基油はグリースの70～90％を占める成分であり，その最終製品の安全性に与える影響が大きいため使用物質は慎重に選択する必要がある．

（2）添加剤

グリースに使用される添加剤でも表8.5に示すように，有害性が明らかですでに規制を受けているものがあり認識が必要である[8,9,13,16～19,22]．

特に鉛についてはその発がん性や生殖毒性が問題視され，近年は使用が限られるようになっている．さらに近年公布されたEUの廃車指令（ELV，2000年）および電気・電子機器への有害性物質の使用制限（RoHS，2003年）で自動車や電気電子機器への鉛の使用が厳しく制限されており，またグリースへの鉛の意図的な使用は日本国内でも実質的には禁止されている[21]．

さらに付け加えれば，主成分が規制を受けない場合でも原料などに起因する不純物には注意が必要であり，例えばアルキル化ジフェニルアミン中に残存する可能性のあるジフェニルアミンは，人や水生生物への毒性を根拠に複数国で規制の対象となっている．また，フェノール系酸化防止剤中のTTBP，二硫化モリブデン中の鉛分なども含有の可能性が考えられ，このような有害性不純物については含有の有無と含有量の程度を確認しておく必要がある．

（3）増ちょう剤

一般的なリチウム，カルシウムセッケンは現在までのところ特に規制は受けていない．ウレア系増ちょう剤の場合，性能面から新規な物質を開発，使用することがあり，その際に開発物質が先述の新規化学物質届出制度の対象となることが想定される．事前審査には相当の時間と費用を要するため，特にグローバルな展開を目指す製品の場合は，早い段階での状況確認が必要である（この点は新規開発の基油や添加剤でも同様である）．

また，ウレア系では使用される原料の有害性にも注意が必要である．例えば増ちょう剤の原料のジフェニルメタンジイソシアネート（MDI）は吸入毒性や

感作性，トリレンジイソシアネート（TDI）は発がん性や変異原性を理由にPRTR法の対象物質に指定されている[8,9]．また，TDIは感作性物質としてEU危険な物質リストにも指定されており[19]，これらの取扱いには注意が必要である．

本節では化学物質規制の代表例を取り上げた．各規制の目的やどんな有害性が問題視されているのかをよく理解するとともに，製品の安全性を検討する際には規制動向の変化がめまぐるしいため，常に新しい状況を確認しておくことが重要である[24]．

化学物質の多くは危険有害性（安全性）の評価が不十分なものが大多数で，現時点で規制の対象でないからといって安全と考えるのは誤解である．

製品（製品成分）の危険有害性（安全性）情報の収集は製造者にも使用者にも不可欠であり，危険有害性の評価に関し知見を深めることも重要な課題である．

8.2 食品機械用グリースの動向

近年，食品に関する安全性への関心がますます高まっており，食品業界や飲料業界で食品機械用グリースの採用が急増している．また，製品にグリースが接触する可能性のある分野として，医薬品や化粧品，医療機器，食品容器や包装材，フォークリフトなどの食品工場内での搬入車両，さらに幼児の玩具やゆりかごなどの乳幼児製品やその製造過程でも採用が広がりつつある．これらは，安全・衛生に対する企業姿勢の高まりとHACCP（Hazard Analysis-Critical Control Points）の導入，PL法の施行にも関連していると考えられるが，日本での食品機械用グリースの採用は欧米諸国と比較するとまだ低いのが現状である．

食品の製造過程での衛生上の危害の予防を目的とした管理基準，HACCPではグリースを含めた潤滑剤への考え方として，

　　Step 1：潤滑剤を使用しない
　　Step 2：潤滑剤が漏れない・触れない対策
　　Step 3：偶発的接触が許容される潤滑剤の使用

を定めている．実際にはStep 1やStep 2で全てを対策することはほぼ不可能

であり，実現可能な方策として「偶発的な接触が許容される潤滑剤（グリース）の使用」で対策しているのがほとんどである．

日本では食品衛生法で食品添加物に関する規則等はあるが食品機械に用いるグリースや潤滑油の規則や規格・認証制度がないのが現状で，世界的にも米国の第三者認証機関である国際衛生化学財団 NSF International (National Sanitation Foundation International) のクラス H1 が「食品との偶発的な接触が許容される潤滑剤」として現在唯一の認証となっている．ちなみに，この NSF のプログラムは，USDA（米国農務省）の認証プログラムを 2001 年に継承したものである[25,26]．この認証は製品のグレートごとにそれぞれ与えられるもので，NSF H1 の認証を受けたグリース製品が「食品機械用グリース」と呼ばれている．代表的な食品機械用潤滑剤に関する法令を表 8.6[27] に示すが，食品衛生や安全性に対する関心の高い欧州では特に H1 グリースの需要は多く，英国ではすでにグリースを含む全潤滑剤需要の約 6％ が H1 グレードとなっている．今後日本でも海外での動向を踏まえ何らかの指針や法整備が進むと予測され，食品機械用グリースの需要が今後さらに増大すると考えられる．

NSF H1 の認証基準は，FDA（米国食品医薬安全局）のグループ 21 CFR 178.3570, "Lubricants in Incidental Contact with Food" に適合することが条件で，この規則では使用できる原材料（増ちょう剤，基油，添加剤）の種類と濃度が細かく規定されている．記載されているグリースの主な成分を表 8.7 に示す

表 8.6　食品機械用グリースに関連する法令の例　〔出典：文献 27)〕

欧州	・EC Directive 93/43/EEC 　－通称 HACCP 指令．95 年 12 月から EU 圏で食品・飲料品を製造する製造業者全てに HACCP による製造工程管理の導入が義務付けられた． ・EC Machine Directive 89/392/EEC 　－欧州衛生的装置設計組合（EHEDG : European Hygienic Equipment Design Group）が勧告している食品加工機器の設計，据え付け，洗浄などのガイドライン． 　－潤滑剤（グリースを含む）に関するガイドライン． 　「FDA の規則 (21 CFR 178.3570) に適合したグリースおよび潤滑油であること」(NSF H1 認証と同義)．
日本	・厚生労働省 　－食品衛生法第 7 条「食品又は添加物の基準および規格」 　－食品衛生法代 9 条「有害有毒な器具又は容器包装の販売の禁止」 　－食品機械で使用されるグリースの安全性に関する規則や規格は現時点でなし．

が，使用原材料が限られることから，組成設計やコストには制約が多く，限られた原料のなかでいかに製品設計するかがグリースメーカーのノウハウとなっている．

現在市場では主にNLGI No.00～3のちょう度グレードで，汎用用途はもちろん高荷重用や低温用，高温用など数多くのタイプのH1グリースが市販されており，標準的な設備機械にはほとんど対応可能である．具体的には，各種ベアリングやモータ，減速機，ベルトコンベア，チェーンの潤滑に多く用いられている．古くから食品の製造過程で用いられていた流動パラフィンやナタネ油などの植物油・食添油を用いた潤滑剤は汎用の鉱油系潤滑剤と比較して酸化安定性や潤滑寿命などの性能レベルがかなり劣っており性能上問題があったが，現在主流となっているH1グリースはポリαオレフィン（PAO）を基油に用いたものが多く，基本的な性能は鉱油系の汎用グリースと遜色ないレベルにある．代表的な市販H1グリースと鉱油系の汎用グリースの性状比較を表8.8に示す．PAOを基油に用いることで低温性など一部性能については同等以上の性能も付与されており，極圧グリースでも同様に性能レベルに顕著な差は見られない．ただし，使用原材料の種類と濃度に制限があることから厳しい条件でのさび止め性や高温潤滑寿命については一般のグリースと比較するとやや劣るのも事実である．

食品機械用グリースに求められる性能としては，NSF H1認証はもちろんのこと，できるかぎりグリースの飛散や流失を防止するという観点から適当な付着性の付与や機械的安定性の良好なグリースが適している．また，漏えい防止の観点からシール材との適合性も良好なものが好ましい．さらに，水や熱のかかる環境が多いことから耐水性や耐熱性も求められる．食品機械では一般の産業機械と違ってわずかな漏えいや流失も問題となる可能性があることから，実用上は汎用グリースのレベル以上の耐漏えい性が必要である．また，漏えい対

表8.7 H1グリースに使用できる主な原材料

	使用可
基油	・PAO ・流動パラフィンの一種　など
増ちょう剤	・アルミニウムコンプレックスの一種 ・ベントンの一種 ・ウレアの一種
添加剤	・硫化亜鉛 ・TPPT　など

表8.8 市販H1グリースと汎用グリースの性状比較

	市販食品機械用グリース	市販食品機械用グリース(極圧タイプ)	市販汎用グリース	市販極圧グリース
外観・色	なめらか,透明	なめらか,白色	なめらか,琥珀色	なめらか,茶褐色
増ちょう剤タイプ	アルミニウムコンプレックス	アルミニウムコンプレックス	リチウムセッケン	リチウムセッケン
基油タイプ	PAO	PAO	鉱油	鉱油
基油動粘度 (40℃), mm/s^2	150	220	130	202
混和ちょう度	280	280	273	276
滴点, ℃	280	275	182	187
水洗耐水度 (79℃, 1 h), mass%	3.1	4.5	2.2	2.7
酸化安定度 (99℃, 100 h), MPa	0.020	0.049	0.034	0.044
高速四球 融着荷重, N	1569	3089	1569	3089
使用温度範囲の目安, ℃	−35〜+120	−35〜+120	−25〜+120	−20〜+110
適合規格	NSF H1	NSF H1	−	−

策から機械周辺や部品を密封化する傾向がありこれにより使用環境は高温となるため，高温での軟化・流動化の少ないグリースが望まれる．今後の技術課題としては，これら食品機械用グリースとしての潤滑性能の要求レベルを十分満足するH1グリースが必要となる．また，設備機械のさらなる性能アップが進む中で，これら設備機械の要求性能を満たすH1グリースの要望も高まるものと考えられる．具体的には，特に高温での耐漏えい性，機械安定性の向上と潤滑寿命の延長およびコストダウンが課題となるが，前述のとおり使用原材料とその添加量に制限があることから要求性能に対応した高性能H1グリースの開発には困難が伴うことが予測される．また，H1グリースの製造工程も食品製造と同様に厳密な衛生管理やコンタミ管理がますます必要となるだろう．

　一口に「食品機械用グリース」といってもその解釈は各社まちまちであり，

市場では一部混乱も見受けられる．NSF H1 認証を受けているとしても「食べて問題ないグリース」ではもちろんなく，適切な管理のもとで使用されるべきものである．また，万能な H1 グリースは存在しないことから使用条件により最適な H1 グリースを選定することが必要となる．

8.3 生分解性グリースの動向

1980年代後半より土壌や湖沼に漏えいした潤滑剤が自然界の食物連鎖の中で炭酸ガスと水とに分解されて無害な物質になる「生分解性」の特質をもった潤滑剤の要求が高まっている．当初，潤滑剤メーカーではモータボート用2ストロークエンジン油，チェーンソーオイルなどの開放系の用途に生分解性潤滑剤が開発された．1990年代以降はグリース等の比較的閉鎖系で用いられる潤滑剤にまで広がってきた．ここでは環境負荷低減のために必要とされているグリースの生分解性について述べる[28]．

8.3.1 組成の影響

(1) 基油と増ちょう剤

Stempfel らの報告[29]による各種グリース基油の CEC 法による生分解度と，

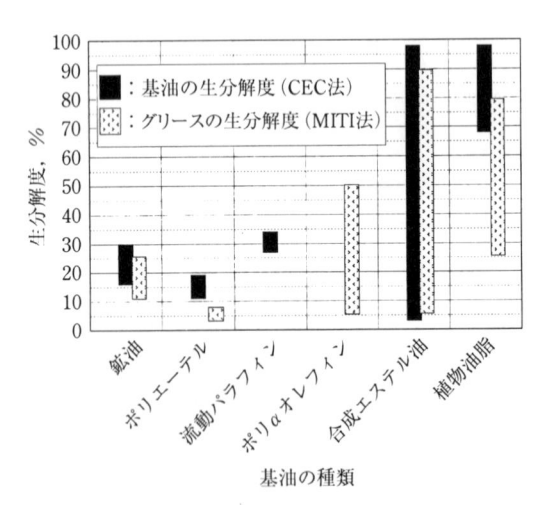

図8.2 各種基油，グリースの生分解度

それらを基油としたグリースの MITI 法による生分解度の定性的比較を図 8.2 に示す．基油とグリースの生分解度には相関が見られ，生分解性に優れる合成エステル油や植物油脂を基油に用いたグリースの生分解度は高い．しかし，合成エステル油は原料となる脂肪酸の種類や側鎖の数等により生分解度が低下することがある．ポリエチレングリコールは，分子量 500 程度までは 80％以上の生分解度を示すが，それ以上の分子量では著しく低下するとの報告もある[30]．鉱油やエーテル油，PAO（ポリαオレフィン油）は 50％以下で生分解度は低いが，低粘度の（2〜4 mm^2/s, 100℃）PAO は 80％以上の生分解度を示すとの報告もある[31]．

以上のことから生分解性グリースの基油には植物油脂の中ではナタネ油，合成油の中ではエステル油が多く使用されている．各種基油と増ちょう剤を組み

表 8.9 各種基油，増ちょう剤の生分解度（MITI 法）

油の種類	増ちょう剤	生分解度 (14 Days %)*
ナタネ油	Li (12OH) St	100
	Ca (12OH) St	87
合成エステル油	Li-Comp.	99
	Li (12OH) St	86
	Li セッケン	82
	芳香族ウレア	58
鉱油	Li (12OH) St	53
	Li セッケン	27
ポリグリコール	Li (12OH) St	13
PAO	Li (12OH) St	17
	芳香族ウレア	7
	Li セッケン	4
アルキルジフェニルエーテル	脂肪族ウレア	0

* 標準サンプルに選定したナタネ油 – Li (12OH) St グリースの生分解度を 100％とした場合の相対的な数値

合わせて得られたグリースの生分解度を表8.9に示す．合成エステル基油の芳香族ウレアグリースがやや低い生分解度を示したものの，基油と増ちょう剤の組合せだけでは一概に生分解性を予測することは難しい．よって，グリースの生分解度は基油に依存すると考えられ，金属セッケン等の一般的な増ちょう剤を用いることが可能である．植物油脂の中でもナタネ油やヒマシ油は，古くから金属加工油剤の油性剤として使用されてきた．北米では大豆油，サンフラワー油等も市販されているが，ナタネ油に較べて性能がほぼ同一であることから余り実用化されてない．最近では遺伝子組み替え技術による大豆油も市販されている．

　植物油脂を基油としたリチウムセッケンやカルシウムセッケングリースの性状を表8.10に示す．添加剤としてはSP系やZnDTP等の摩耗防止剤，ポリマーおよび固体潤滑剤としてのグラファイト等が見られる．混和ちょう度はNLGI No. 1〜2グレード，滴点はリチウムセッケングリースは180〜190℃，カルシウムセッケングリースは150℃以下で鉱油基油グリースと同レベルである．生分解度はエステル油Bがやや低い．これは植物油脂の中でもヒマシ油は分子構造中に水酸基を有するために生分解性が阻害されたためと考えられ

表8.10　生分解性グリースの組成，性状（植物油脂基油）

グリース名	A（日本）	B（日本）	C（外国甲）	D（外国乙）	E（外国丙）
組成　基油 　　　増ちょう剤 　　　主な添加剤	ナタネ油 Ca (12OH) St SP, ポリマー	ナタネ＋ヒマシ油 Li (12OH) St S, SP	ナタネ油 Ca (12OH) St SP, ZnDTP	ナタネ油 Li/Ca, (12OH) St ポリマー	ナタネ＋エステル油 Ca (12OH) St グラファイト
外観	淡黄色 粘ちょう状	褐色 粘ちょう状	黄色 粘ちょう状	—	黒色 粘ちょう状
混和ちょう度	276	263	264	280	325
滴点　℃	150	189	129	180	140
酸化安定度　80℃ 　　kPa　　99℃	27 —	47 —	70 —	— 400	— —
高速四球 （融着荷重），N	3089	3089	1569	1569	1961
生分解度 CEC法　%	98	90	—	—	85

表8.11 生分解性グリースの組成,性状(合成エステル油基油)

グリース名		F(日本)	G(日本)	H(日本)	I(外国丙)	J(外国乙)
組成	基油 増ちょう剤 主な添加剤	PET系 Liコンプレックス SP	TMP系 Li (12OH) St SP, S	TMP系 脂肪族ウレア SP, ZnDTP	ポリオールエステル Li (12OH) St —	合成エステル油 Li/Ca, (12OH) St —
外観		淡褐色 粘ちょう状	褐色 粘ちょう状	褐色 粘ちょう状	緑褐色 粘ちょう状	—
混和ちょう度		288	272	279	282	280
滴点 ℃		260 <	190	273	194	193
酸化安定度 80℃ kPa 99℃		25 19	33 —	15 59	80 —	25 —
高速四球 (融着荷重), N		4903	3089	1236	3089	2452
潤滑寿命 125℃ h		4000 <	570	580	—	—
生分解度 (CEC法) %		99	60*	87	—	—

* クーロメーター法(MITI法)による

る.植物油脂基油の生分解性グリースとしては,ナタネ油とカルシウムセッケンの組合せが多い.これは,精製度の高いナタネ油が入手しやすく,カルシウムセッケングリース製造時の酸化劣化を防止できるためと考えられる.

エステル油を基油としたリチウムセッケンやウレアグリースの性状を表8.11に示す.混和ちょう度はNLGI No.2グレード,滴点は増ちょう剤がリチウムコンプレックスのFとウレアのHは260℃を越えている.生分解度はHが他のエステル油に較べてやや低い.このようにエステル油を基油とするグリースでは,基油の成分や性質が生分解性や熱・酸化安定性を大きく左右するために,その選定が極めて重要である.

(2) 添加剤

生分解性グリースが使用される環境条件により極圧性,酸化安定性,さび止め性などが必要となるが,これらの性能は添加剤に依存することが多い.しかし,これらの添加剤は生分解性を阻害する恐れがある.細菌数測定簡易試験

表8.12 添加剤の生分解性

試料名	評価	状　態
アミン系酸化防止剤	良好	全面にコロニーができ（10^6），試料を滴下した部分にも細菌が繁殖した．
フェノール系酸化防止剤	良好	全面にコロニーができ（10^6），試料を滴下した部分にも細菌が繁殖した．
SP系極圧剤	やや劣る	全体的にコロニーが少なく（10^5），試料を滴下した部分にコロニーが生成しない．
スルフォン酸系さび止め剤	やや劣る	全体的にコロニーが少なく（10^5），試料を滴下した部分にコロニーが生成しない．
ZnDTP	劣る	全体的にコロニーが非常に少なく（10^4），試料を滴下した部分とその周辺にコロニーが生成しない．

試験方法：細菌数測定簡易テスターで，細菌数が 10^6 以上になることを確認した工場廃水，腐敗油剤等にテスターを浸漬した後，テスター上に各試験試料を少量滴下し，25℃×24h後の状態を観察し評価した．

法[32]に準拠して確認した添加剤の生分解性の結果を表8.12に示す．SP系やスルホン酸系およびZnDTPは細菌の増加を抑制する効果，つまり生分解を抑制する，もしくは低下させる傾向が認められた．添加剤の生分解性については多くの報告[33]があり，さらなる研究が期待される．

8.3.2 評価・測定方法

　潤滑剤の生分解性試験は微生物を用いて行われる．いずれも試験後の供試物質の残存量を測定するか，微生物の消費する酸素量，もしくは発する二酸化炭素量を測定する3種の方法がある．国際的に認められている試験方法は，CEC（Coordinating European Council）L-33-A-93，OECD（Organization for Economic Cooperation and Development）テストガイドラインによる5種類の試験法，ASTM D 5864など[34]がある．以前はCEC法が広く利用されてきたが，四塩化炭素を試験に用いることからOECD法が使用されている．CEC法とOECD法の生分解度比較を図8.3に示す．エステル油Aはいずれの方法でも90％を越えるが，B，Cおよび鉱油ともにOECD法による生分解度はCEC法よりやや低い．しかしながら，これらの生分解度は全て新グリースのデータ

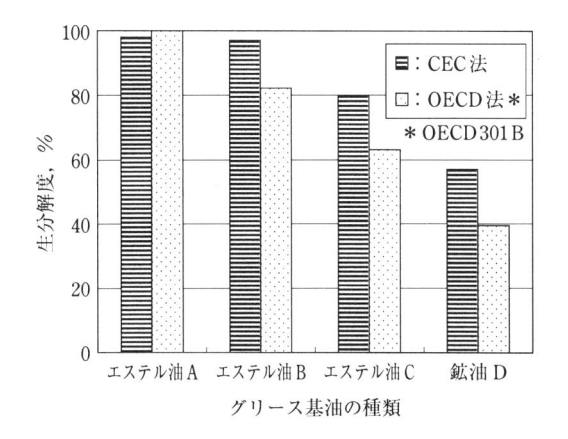

図 8.3　CEC 法と OECD 法の比較

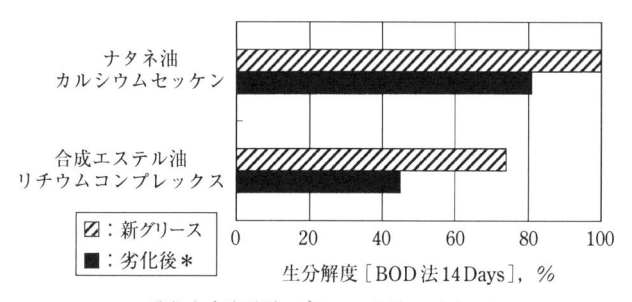

図 8.4　劣化グリースの生分解性

で，実際には使用後や試験後での生分解性が重要である．酸化安定度試験後の劣化グリースの生分解度を図 8.4 に示す．試験後のグリースは，新グリースよりも生分解度がやや低下する傾向が見られる．これは，酸化劣化による基油の高分子化等に起因すると考えられる．

　日本環境協会のエコマーク商品に認定されるには OECD 301 B, C, F のいずれか，または ASTM D 5864 や D 6731 による 28 日後の生分解度が 60％ 以上を示し，魚類による急性毒性試験等をクリアーする必要[35]があるとともに，JIS K 2220（グリース）の基準に適合していることが必要である．2005 年 3 月

現在エコマーク商品に認定されているグリースは 17 商品ブランドを占めている．グリースの場合のエコマーク表示は「環境中で分解しやすいグリース」とし，例えば OECD 301 B を実施の場合には「OECD 301 B 試験による」という表記が必要である．

8.3.3 実用化および課題

一般的に生分解性潤滑剤は，「環境には優しいが性能は今一つ」ともいわれて久しい．生分解性グリースの使用温度範囲を表 8.13 に示す．合成エステル油基油は，鉱油基油グリースの温度範囲を越える領域での使用が可能だが，植物油脂基油の場合には増ちょう剤の種類にかかわらず，鉱油基油グリースより使用温度範囲は狭い．特に高温側ではグリース補給間隔の短縮や，機械装置の冷却など，生分解性潤滑剤を使いこなす工夫・改善も必要と考える．

現在までに生分解性に優れるグリースは多くの実用化例が報告されている．例えば，植物油脂を基油としキノリン系酸化防止剤を用いて酸化安定性や軸受寿命向上した軸受用グリース[36]，芝刈り機等の農耕機械への展開[37]，廃油や鉱物油基油グリースが用いられていた鉄道レール分岐器の床板とレールの潤滑剤に，低温時の作業性に優れ消雪時の散水にも耐えるグリース[38]等がある．また，建設機械では生分解性潤滑剤の規格化[39]が検討されている．今後も地球環境保護のために環境負荷を低減するグリースの開発・実用化が期待される．

表 8.13 生分解性グリースの使用温度範囲

基油	増ちょう剤	低温域	高温域	
			常用	最高
植物油	Li (12OH) St	−20	80	100
	Ca (12OH) St	−20	80	100
合成エステル油	Li (12OH) St	−30	100	130
	Li-Comp.	−30	130	150
(鉱油)	Li (12OH) St	−20	100	130

参 考 文 献

1) 経済産業公報：No. 15232（平成15年3月17日）
2) （独）製品評価技術基盤機構情報 化学物質管理センター化審法関連サイト：http://www.safe.nite.go.jp/kasin.html
3) （株）三菱化学安全科学研究所セミナー（2003年第1回）資料
4) 官報：平成12年12月27日
5) （社）日本化学物質安全・情報センター：特別資料，No. 140「世界の新規化学物質届出制度」
6) （社）日本化学物質安全・情報センター：特別資料，No. 155「米国 有害物質規制法」
7) （社）日本化学物質安全・情報センター：資料，No. 59「EEC危険な物質の分類・包装・表示に関する第7次修正理事会指令」
8) 官報：平成12年3月29日（号外60号）
9) 経済産業省ホームページ：化学物質管理政策
   http://www.meti.go.jp/policy/chemical_management/index.htm
10) 西川洋三：化学品安全業務マニュアル 増補第3版，（株）ダイヤリサーチマーテック
11) （社）日本化学物質安全・情報センター：特別資料，No. 162「EU危険な物質リスト（第6版）」
12) 官報：平成12年12月22日（号外261号）
13) 官報：平成12年3月24日（号外55号）
14) 「化学物質の内分泌かく乱作用に関する環境省の今後の対応方針について」 ExTEND 2005
15) Directive 2003/36/EC of the European Parliament and of the Council of 26 May 2003
16) 日本産業衛生学会：許容濃度等の勧告，産業衛生学雑誌，47（2005）
17) Threshould limit values for chemical substances and physical agents and biological exposure indices, ACGIH（2005）
18) （独）製品評価技術基盤機構情報，化学物質管理センター，化学物質総合検索システム，http://www.safe.nite.go.jp/japan/Haz_start.html
19) The European Chemicals Bureau（ECB）：Classification and Labelling,

http://ecb.jrc.it/classification-labelling/

20) 米国 EPA : Toxic release Inventory Program ホームページ,
http://www.epa.gov/tri/

21) (社) 日本化学物質安全・情報センター:情報 A, 25, 4 (2003)

22) (社) 日本化学物質安全・情報センター:特別資料 No.165,「EU 危険な物質および調剤の上市と使用の制限に関する理事会指令 (76/769/EEC)」

23) GHS 関係省庁連絡会:「化学品の分類および表示に関する世界調和システム改訂初版」(2006年3月24日版)

24) 化学物質情報収集のための参考 URL
国立医薬品食品衛生研究所 個々の化学物質の情報検索 (Web ガイド)
　　http://www.nihs.go.jp/hse/link/webguide.html
環境省「保健・化学物質対策」http://www.env.go.jp/chemi/index.html
安全衛生情報センター http://www.jaish.gr.jp/menu.html
US EPA ホームページ http://www.epa.gov/
OSHA ホームページ http://www.osha.gov/
European Chemical Bureau　　http://ecb.jrc.it/

25) 齋藤美也子:食品機械用潤滑油に関する国内法制化の必要性, トライボロジスト, **50**, 5 (2005) 25

26) 矢野健治:食品機械用潤滑油等の NSF 登録に関して, 潤滑経済, **462**, 6 (2004) 6.

27) 阿保篤志:食品機械用潤滑剤メーカーの近年の取り組み, 潤滑経済, **435**, 5 (2002) 12

28) 木村　浩:トライボロジスト, **45**, 11 (2000) 795

29) E.M. Stempfel & L.A. Schmid : Biodegradable Lubricating Greases, NLGI Spokesman, **5**, 8 (1991) 25

30) W. J. Bartz : Lubricant and Environment, Synthetic Lubrication, 6 (1999)

31) J.F. カーペンター:ポリアルファオレフィン (PAO) 基油の生分解性, トライボロジスト, **39**, 4 (1994) 330

32) 影山八郎:生分解性試験方法, 特開昭 53-84796

33) 木下辰雄:化学物質の生分解性について, 日石レビュー, **34**, 1 (1992) 46. 他

34) G. van der Waal & D. Kenbeek : Testing, and Future Development of

Environmentally Friendly Ester Base Fluids, Synthetic Lubrication, **10**, 1 (1993) 67

35) 渡辺誠一:生分解性潤滑材のエコマーク認定基準,潤滑経済, **393** (1998) 19

36) N. Kato, H. Komiya et al. : Lubrication Life of Biodegradable Greases with Rapeseed Oil Base, Lubrication Engineering, **55**, 8 (1999) 19

37) 小宮広志:生分解性グリースの開発と環境対応ベアリングの用途拡大,月刊トライボロジ, 131 (1998) 20

38) 曽根康友・日々野澄子・鈴木政治 他:鉄道分岐器用生分解性グリースの開発,トライボロジー会議予稿集 高松 (1999) 469

39) 例えば,潤滑経済, **10** (2003) 36

第9章 グリースの使用法と給脂方法

9.1 グリースの使用上の注意

グリースを使用する場合,取扱い方を誤ると性能低下や重大なトラブルにつながるため注意する必要がある.以下にグリースを取り扱う場合の注意点を列挙する.

(1) 異物の混入を避ける

グリースに混入した異物は,除去が困難であり,潤滑箇所の摩耗や焼付きの原因となるため,異物はできるだけ混入させないようにする.そのためには,グリースを使用しない場合は,容器のふたをしっかり閉めること,また,グリースを使用する際,汚れた手,汚れたヘラを使うことは避け,専用のグリースガン,清浄な手やヘラで塗布することが必要である.

(2) 加熱をしない

グリースを加熱すると酸化劣化が起こり,グリースの性能が低下する.そのため,グリースを無用に加熱することは避けるべきである.また,リチウムセッケン系のグリースでは,120℃以上に加熱すると相変化を起こし,さらに180℃以上では溶解する.この場合,再び室温まで冷却してもグリースは初期の状態には復元されず,本来の性能を発揮できなくなるので注意が必要である.

(3) 異種グリースの混合を避ける

異なるグリースの混合,特に増ちょう剤の種類が異なるグリースを混合すると著しい性状の変化をする場合がある.増ちょう剤が同じ場合でも,添加剤の適合性により性状が変化する危険性がある.したがって,異種グリースの混合はできるだけ避ける必要がある.混入が避けられない場合においても,性能低下の危険性を確認してから使用すべきである.

9.2 グリースの給脂方法

グリースの給脂には種々の方法があり,機械の構造,仕様,運転条件に応じて使いわける.図9.1に潤滑グリースの給脂方法の種類を示す.給脂方法は,

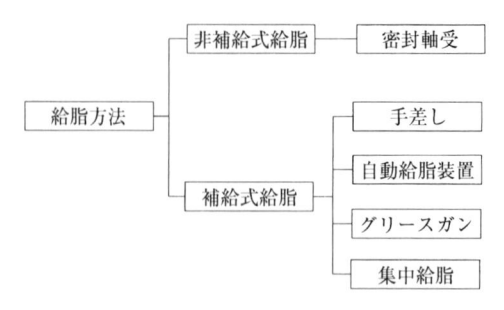

```
                    ┌─ 非補給式給脂 ─── 密封軸受
                    │
                    │                  ┌─ 手差し
  給脂方法 ─────────┤                  │
                    │                  ├─ 自動給脂装置
                    └─ 補給式給脂 ─────┤
                                       ├─ グリースガン
                                       │
                                       └─ 集中給脂
```

図 9.1 グリース給脂方法の種類

大きく非補給式給脂と補給式給脂に分類される．非補給式給脂は，主に密封軸受で用いられており，使用中のグリース交換や補給ができないため，軸受ごと交換する場合が多い．補給式給脂には，手差し，自動給脂装置，グリースガンおよび集中給脂などがある．

（1）手差し

手やヘラなどを使用して，潤滑が必要な箇所にグリースを塗布する方法である．手軽に補給を行える利点があるが，グリースに異物が混入しやすく，また補給量が一定になりにくいなどの欠点がある．

（2）グリースカップ（自動給脂装置）

容器内にグリースが満たされており，圧力を加えてグリースを押し出して，潤滑箇所へグリースを補給するものである．ばね式，ガス圧式などがあり，集中給脂の配管スペースがない場合や，潤滑箇所が孤立している場合に用いる．

（3）グリースガン

軸受の給脂口にグリースニップルが装置されている場合に，グリースガンの口金を密着させてグリースを充てんすることができる．手動式，電動式，エア式のグリースガンがある．最近では，効率面，衛生面からカートリッジ式が主流となっている．カートリッジには，じゃばらタイプと筒型タイプがあり，グリースを詰めたカートリッジをグリースガンにセットして使用することで，容易に無駄なくグリースを充てんすることができる．手動式グリースガンおよびカートリッジの例を図 9.2 に示す．

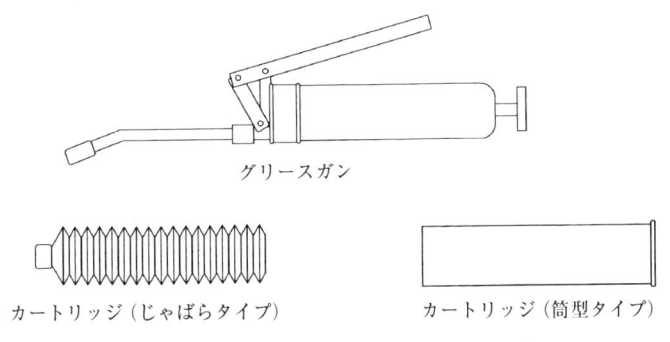

図9.2 グリースガンおよびカートリッジ（例）

（4）集中給脂

集中給脂装置は，1台のポンプ，分配弁，配管と制御装置からなり，ポンプで圧送されたグリースが配管，分配弁を通して軸受等の潤滑箇所に給脂する装置である．集中給脂には，給脂労力の節約および給脂時の危険防止などの利点がある．

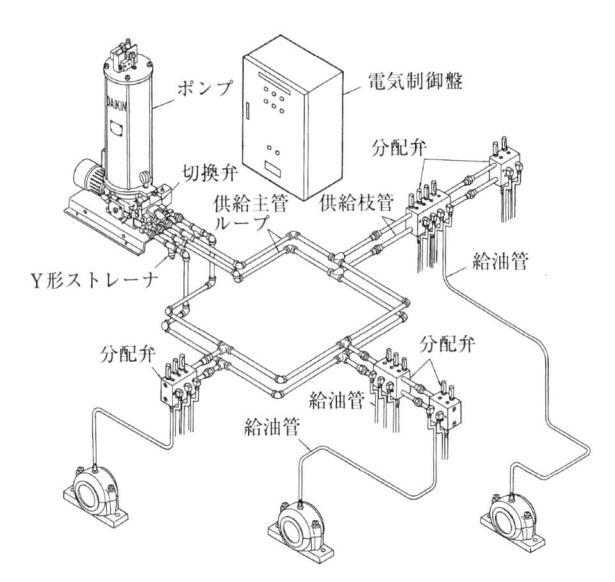

図9.3 電動式ループタイプ集中給脂装置〔出典：文献1)〕

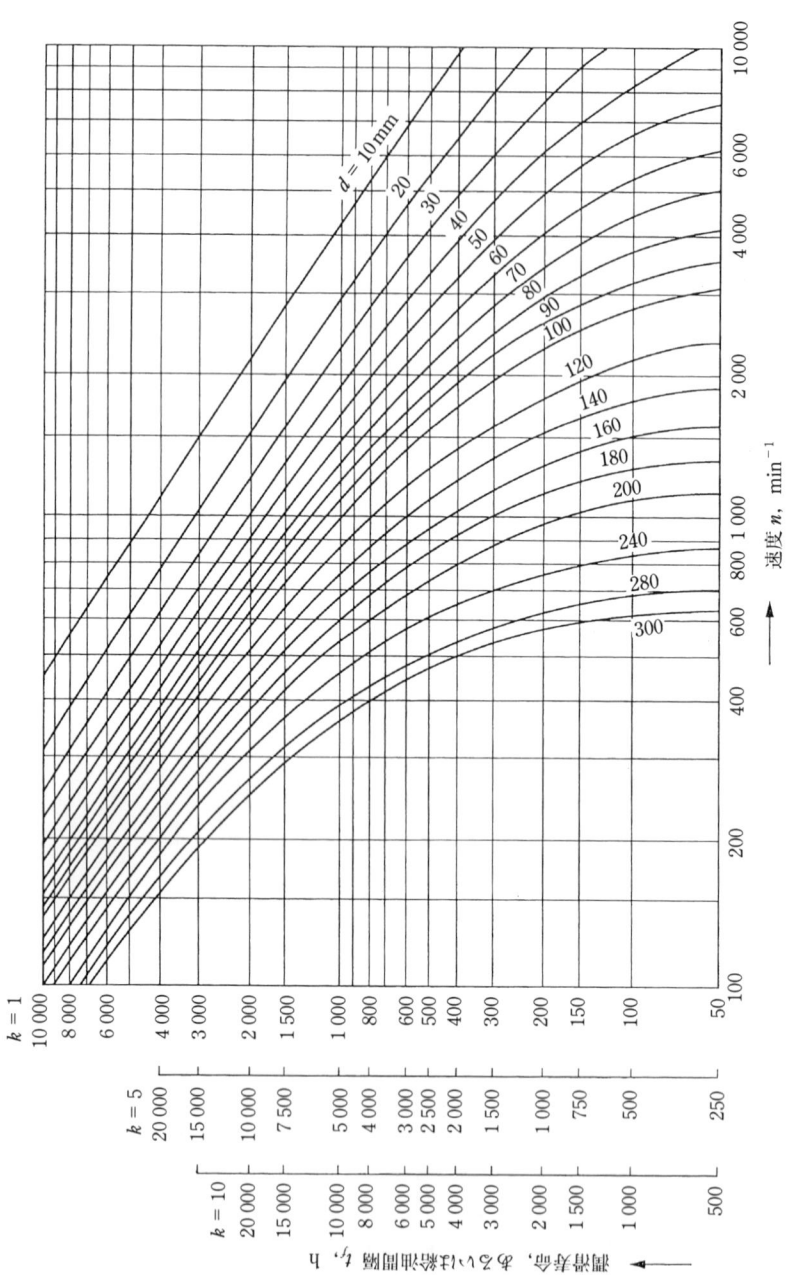

240　第9章　グリースの使用法と給脂方法

図9.4　グリースの補給間隔〔出典：文献2〕

製鉄所の圧延機など大型機械，各種産業機械など，給脂箇所が多い設備，給脂の危険な設備で広く採用されている．集中給脂装置にはループタイプ，エンドタイプ，直進タイプがある．電動式ループタイプの例を図9.3に示す[1]．

9.3 グリースの補給間隔

グリースは使用時間の経過とともに潤滑性能が低下するので，適当な間隔で新しいグリースを補給しなければならない．グリースの補給間隔は，軸受の形式，寸法，回転速度，使用温度およびグリースの種類などによって異なる．

図9.4にグリースの補給間隔の目安となる線図を示す[2]．この線図は，転がり軸受用グリースを通常の使用条件で用いた場合の補給間隔を示すものである．ただし，高温で使用する場合には，グリース補給間隔を短くする必要がある．大略の目安として，軸受温度が70℃以上で，温度が10〜15℃上がるごとに補給間隔を1/2程度にすることが好ましい．

9.4 グリースの充てん量

転がり軸受にグリースを充てんする場合，充てん量はハウジングの設計，軸受空間容積，使用温度およびグリースの種類などにより異なる．充てん量の目安は，軸受空間容積の30〜40％程度である．グリースの充てん量が多過ぎると，グリース漏れや，温度上昇およびそれに伴うグリース劣化が起こり，潤滑性能が低下する恐れがある．そのため，必要以上にグリースを充てんしないようにする必要がある．特に高速回転で使用するときまたは温度上昇を抑えたいときには，グリースの充てん量を軸受空間容積の15〜25％程度と少なくすると良い．

参考文献

1) ダイキン潤滑機設 カタログ No. LK33 L (2004) 8
2) 日本トライボロジー学会：トライボロジーハンドブック，養賢堂 (2001) 850

付　録

グリース関連用語集

　この用語集には，原則として，本書の本文に記載がなくてもグリースに関連して補足説明が必要な項目を掲載する．ただし，一部は本文で説明が不足しているものも含む．

圧送性：pumpability
　グリースが集中給脂方式などの給脂システムの配管，ノズルおよび附属品中を圧送される際の流動性能．比較的低いせん断速度における見掛け粘度に支配される．

網目構造：→ ミセル構造

イソシアネート：isocyanate
　イソシアン酸エステル（R−N＝C＝O）の総称．ウレア系増ちょう剤の原料として用いられる．4,4'ジフェニルメタンジイソシアネート（MDI）やトリレンジイソシアネート（TDI）が代表的．

ELGI：European Lubricating Grease Institute
　欧州グリース協会．会誌 Eurogrease を発行．

EPグリース：EP grease → 極圧グリース

インダンスレン：indanthrene
　染料の一種．有機系非セッケン増ちょう剤として用いることができる．

NLGI：National Lubricating Grease Institute
　米国グリース協会．会誌 NLGI Spokesman を発行（monthly）

MCA：melamine cyanuric acid adduct，メラミンシアヌレート
　メラミンとイソシアヌル酸の付加物で，へき開性ラメラ構造をもつ白色粉末有機固体潤滑剤．

カップグリース：cup grease
　カルシウムセッケングリースの一種で，旧 JIS K2220-1959 に規定される．名称は，グリースの補給装置であるグリースカップに由来．ライムグリースとも呼ばれる．

カルシウムセッケングリース：calcium soap grease
　カルシウムセッケンを増ちょう剤とするグリース．非ヒドロキシ脂肪酸を用いたものは，使用限界温度が 60～70℃ と低いが，耐水性に優れる．ヒドロキシ脂肪酸を用いた場合，使用限界温度が約 100℃ となる．

カーボンブラック：carbon black
　炭化水素化合物が 800℃ 以上で短時間に炭化した直径 3～500 nm 程度の粒子．グ

リースに導電性を付与する目的などに使用される．

吸引性：feedability, slumpability
グリースをタンクからポンプで吸引・圧送する際にグリースが吸引されやすいかどうかの度合い．低せん断下における流動性に影響される．

基油動粘度：kinematic viscosity of base oil
グリースを構成する基油（ベースオイル）成分の動粘度．ポリマー等の添加剤を含めた油分の動粘度を指す場合もある．

極圧グリース：extreme pressure grease, EP grease
硫黄系，リン系，ジチオリン酸金属塩などの極圧添加剤を配合し，耐荷重性能を高めたグリース．固体潤滑剤を併用する場合もある．高荷重の軸受や歯車に使用される．

牛脂脂肪酸：tallow fatty acid
非ヒドロキシ脂肪酸の一種で，牛脂を原料として精製したものの慣用表現．ステアリン酸を主成分とし，他にオレイン酸，パルミチン酸等を含む．セッケンの原料として使用される．

グラファイトグリース：graphite grease
固体潤滑剤として，グラファイト（黒鉛）を配合したグリース．極圧性に優れ，衝撃を伴う高荷重軸受やしゅう動面に使用される．

グリースカップ：grease cup
グリース給油器の一種．手動のねじこみ式と，ばねの作用により常時グリースを給油口から軸受部に押し込むスプリング式がある．

グリースガン：grease gun
軸受にグリースニップルからグリースを圧入して補給するために用いられる携帯用小型グリースポンプ．

クレイグリース：clay grease
親油化処理したベントナイトを増ちょう剤とするグリース．

硬化ひまし油：hydrogenated castor oil
ひまし油の水添精製により得られる．主成分は12ヒドロキシステアリン酸のグリセリンエステル．セッケン系グリースの原料として使用される．

降伏値：yield point
グリースに連続的な変形を起こさせるために必要な最小応力．小さな応力に対しては固体のように弾性を示すが，ある応力以上では流動し始める．この応力の限界値をいう．

固形ちょう度：block penetration
固形グリースのように形状を保つのに十分な硬さのグリースを規定寸法に切断し

た後の25℃におけるちょう度．ちょう度が85以下の試料に適用される．

混合性：compatibility
異なるタイプ・銘柄のグリースを混合使用した際の適合性．この適合性に劣る組合せでは，軟化等の物性変化を生じる．

混合（セッケン）基グリース：mixed base grease
リチウムセッケンとカルシウムセッケンなどのように，2種類以上の増ちょう剤を混合して使用することによりそれぞれの増ちょう剤の特徴を活かすようにしたグリース．

コンタクタ：contactor
グリースの製造装置の一種．下部のプロペラを高速回転し，グリースの対流を生じさせて混合する点に特長がある．

混練：mixing and kneading
ベースグリースに基油や添加剤などのグリース原料を混合し，機械的に均一に分散させること．

ゴム膜透析法：rubber membrane dialysis
潤滑剤成分の分子量差を利用して分離する方法．ゴム膜袋中に試料を入れ，ソックスレー抽出器を用いて溶剤で数時間加熱還流すると，増ちょう剤成分，ポリマー，清浄分散剤などは膜内に残り分離される．

脂環式アミン：alicyclic amine
アミンの炭化水素基が炭素環式化合物で，芳香族に属さないものを指す．ウレア系増ちょう剤の原料として用いられる．シクロヘキシルアミン（$C_6H_{11}NH_2$）が代表的．

脂肪族アミン：aliphatic amine
アミンの炭化水素基が脂肪族だけのものを指す．ウレア系増ちょう剤の原料として，各種炭素数のものが使用される．

シャシグリース：chassis grease
自動車のシャシ関係部品の潤滑に用いられるグリース．多くはカルシウムセッケングリースであり，耐水性，耐荷重能，圧送性などが要求される．

ソーダグリース：sodium soap grease
ナトリウムセッケンを増ちょう剤としたグリース．外観が繊維状の物は，ファイバグリースと呼ばれる．耐水性に劣り耐熱性もさほどではないため，近年リチウムグリースに置き換わりつつある．

チャーニング：churning
運転中の転がり軸受内において，グリースがかき混ぜられる状態．チャーニングの状態になると，トルクはいつまでも高く，軸受温度も高くなる．

チャンネリング:channeling
運転中の転がり軸受内において,回転初期にグリースの大部分が脇に寄せられ,少量のグリースまたは分離した油によって潤滑される状態.

銅フタロシアニン:copper phthalocyanine
有機顔料の一種.非セッケン系増ちょう剤として用いられる.

ナトリウムテレフタラメート:telephthalamate
代表構造:$[R-NHCO(C_6H_4)COO]_nM$.有機系非セッケン増ちょう剤として用いられる.耐熱性に優れる.

ナフテン系鉱油:naphthenic mineral oil
ナフテン環を多く含む原油から生成された潤滑油.パラフィン系に比べ,一般的に粘度指数が低く,酸化安定性に劣るが,流動点が低く添加剤の溶解性がよい.セッケン系グリースに配合される場合がある.

PAN:phenyl α naphthyl amine
代表的なアミン系酸化防止剤.

パラフィン系鉱油:paraffinic mineral oil
パラフィン系原油を原料として製造された潤滑油.ナフテン系に対し粘度指数が高く酸化安定性に優れているが,流動点など低温特性に劣る場合がある.

バリウムコンプレックスグリース:barium complex grease
耐水性・耐熱性は良いが,多量のセッケンを必要とするため,多くの場合リチウムセッケングリースなどに置き換えられている.

非ニュートン流体:non-Newtonian fluid
ニュートンの粘性の法則に従わない流体.グリースはせん断速度とともに見掛け粘度が変化するため,非ニュートン流体に分類される.

ひまし油脂肪酸:castor oil fatty acid
ひまし油を原料とした脂肪酸の慣用表現.主成分はリシノレイン酸.セッケンの原料として使用される.

ビンガム流体:bingham fluid
せん断応力がある降伏値を超えたときにはじめて流動が生じ,せん断速度がせん断応力に比例する一種の理想的塑性流体.グリースの研究ではグリースをビンガム流体とみなして解析することがある.

ファイバグリース:fiber grease
ナトリウムセッケングリースの別称として使用される.名称は,外観が繊維状を呈することに由来.[旧JIS K2220-1959]

フェログラフィー:ferrography
潤滑油中の摩耗粉や異物,磁性体については磁場により,その他のものは重力に

より分離して大きさの順に配列する技術．さらに分離した摩耗粉の量的および質的な分析方法として，定量フェログラフィーおよび分析フェログラフィーがある．

芳香族アミン：aromatic amine
芳香族炭化水素のアミン誘導体．ウレア系増ちょう剤の原料として用いられる．アニリン（$C_6H_5NH_2$）やトルイジン（$CH_3C_6H_4NH_2$）が代表的．

マルチパーパスグリース：multipurpose grease
グリースに求められる様々な基本性能を兼備した，広範囲な用途に使用可能な万能グリース．通常，リチウムセッケングリースが用いられる．

ミセル構造：micelle structure
グリース中で増ちょう剤が形成する総（ふさ）状または棒状の微結晶繊維の状態．グリースの性状や性能に関係する．繊維の形態は増ちょう剤の種類によって異なり，製造条件によっても変化する．

ミリング：milling
せん断などの物理的な力を与えてグリースを均質化する処理．仕上げ工程で用いる．三本ロール，シャロット，モントンゴーリン，スピードラインなどの方式がある．

遊離アルカリ：free alkali
グリース中に未反応状態で残存するアルカリ成分の濃度を示す．セッケンの反応確認などに用いる．［JIS K2220 附属書3（参考）］

遊離酸：free acid, free fatty acid
グリース中に未反応状態で残存する酸成分の濃度を示す．セッケンの反応や酸化劣化の確認などに用いる．［JIS K2220 附属書3（参考）］

ライムグリース：lime soap grease
カルシウムセッケングリースの別称．アルカリ原料として，消石灰（水酸化カルシウム）を用いることに由来．

リキッドグリース：liquid grease
鉱油に増ちょう剤成分を少量添加し，多少付着性を増した流動状のグリース．チェーンやギヤカップリングなどのシールが完全に行えない箇所に使用される．

離しょう：syneresis
ゲルを放置したとき，ゲルが液体を分離して収縮する現象．グリースの場合，油分離現象の一つで，増ちょう剤構造の収縮あるいは再配列によって起こる．

ワイブル分布：Weibull distribution
材料の破壊理論に関してワイブルが1939年に発表した分布の形．軸受寿命の解析法の一つとして用いられる．累積破損確率に対する寿命（L_{10}, L_{50} 等）や，形のパラメータから判断する．

主要グリース用語の和英対訳

和　文	英　文
1/4（1/2）ちょう度	1/4 scale（1/2 scale）penetration
2,6-ジ-t-ブチル-p-クレゾール	2,6-di-tert.-butyl-p.-cresol
EHL油膜	elastohydrodynamic lubrication film
EHL油膜厚さ	elastohydrodynamic lubrication film thickness
アウトガス	out-gas
亜硝酸ナトリウム	sodium nitrite
圧送性	pumpability
油分離	oil separation
油分離率	rate of oil separation
網目構造	network structure
アミン	amine
アルキル化ジフェニルアミン	alkylated diphenylamine
アルキルジチオリン酸亜鉛	zinc alkyldithiophosphate
アルキルジフェニルエーテル	alkyldiphenyl ether
アルケニルコハク酸エステル	alkenyl succinic ester
アルコラート	alcoholate
アルミニウムコンプレックスグリース	aluminum complex grease
アンデロンメータ	Anderometer
イソシアネート	isocyanate
ウレア	urea
エーテル油	ether oil
エステル油	ester oil
遠心離油度	centrifugal oil separation
オイルエア潤滑	oil-air lubrication
音響寿命	sound life
カートリッジ	cartridge
カーボンブラック	carbon black
過酸化物価	peroxide value
過酸化物分解剤	peroxide decomposer
荷重摩耗指数	load wear index
加水分解	hydrolysis

主要グリース用語の和英対訳

カップグリース	cup grease
金網式ストレーナ	gauze strainer
カルシウムコンプレックスグリース	calcium complex grease
カルシウムスルホネート	calcium sulfonate
機械的せん断	mechanical shear
きしり音	creak (squeak noise)
機能寿命	function life
基油	base oil
きょう雑物	deleterious particles (impurities)
極圧剤	extreme pressure agent
均質化工程(ミリング)	milling process
金属セッケン	metal soap
グラファイト	graphite
グリースガン	grease gun
グリース寿命	grease life
グリース潤滑寿命	grease lubrication life
グリース製造工程	grease manufacturing process
ケミカルアタック	chemical attack
ケン化反応	saponifying reaction
合成炭化水素	synthetic hydrocarbon
高速四球試験	high speed four-ball tast
降伏応力	yield value
固形ちょう度	block penetration
固体潤滑剤	solid lubricant
ごみ音	contamination noise
コロイドミル	colloid mill
転がり疲労寿命	rolling fatigue life
混合釜	mixing kettle
混入異物	contaminants
コンプレックスセッケン	complex soap
混和安定度	worked stability
混和ちょう度	worked penetration
さび止め剤	rust inhibitor
さび止め性	rust prevention
酸化安定性	oxidation stability
酸化防止剤	oxidation inhibitor

酸化劣化	oxidative deterioration
仕上げ釜	finishing kettle
ジウレア	diurea
ジエステル	diester
軸受音響特性	bearing noise characteristics
軸受防錆試験	bearing rust prevention test
湿潤試験	humidification test
自動給脂装置	automatic lubricator
自動酸化反応	autooxidation reaction
ジベンジルサルファイド	dibenzyl sulfide
ジメチルシリコーン	dimethyl silicon
集中給脂	centralized lubricating system
潤滑寿命	lubrication life
植物油脂	vegetable oil fat
シリカゲル	silica gel
シリカゲルグリース	silica gel grease
シリコーン油	silicon oil
水洗耐水度	water washout
水素脆性	hydrogen embrittlement
水分量	water content
ストライベック曲線	Stribeck curve
静的酸化	static oxidation
生分解性グリース	biodegradable grease
生分解度	biodegradability
石油スルホネート	petroleum sulfonate
全酸価	total acid number
せん断安定性	shear stability
せん断応力	shear stress
せん断速度	shear rate
増ちょう剤	thickener
相転移	phase transition
耐アーク性	arc resistance
耐荷重能	load carrying capacity
耐水性	water resistance
体積抵抗率	volume specific resistance
耐熱性	heat stability (heat resistant performance)

耐摩耗性	wear resistance
脱泡装置	deaerator device
弾性パラメータ	elastic parameter
チオホスフェート	thiophosphate
チキソトロピー性	thixotropy characteristics
チムケン試験	Timken test
チャーニング	churning
チャタリング	chattering
チャンネリング	channeling
ちょう度	penetration
貯蔵ちょう度	undisturbed penetration
通電性	electricity characteristics
低温性	low temperature characteristics
低温トルク	low temperature torque
適合性	compatibility
滴点	dropping point
電位差滴定法	potentiometric titration
添加剤	additive
添加剤残存率	residual rate of additive
電子顕微鏡	electron microscope
動的酸化	dynamic oxidation
動的弾性係数	dynamic coefficient of elasticity
動的粘性係数	dynamic coefficient of viscosity
導電性	conductivity
導電性グリース	electrically conductive grease
銅板腐食	copper strip corrosion
トライボ化学反応	tribochemical reaction
トリクレジルホスフェート	tricresilphosphate
トリメチロールプロパン	trimethylolpropane
トルク特性	torque characteristics
ナトリウムテレフタラメート	sodium terephthalamate
ナフテン系鉱油	naphthenic mineral oil
軟化	softening
ニュートン流体	Newtonian fluid
二硫化モリブデン	molybdenum disulfide
ネオペンチルグリコール	neopentylglycol

熱重量-示差熱分析	differential thermal analysis
熱分解	thermal cracking (thermolysis)
粘弾性	viscoelasticity
粘弾性挙動	viscoelastic behavior
粘度温度特性	viscosity - temperature characteristics
パーフルオロアルキルポリエーテル	perfluoroalkyl polyether
パーミアビリティ	permeability
白層（白色組織）	white etching area (white structure)
はく離寿命	fatigue life
バッチ式製造装置	batch manufacturing installation
発塵	out - particle
パラフィン系鉱油	paraffinic mineral oil
非ニュートン流体	non - Newtonian fluid
ビンガム流体	Bingham fluid
ファイバーグリース	fiber grease
フェニルαナフチルアミン	phenyl-α-naphthylamine
フェニルメチルシリコーン	phenyl methyl silicon
フェノチアジン	phenothiazine
不混和ちょう度	unworked penetration
腐食性	corrosive property
フッ素系油	fluorinated oil
プラッギング	plugging
フリーラジカル連鎖反応	free radical chain reaction
フレッチング摩耗	fretting wear
ペンタエリスリトール	pentaerythritol
ベントナイト	bentonite
ベントン	Benton
保持器音	cage noise
ホモジナイザ	homogenizer
ポリαオレフィン	poly-α-olefin
ポリアルキレングリコール	polyalkylene glycol
ポリエチレングリコール	polyethylene glycol
ポリオールエステル	polyolester
ポリテトラフルオロエチレン	polytetrafluoroethylene
ポリプロピレングリコール	polypropylene glycol
摩擦トルク	friction torque

摩耗粉	wear debris (abrasion powder)
摩耗痕径	wear diameter
摩耗防止剤	antiwear agent
見掛け粘度	apparent viscosity
ミセル	micelle
メラミンシアヌレート	melamine cyanurate
有機モリブデン化合物	organic molybdenum compound
融着荷重	welding load
油性剤	oiliness agent (friction reducing agent)
四球試験機	four ball machine
リチウムコンプレックスグリース	lithium complex grease
流動点	pour point
離油度	oil separation
冷却釜	cooling kettle
レオロジー	reology
劣化	deterioration
劣化過程	deterioration process
劣化メカニズム	deterioration mechanism
連鎖反応停止剤	radical scavenger (chain breaking agent)
連続式製造装置	continuous manufacturing installation
漏えい性	leakage characteristics
漏えい度	leakage tendency
ロール安定度	roll stability
ロールミル	roll mill
ろ過装置	filter (filtration device)
ワイブル分布	Weibull distribution
ワニスさび	rust by varnish gas

索　引

あ　行

アウトガス ･････････････ 140, 177
亜硝酸ナトリウム ･･･････････ 18
圧送性･･････････････････ 45
油分離･･････････････････ 82
油分離率････････････････ 83
網目構造････････････････ 3
アミン･･････････････････ 26
アメリカ鉄道協会（AAR）････ 165
アルキルジフェニルエーテル ･･ 17
アルキルトリフェニルエーテル ･･ 17
アルケニルコハク酸エステル ･･ 18
アルコラート ･････････････ 26
アルミニウムコンプレックスグリース　26
アンギュラ玉軸受 ･････････ 108
アンデロンメータ ･････ 44, 133
異種グリースの混入 ･･･････ 237
イソシアネート ･･･････････ 26
ウレア･･････････････････ 14
ウレアグリース･･･････････ 26
エーテル油･･･････････････ 15
エコマーク･･････････････ 231
エステル油･････････････ 15, 227
遠心離油度････････････････ 82
塩水噴霧試験 ･････････････ 42
オイルエア潤滑 ･･････････ 187
応力制御レオロジー測定法 ･･ 57
音････････････････････ 44
オルタネータ ････････････ 153
音響寿命･･･････････････ 171

か　行

カーエアコン用コンプレッサ ･････ 153
カートリッジ ････････････ 238
カーボンブラック ････････ 143
回転粘度計･････････････ 52, 55
化学構造････････････････ 9
化学的因子･･････････････ 91
核磁気共鳴装置･････････ 102
過酸化物価･････････････ 92
過酸化物分解剤･･････････ 18
荷重摩耗指数････････････ 47
かじり･･････････････････ 182
加水分解････････････････ 27
――反応･･････････････ 99
ガスクロマトグラフ ･･････ 103
カップグリース･･･････････ 5
金網式ストレーナ ･････････ 22
カルシウムコンプレックスグリース ･･ 26
カルシウムスルホネート ････ 78
環境走査型電子顕微鏡 ････ 102
環境保全・安全性 ･･･････ 122
含水せん断安定性 ･･･････ 182
完全充満････････････････ 60
管理基準値････････････ 167
機械的せん断･･･････････ 98
機器分析････････････････ 99
危険な物質･･････････････ 218
危険有害性周知基準 ･････ 219
きしり音････････････････ 134
既存物質････････････････ 216
軌道輪･････････････････ 121
機能寿命････････････････ 104
基油････････････････ 3, 15

——の選定・・・・・・・・・・・・・・・・・・・ 32
きょう雑物・・・・・・・・・・・・・・・・・・・・ 40
強制力・・・・・・・・・・・・・・・・・・・・・・ 162
極圧剤・・・・・・・・・・・・・・・・・・・・・・・ 18
極性基油グリース ・・・・・・・・・・・・ 71
魚類による急性毒性試験 ・・・・・ 231
均質化工程・・・・・・・・・・・・・・・・・・ 19
金属セッケン・・・・・・・・・・・・・・・・・ 9
金属セッケン繊維 ・・・・・・・・・・・・ 70
クラス H1・・・・・・・・・・・・・・・・・ 223
グラファイト・・・・・・・・・・・・ 19, 143
グリース・・・・・・・・・・・・・・・・・・・・・ 3
——ガン・・・・・・・・・・・・・・ 237, 238
——寿命・・・・・・・・・・・・・・ 104, 106
——寿命計算式・・・・・・・・・・・・・ 111
——潤滑挙動・・・・・・・・・・・・・・・・ 78
——潤滑寿命・・・・・・・・・・・・・・・・ 17
——製造工程・・・・・・・・・・・・・・・・ 20
——選定・・・・・・・・・・・・・・・・・・・ 29
——の規格・・・・・・・・・・・・・・・・・ 33
——の給脂・・・・・・・・・・・・・・・・ 237
——の試験方法・・・・・・・・・・・・・ 33
——の充てん量・・・・・・・・・・・・ 241
——の寿命試験法・・・・・・・・・・ 108
——の相転移・・・・・・・・・・・・・・・・ 38
——の耐熱限界・・・・・・・・・・・・ 128
——の補給間隔・・・・・・・・・・・・ 241
——封入量・・・・・・・・・・・・・・・・ 106
——ポケット・・・・・・・・・・・・・・・・ 79
——油膜の計測・・・・・・・・・・・・・・ 62
——劣化・・・・・・・・・・・・・・・・・・・ 91
ケミカルアタック試験 ・・・・・・・ 144
ケン化釜・・・・・・・・・・・・・・・・・・・ 20
ケン化反応・・・・・・・・・・・・・・・・・ 20
原子吸光分析・・・・・・・・・・・・・・ 104
減速機・・・・・・・・・・・・・・・・・・・・ 198
蛍光 X 線・・・・・・・・・・・・・・・・・・ 99

合成炭化水素油・・・・・・・・・・・・・ 15
高速液体クロマトグラフ ・・・・・ 103
高速四球試験機・・・・・・・・・・・・・ 47
降伏応力・・・・・・・・・・・・・・・・・・・ 50
降伏値・・・・・・・・・・・・・・・・・・・・・ 93
高分子材料の適合性 ・・・・・・・・ 144
枯渇潤滑・・・・・・・・・・・・・・・・・・・ 60
固形ちょう度・・・・・・・・・・・・・・・ 36
固体潤滑剤・・・・・・・・・・・・・・・・・ 18
ごみ音・・・・・・・・・・・・・・・・・・・・ 133
——測定法・・・・・・・・・・・・・・・・ 133
ゴム浸漬試験・・・・・・・・・・・・・・ 144
コロイドミル・・・・・・・・・・・・・・・ 21
転がり軸受・・・・・・・・・・・・・・・・ 121
転がり疲労寿命 ・・・・・・・・ 104, 136
混合釜・・・・・・・・・・・・・・・・・・・・・ 20
混合法・・・・・・・・・・・・・・・・・ 19, 27
混入異物・・・・・・・・・・・・・・・・・・ 103
コンプレックス系グリース ・・・・ 25
コンプレックスセッケン ・・・・・・・ 9
混和安定度・・・・・・・・・・・・・・・・・ 39
混和ちょう度・・・・・・・・・・・・・・・ 35

さ　行

作動角・・・・・・・・・・・・・・・・・・・・ 162
さび止め剤・・・・・・・・・・・・・ 18, 135
さび止め性・・・・・・・・・・・・・ 41, 122
酸化安定性・・・・・・・・・・・・・ 38, 122
酸化防止剤・・・・・・・・・・・・・ 17, 97
酸化劣化・・・・・・・・・・・・・・・・・・・ 94
三次元網目構造・・・・・・・・・・・・・ 55
残存寿命・・・・・・・・・・・・・・・・・・ 115
仕上げ釜・・・・・・・・・・・・・・・・・・・ 21
ジアルキルジチオリン酸亜鉛 ・・・ 18
ジウレア・・・・・・・・・・・・・・・・・・・ 14
ジエステル・・・・・・・・・・・・・・・・・ 15
磁気抵抗法・・・・・・・・・・・・・・・・・ 62

軸受音響	131
——特性	44, 122
軸受空間容積	241
軸受寿命	94
軸受防錆試験	42
示差走査熱量装置	103
示差熱分析	96
湿潤試験	42
自動給脂装置	238
自動酸化反応	92
自動車用接点	204
ジベンジルジサルファイド	19
ジメチルシリコーン	17
集中給脂	238
——装置	241
充満潤滑	60
縮合三量体	26
寿命式	111
潤滑寿命	62, 104
植物油脂	227
シリカゲル	14
シリカゲルグリース	28
シリコーン油	15
シングルフェーサ	195
振動	44
振動・衝撃負荷説	138
振動速度	44
振動・曲げ応力説	138
振動モータ	207
水洗耐水度	40
水素脆化説	138
ストライベック曲線	123
すべり	121
スミアリング	182
静的酸化	38
静電容量法	62
生分解性グリース	168

石油スルホネート	18
セッケン系グリース	23
セッケン繊維構造	70
セッケン繊維のL/D	96
全酸価	92, 103
せん断安定性	39, 84, 121
せん断応力	49
せん断速度	49
早期はく離	138
——対策グリース	138, 157
走査型電子顕微鏡	101
増ちょう剤	3, 9
——残存量	102
——の種類	9
——の選定	31
——の電子顕微鏡写真	9
相転移	96
速度指数	125
曽田式試験機	109
曽田式四球試験機	47

た　行

耐アーク性	206
耐荷重能	46
耐水性	40, 122
体積抵抗率	143
耐熱性	36, 122
耐プラッギング性	184
耐摩耗性	46
タイミングベルトテンショナ	153
多回混和ちょう度	36
多環芳香族炭化水素（PCA）	219
脱泡装置	22
弾性パラメータ	56
弾性モジュラス	57
チェーン	203
チオホスフェート	78

チキソトロピー性 · · · · · · · · · · · · · · · 52
チムケン試験 · 46
チャーニング · · · · · · · · · · · · · · · · · · · 124
チャタリング · · · · · · · · · · · · · · · · · · · 205
チャンネリング · · · · · · · · · · · · · 60, 124
ちょう度 · 32, 35
──の選定 · 32
貯蔵ちょう度 · · · · · · · · · · · · · · · · · · · 36
通電性 · 205
つば付き円筒ころ軸受 · · · · · · · · · · · 164
低温性 · 122
低温トルク · 43
低揮発・発塵性 · · · · · · · · · · · · · · · · · 177
低真空SEM · · · · · · · · · · · · · · · · · · · 102
低速加熱ロール安定度試験 · · · · · · · 153
低速性能 · 125
低発塵性 · · · · · · · · · · · · · · · · · 140, 201
適合性 · 122
滴点 · 36
手差し · 238
テトラウレア · · · · · · · · · · · · · · · · · · · 14
電位差滴定法 · · · · · · · · · · · · · · · · · · 103
添加剤 · 3, 17
──残存率 · · · · · · · · · · · · · · · · · · · 103
──の選定 · 32
電子制御用スロットル弁 · · · · · · · · · 158
転動体 · 121
電動ファンモータ · · · · · · · · · · · · · · 158
透過型電子顕微鏡 · · · · · · · · · · · · · · 101
等速ジョイント · · · · · · · · · · · · · · · · 160
動的酸化 · 38
動的弾性係数 · · · · · · · · · · · · · · · · · · · 57
動的粘性係数 · · · · · · · · · · · · · · · · · · · 57
導電性 · 176
──グリース · · · · · · · · · · · · · · · · · 142
導電特性 · 142
銅板腐食 · 42

トライボ化学反応 · · · · · · · · · · · · · · · 96
トリクレジルホスフェート · · · · · · · 18
トリメチロールプロパン · · · · · · · · · 15
トルク特性 · 121
トレーサ物質 · · · · · · · · · · · · · · · · · · · 78
トングレール · · · · · · · · · · · · · · · · · 168

な 行

内部起点型 · 136
ナトリウムテレフタラメート · · · · · 14
ナフテン系油 · · · · · · · · · · · · · · · · · · · 15
軟化 · 84
二塩基酸 · 14
二段階反応 · 25
ニュートン流体 · · · · · · · · · · · · · · · · · 49
二硫化モリブデン · · · · · · · · · · · 19, 77
ネオペンチルグリコール · · · · · · · · · 15
熱間圧延機 · 181
熱分解 · 94
粘性モジュラス · · · · · · · · · · · · · · · · · 57
粘弾性 · 56
粘弾性挙動 · 57
粘弾性特性 · 57
粘度 · 32
粘度温度特性 · · · · · · · · · · · · · · · · · · · 17

は 行

パーフルオロアルキルポリエーテル · · 14
パーミアビリティ · · · · · · · · · · · · · · · 83
白層（白色組織） · · · · · · · · · · · · · · 137
薄膜接点通電 · · · · · · · · · · · · · · · · · · 206
はく離寿命 · 110
歯車 · 198
発塵特性 · 140
バッチ式製造装置 · · · · · · · · · · · · · · · 20
ハブユニット軸受 · · · · · · · · · · · · · · 152
パラフィン系油 · · · · · · · · · · · · · · · · · 15

反応釜	20	ポリαオレフィン	15
反応法	19, 23	ポリエチレングリコール	17
光干渉法	62	ポリオールエステル	15
非黒色系グリース	193	ポリグリコール油	17
非ニュートン流体	49	ポリテトラフルオロエチレン	14
表面起点型	136	ポリプロピレングリコール	17
ビンガム塑性体	50		
ファイバグリース	5	**ま 行**	
ブーツ	162	摩擦トルク	122
——材料	160	摩耗痕径	47
フェニルαナフチルアミン	18	摩耗粉	99
フェニルメチルシリコーン	17	摩耗防止剤	18
フェノチアジン	18	見掛け粘度	43, 46, 50, 127
深溝玉軸受	108	水ポンプ	153
不混和ちょう度	35	ミセル	19
腐食性	42	密封形円すいころ軸受	165
フッ素系グリース	28	メラミンシアヌレート	19
フッ素系油	17		
物理的因子	91	**や 行**	
不働態被膜	18	誘起スラスト力	162
プラッギング	185	有機モリブデン化合物	77
フリーラジカル連鎖反応	94	融着荷重	47
フルードカップリング	153	油性剤	18
フレッチング	152	四列円すいころ軸受	181
——摩耗	139, 170		
分解検査周期	166	**ら 行**	
分散法	19, 27	リチウムコンプレックスグリース	25
ペンタエリスリトール	15	流動点	130
ベントナイト	14	離油度	37, 128
ベントナイト（ベントン）グリース	28	冷間圧延機	181
ベントン	14	冷却釜	21
ボールねじ	200	レーザプリンタ	176
保持器	121	レース音	132
——音	134	レオロジー	49
ボディ系モータ	158	劣化	91
ホモジナイザ	21	劣化メカニズム	91
ポリアルキレングリコール	17	連鎖反応停止剤	18

262　索　引

連続式製造装置・・・・・・・・・・・・・・・・・・・・ 20
漏えい性・・・・・・・・・・・・・・・・・・・・・・・・・・ 44
漏えい度・・・・・・・・・・・・・・・・・・・・・・・・・・ 44
ロール安定度・・・・・・・・・・・・・・・・・・・・・・ 39
ロールミル・・・・・・・・・・・・・・・・・・・・・・・・ 21
ろ過装置・・・・・・・・・・・・・・・・・・・・・・・・・・ 22

わ　行

ワイブル分布・・・・・・・・・・・・・・・・・・・・・ 110
ワニスさび・・・・・・・・・・・・・・・・・・・・・・・ 135

英　数

1/4および1/2ちょう度・・・・・・・・・・・・ 36
2,6-ジ-t-ブチル-p-クレゾール・・・・・ 18
ASTM・・・・・・・・・・・・・・・・・・・・・・・・・・・ 33
ASTM D 3336試験機・・・・・・・・・・・・・ 109
ASTM型試験機・・・・・・・・・・・・・・・・・・ 108
CEC法・・・・・・・・・・・・・・・・・・・・・・・・・ 226
CVJ・・・・・・・・・・・・・・・・・・・・・・・・・・・ 160
DIN・・・・・・・・・・・・・・・・・・・・・・・・・・・・ 33
$d_m n$ 値・・・・・・・・・・・・・・・・・・・ 125, 188
EDX・・・・・・・・・・・・・・・・・・・・・・・・・・ 104
　──装置・・・・・・・・・・・・・・・・・・・・・・ 100
EHL油膜・・・・・・・・・・・・・・・・・・・・・・・・ 59
　──厚さ・・・・・・・・・・・・・・・・・・ 63, 125
ELV・・・・・・・・・・・・・・・・・・・・・・・・・・ 221
EMCOR試験・・・・・・・・・・・・・・・・・・・・ 42
FDA・・・・・・・・・・・・・・・・・・・・・・・・・・ 223
FE 8・・・・・・・・・・・・・・・・・・・・・・ 108, 110
FE 9・・・・・・・・・・・・・・・・・・・・・・ 108, 110
FS・・・・・・・・・・・・・・・・・・・・・・・・・・・・ 33
HACCP・・・・・・・・・・・・・・・・・・・・・・・ 222
ICP・・・・・・・・・・・・・・・・・・・・・・・・・・・ 104
IP・・・・・・・・・・・・・・・・・・・・・・・・・・・・・ 33
IR・・・・・・・・・・・・・・・・・・・・・・・・・・・・・ 99
ISO規格・・・・・・・・・・・・・・・・・・・・・・・・ 33
JIS規格・・・・・・・・・・・・・・・・・・・・・・・・ 33
MITI法・・・・・・・・・・・・・・・・・・・・・・・ 227
MoDTC・・・・・・・・・・・・・・・・・・・・・・・・ 78
MSDS・・・・・・・・・・・・・・・・・・・・・・・・ 219
New-Departureの式・・・・・・・・・・・・・ 111
NMR・・・・・・・・・・・・・・・・・・・・・・・・・ 102
NRRO・・・・・・・・・・・・・・・・・・・・・・・・ 177
NSF International・・・・・・・・・・・・・・・ 223
NVH特性・・・・・・・・・・・・・・・・・・ 160, 161
OECD法・・・・・・・・・・・・・・・・・・・・・・ 230
OK荷重・・・・・・・・・・・・・・・・・・・・・・・・ 47
PDSC・・・・・・・・・・・・・・・・・・・・・・・・・ 38
PPC複写機・・・・・・・・・・・・・・・・・・・・ 176
PRTR・・・・・・・・・・・・・・・・・・・・・・・・ 217
PV・・・・・・・・・・・・・・・・・・・・・・・・・・・ 182
R 2 F・・・・・・・・・・・・・・・・・・・・・・ 108, 110
RoHS・・・・・・・・・・・・・・・・・・・・・・・・・ 221
SEM・・・・・・・・・・・・・・・・・・・・・・・・・ 104
TG-DTA（熱重量 示差熱分析）・・・・・ 37
ZnDTP・・・・・・・・・・・・・・・・・・・・・・・・ 78

Ⓡ〈学術著作権協会委託〉		
2020	2007年2月5日	第1版第1刷発行
	2008年9月25日	第1版第2刷発行
潤滑グリースの 基礎と応用	2014年6月30日(訂正)	第1版第3刷発行
	2020年6月30日	第1版第4刷発行
著者との申 し合せによ り検印省略	著 作 者	社団 法人 日本トライボロジー学会 グリース研究会
Ⓒ著作権所有	発 行 者	株式会社 養 賢 堂 代 表 者 及川雅司
定価(本体4200円+税)	印 刷 者	新日本印刷株式会社 責任者 渡部明浩

発行所 株式
会社 養賢堂　〒113-0033 東京都文京区本郷5丁目30番15号
TEL 東京(03) 3814-0911　振替00120
FAX 東京(03) 3812-2615　7-25700
URL http://www.yokendo.com/
ISBN978-4-8425-0415-5　C3053

PRINTED IN JAPAN　　　　製本所　新日本印刷株式会社
本書の無断複写は、著作権法上での例外を除き、禁じられています。
本書からの複写許諾は、学術著作権協会(〒107-0052 東京都港区赤
坂9-6-41 乃木坂ビル、電話 03-3475-5618・ＦＡＸ03-3475-5619)
から得てください。